因果推断与
机器学习（修订版）

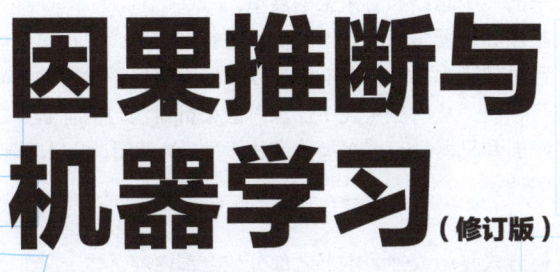

郭若城　程璐　刘昊　刘欢　编著

电子工业出版社
Publishing House of Electronics Industry
北京·BEIJING

内 容 简 介

本书是一本理论扎实，同时联系实际应用的图书。全书系统地介绍了因果推断的基本知识、基于机器学习的因果推断方法和基于因果推断的机器学习方法及其在一些重要领域的应用。

全书共分 6 章。第 1 章从结构因果模型和潜在结果框架出发，介绍因果推断的基本概念和方法。第 2 章介绍近年统计和机器学习文献中出现的一些重要的基于机器学习的因果推断方法。第 3 章介绍能够提高机器学习模型的泛化能力的因果表征学习。第 4 章介绍因果机器学习如何提高机器学习模型的可解释性与公平性。第 5 章介绍因果机器学习在推荐系统和学习排序中的应用。第 6 章是对全书的一个总结和对未来的展望。

本书对结合因果推断和机器学习的理论与实践进行了介绍。并在第 1 版的基础上对一些陈旧的内容做了更新。通过阅读本书，读者不仅可以掌握因果机器学习的基础理论，还可对本书中提到的论文代码进行钻研，从而在实践中加深对因果机器学习的理解。

本书适合对因果推断和机器学习感兴趣的高校学生、教师阅读，也适合相关行业的工程师、数据科学家和研究员阅读。

未经许可，不得以任何方式复制或抄袭本书之部分或全部内容。
版权所有，侵权必究。

图书在版编目（CIP）数据

因果推断与机器学习 / 郭若城等编著. —修订版. —北京：电子工业出版社，2023.10
ISBN 978-7-121-46457-7

Ⅰ. ①因… Ⅱ. ①郭… Ⅲ. ①因果性－推理 ②机器学习 Ⅳ. ①B812.23②TP181

中国国家版本馆 CIP 数据核字（2023）第 187601 号

责任编辑：李利健
印　　刷：涿州市般润文化传播有限公司
装　　订：涿州市般润文化传播有限公司
出版发行：电子工业出版社
　　　　　北京市海淀区万寿路 173 信箱　邮编 100036
开　　本：720×1000　1/16　印张：16.25　字数：285 千字
版　　次：2023 年 1 月第 1 版
　　　　　2023 年 10 月第 2 版
印　　次：2025 年 5 月第 4 次印刷
定　　价：118.00 元

凡所购买电子工业出版社图书有缺损问题，请向购买书店调换。若书店售缺，请与本社发行部联系，联系及邮购电话：（010）88254888，88258888。

质量投诉请发邮件至 zlts@phei.com.cn，盗版侵权举报请发邮件至 dbqq@phei.com.cn。
本书咨询联系方式：faq@phei.com.cn。

前　言

随着大数据时代的来临,机器学习技术突飞猛进,并且在人类社会中扮演着越来越重要的角色。例如,你可能已经习惯了每天使用谷歌、百度、必应等搜索引擎查找信息,或者享受电商网站和视频网站的推荐系统所带来的便利,抑或利用谷歌、百度等网站提供的机器翻译软件学习外语。这些应用都离不开机器学习模型的支持。但机器学习模型,尤其是当下流行的深度学习模型,面临着域外泛化、可解释性、公平性等挑战。例如,利用深度学习模型做图像分类时可能会根据图片中的沙漠背景立刻判断图像中会出现骆驼,这是因为它不会意识到"沙漠背景"和"骆驼出现"之间只存在相关性。也就是说,"沙漠背景"并不是"骆驼出现"的原因。而认识到这一点对人类来说并不难。因此,为了实现通用人工智能,机器学习算法需要具备判断特征和标签间是否存在因果关系的能力。

另外,机器学习中对因果关系的研究也一直扮演着重要的角色。例如,在流行病学中,孟德尔随机化揭示了基因对患病概率的影响,其本质是一种基于工具变量的因果推断方法。在研究疫苗的有效率时,双盲实验扮演着不可替代的角色,这是因为双盲实验可以衡量疫苗对免疫力的因果效应。而近几年出现了众多利用机器学习方法解决因果推断问题的研究,这是因为机器学习模型不仅可以有效地处理复杂的输入数据(如图像、文字和网络数据),还能够学习到原因和结果间复杂的非线性关系。

如今，因果机器学习的研究在学术界可谓百花齐放。从利用机器学习模型解决因果推断问题到将因果关系添加到机器学习模型中，都会涉及因果机器学习。而在业界，无论是像谷歌、BAT[①]这样的大公司，以及像 Zalando（总部位于德国柏林的大型网络电子商城，其主要产品是服装和鞋类）这样的中型公司，还是像 causaLens（一家英国无代码因果 AI 产品开发商）这样的创业公司，因果机器学习都在解决业务问题中扮演着重要的角色。这意味着业界对因果机器学习人才的需求正处于一个上升期。例如，2022 年的就业市场对这类人才的需求就是一个证明。但是，目前高校开设的课程中很少有同时涉及因果推断和机器学习的。这是因为因果推断被认为是统计学、经济学、流行病学的课程，而机器学习主要出现在计算机科学和数据科学的教学大纲中。因此，希望本书的出现可以帮助那些想要系统学习因果机器学习，并在将来从事相关工作的读者。

为了帮助读者建立连接因果推断和机器学习这两个重要领域所需要的知识体系，本书对内容做了精心规划，并在第 1 版基础上对一些陈旧的内容做了更新。为了照顾没有因果推断基础的读者，第 1 章解答了在学习因果推断之初读者可能面临的问题。例如，潜在结果框架和结构因果模型两种基础理论框架到底有什么区别？因果推断的经典方法有哪些？它们分别适用于什么场景？在此基础上，第 2 章介绍了前沿的、利用机器学习模型来解决因果推断问题的具有代表性的方法，希望那些想要解决因果效应估测、政策评估、智能营销增益模型（uplift modeling）这些因果推断问题的读者能够从中获益。第 3、4 章中讨论的域外泛化、可解释性和公平性问题都在近几年受到学界和业界的大量关注。它们体现了基于相关性的机器学习模型的局限性。而基于因果性的因果机器学习方法对于克服这些局限性十分有效。这部分知识可以回答在机器学习领域工作的读者的一个问题：为什么因果性对于机器学习的研究和实践非常重要？第 5 章介绍基于因果的推荐系统和学习排序方法，以帮助对这些领域感兴趣的读者打下坚实的基础，并在相关的科研和实践中做到游刃有余。第 6 章是对全书主要内容的总结。

我们基于在因果机器学习研究、教学和实践中积累的知识和经验撰写了这本

[①] BAT 是中国三大互联网公司百度公司（Baidu）、阿里巴巴集团（Alibaba）、腾讯公司（Tencent）首字母的缩写。

前言

《因果推断与机器学习》，旨在探索如何构建一个容易被读者接受的因果机器学习知识体系，为培养因果机器学习的跨学科人才做一份贡献。

由于作者的能力和精力有限，本书难免会出现一些纰漏，欢迎广大读者批评、指正。希望每一位读者都能在阅读本书的过程中有所收获。无论读者是对因果推断的基础知识进行了补充，还是对因果机器学习的前沿方向有了一些了解，对我们来讲都是莫大的荣幸。

本书在写作、校对和出版的过程中，得到了国内外众多专家学者和出版人员的大力支持与帮助。在此，我们对那些为本书做出贡献的朋友表达诚挚的谢意。感谢为本书撰写推荐语的多位专家学者，他们是（排名不分先后）：吉林大学人工智能学院院长常毅教授、美国弗吉尼亚大学张爱东教授、美国领英公司工程总监洪亮劼博士。

感谢对本书的写作提供巨大帮助的各位老师和同学，他们是（排名不分先后）：亚利桑那州立大学数据挖掘与机器学习实验室（DMML）全体成员、Meta AI 人工智能科学家张鹏川博士、微软雷蒙德研究院资深首席研究员 Emre Kiciman 博士、弗吉尼亚大学李骏东助理教授和博士生马菁、加州理工学院岳一松副教授、约翰霍普金斯大学 Angie Liu 助理教授。

感谢正在阅读本书的你。

感谢为本书付出努力的电子工业出版社编辑李利健及她的同事。

衷心感谢我们的亲人和挚友。没有你们一路的支持、陪伴和理解，我们无法完成对因果机器学习的探索和本书的写作。

提示：本书正文中提及见"链接1""链接2"等时，可根据本书封底的"读者服务"提示获取链接文件。

作 者

目　　录

第 1 章　因果推断入门 1

　　1.1　定义因果关系的两种基本框架 1

　　　　1.1.1　结构因果模型 3

　　　　1.1.2　潜在结果框架 17

　　1.2　因果识别和因果效应估测 21

　　　　1.2.1　工具变量 22

　　　　1.2.2　断点回归设计 27

　　　　1.2.3　前门准则 30

　　　　1.2.4　双重差分模型 32

　　　　1.2.5　合成控制 34

　　　　1.2.6　因果中介效应分析 39

　　　　1.2.7　部分识别、ATE 的上下界和敏感度分析 44

第 2 章　用机器学习解决因果推断问题 52

　　2.1　基于集成学习的因果推断 53

　　2.2　基于神经网络的因果推断 57

　　　　2.2.1　反事实回归网络 57

目　录

  2.2.2　因果效应变分自编码器 62
  2.2.3　因果中介效应分析变分自编码器 69
  2.2.4　针对线上评论多方面情感的多重因果效应估计 71
  2.2.5　基于多模态代理变量的多方面情感效应估计 74
  2.2.6　在网络数据中解决因果推断问题 77

第 3 章　因果表征学习与泛化能力 82

3.1　数据增强 84
  3.1.1　利用众包技术的反事实数据增强 84
  3.1.2　基于规则的反事实数据增强 89
  3.1.3　基于模型的反事实数据增强 91
3.2　提高模型泛化能力的归纳偏置 96
  3.2.1　使用不变预测的因果推理 96
  3.2.2　独立机制原则 101
  3.2.3　因果学习和反因果学习 102
  3.2.4　半同胞回归 103
  3.2.5　不变风险最小化 105
  3.2.6　不变合理化 113

第 4 章　可解释性、公平性和因果机器学习 120

4.1　可解释性 121
  4.1.1　可解释性的属性 122
  4.1.2　基于相关性的可解释性模型 124
  4.1.3　基于因果机器学习的可解释性模型 127
4.2　公平性 144
  4.2.1　不公平机器学习的典型实例 145
  4.2.2　机器学习不公平的原因 147
  4.2.3　基于相关关系的公平性定义 149
  4.2.4　因果推断对公平性研究的重要性 153
  4.2.5　因果公平性定义 156

VII

  4.2.6 基于因果推断的公平机器学习 162
 4.3 因果推断在可信和负责任的人工智能中的其他应用 165

第 5 章 特定领域的机器学习 168

 5.1 推荐系统与因果机器学习 169
  5.1.1 推荐系统简介 169
  5.1.2 用因果推断修正推荐系统中的偏差 179
 5.2 基于因果推断的学习排序 195
  5.2.1 学习排序简介 196
  5.2.2 用因果推断修正学习排序中的偏差 200

第 6 章 总结与展望 212

 6.1 总结 212
 6.2 展望 218

术语表 220

参考文献 231

第 1 章

因果推断入门

在机器学习被广泛应用于对人类产生巨大影响的场景（如社交网络、电商、搜索引擎等）的今天，因果推断的重要性开始在机器学习社区的论文和演讲中被不断提及。图灵奖得主 Yoshua Bengio 在对系统 2（system 2，这个说法来自心理学家 Daniel Kahneman 的作品[1]，人类大脑由两套系统构成：系统 1 负责快速思考，做下意识的反应；系统 2 则负责比较耗时的思考，如理解事物之间的因果关系）的畅想中强调，在实现强人工智能的过程中，我们必须在设计机器学习算法的时候使它们拥有意识到因果关系的能力。

本章将介绍因果推断的入门知识，通过介绍两种被广泛应用的数学框架（结构因果模型和潜在结果框架）来给出因果关系的定义。另外，将介绍这两种框架所带来的因果识别方法，这些方法可以帮助我们把无法从数据中直接估计的因果关系转化成可以从数据中估计的概率分布。

1.1 定义因果关系的两种基本框架

在不同的研究领域中，因果关系（causality）具有相当广泛的定义。为了与其他领域中的定义（如格兰杰因果，即 Granger causality）区别开，这里首先将因果关系定义为随机变量之间的一种关系，这是因为本书所介绍的因果推断和机器学习都源于一个以随机变量为基础的学科——统计学。

> **定义 1.1　因果关系。**
>
> 设 X 和 Y 是两个随机变量。定义 X 是 Y 的因，即因果关系 $X \to Y$ 存在，当且仅当 Y 的取值一定会随 X 的取值变化而发生变化。

若要更好地理解定义 1.1，需要知道因果关系是用来描述数据生成过程（data generating process，DGP）的。我们说 X 是 Y 的因，就是在说 X 是影响 Y 的生成过程的一个因素。如果改变了 X 的值，再用新的 X 来生成一次 Y，那么 Y 的值就会改变。

举个例子，我们知道对一家餐厅的评价会影响它的销量。如果有关餐厅的评价上升了，我们很有可能会观测到它的销量也会随之上升。而与因果关系相对应的是统计关联（statistical association）或者相关性（correlation）。两个变量 X、Y 之间有相关性往往不是我们能判断它们之间有因果关系的依据。其中包括三种情况：X 是 Y 的因、X 是 Y 的果、X 与 Y 有共同原因（common cause）。对于第三种情况，我们把这种不是因果关系的相关性叫作虚假相关（spurious correlation）。例如，夏天冰激凌店的销量会上升，冰激凌店里空调产生的电费也会上升。但我们知道电费的上升不会造成冰激凌销量的上升，反之亦然。如果在训练数据中虚假相关强于因果关系，那么虚假相关就有可能会被机器学习学到并用来预测。然而在训练集（training set）中成立的虚假相关可能会在那些分布与训练集不同的测试集（test set）中并不成立，从而引发机器学习模型泛化、解释性和公平性等一系列问题，相关内容将在后面章节介绍。

从上述介绍的内容中可以发现一个问题，那就是用传统的统计学中用到的各类概率分布：边缘分布（如 $P(X)$）、联合分布（如 $P(X,Y)$）或者条件分布（如 $P(Y|X)$），无法直接定义因果关系。这其实也回答了大家关心的一个问题：为什么机器学习模型不可以直接用来解决因果推断问题？我们知道，机器学习模型是强大的概率分布拟合工具，它们可以从观测数据（observational data）中学习到各种各样的概率分布。观测数据是指通过观测性研究（observational study）所获取的数据。在观测性研究中，研究人员在数据搜集过程中不会去控制任何变量的值。

观测数据是最便于搜集的一种数据。与观测性研究相对应的则是随机控制实验（randomized controlled trial，RCT）。随机控制实验往往意味着昂贵的支出、大量的时间，甚至可能引发伦理问题。比如，机器学习社区中被大量研究的深度学习模型都是强大的拟合数据分布的工具，它们能够很好地根据观测到的数据样本对数据的分布进行拟合。例如，基于生成对抗网络（generative adversarial network, GAN）[2]和视觉Transformer（vision Transformer）[3]的深度神经网络模型可以生成栩栩如生的图片。

然而，它们能够拟合的概率分布无法直接表示因果关系。从上述内容可知，传统的概率分布并不能定义因果关系，因此，接下来将介绍两种被广泛使用的框架。这两种框架不但提供了对因果关系严谨的定义，建立了概率分布和因果关系之间的连接，还因此成为我们解决因果推断问题的利器。

下面将重复使用一个例子来解释一些概念，以方便读者理解相关内容。本书将考虑一个研究用户评价对餐厅客流量影响的场景。在很多网站上，如国内的大众点评网（网址见"链接1"）和美国的Yelp（网址见"链接2"），用户可以留下一段文字来描述自己对餐厅的评价，并且可以在每个评价中给每家餐厅打1~5颗星。其中，1颗星代表最差，5颗星代表最好。经济学家们曾就这种星级评分对餐厅客流量的影响进行了研究[4]。本章将利用这个例子来解释因果推断中的概念。在这个例子中，评分就是处理变量（treatment variable），而客流量就是结果变量（outcome variable）。为了方便理解，我们只考虑正负两种评价，即处理变量$T \in \{0,1\}$。当一家餐厅收获了正评价（大于3分）时，它就属于实验组（$T=1$）；如果它遭遇了负评价（小于或等于3分），它就属于对照组（$T=0$）。在此同时假设客流量为一个非负整数。注意，这种设置并不一定适用于实际的研究，只是方便作为例子说明概念。

1.1.1 结构因果模型

通过图灵奖获得者Judea Pearl教授提出的结构因果模型（structural causal model，SCM），可以用严谨的数学符号来表示随机变量之间的因果关系[5]。结构因果模型可以详细地表示出所有观测到的变量之间的因果关系，从而准确地对一个数据集的数据生成过程进行描述。有时候我们也可以根据需要把隐变量和相关性考虑进来，表示在结构因果模型中。结构因果模型一般由两部分组成：因果图（causal graph 或 causal diagram）和结构方程组（structural equation）。

1. 因果图

因果图一般用来描述一个结构因果模型中的结构，即随机变量之间的非参数的因果关系。下面给出因果图的正式定义。

> **定义 1.2　因果图。**
> 一个因果图 $G = (\mathcal{V}, \mathcal{E})$ 是一个有向无环图，它描述了随机变量之间的因果关系，$\mathcal{V}$ 和 $\mathcal{E}$ 分别是结点和边的集合。在一个因果图中，每个结点表示一个随机变量，无论它是否是被观察到的变量。一条有向边 $X \to Y$，则表示 X 是 Y 的因，或者说存在 X 对 Y 的因果效应。

我们可以把因果图看成一种特殊的贝叶斯网络（Bayesian network）[6]。与贝叶斯网络一样，因果图也用一个圆圈来代表一个随机变量。而与贝叶斯网络不同的是，在因果图中利用有向边（directed edge）表示因果关系。在一些情况下，本书也会用带有虚线的圆圈表示隐变量（没有被观测到的随机变量），以及用双向边代表相关性。在图 1.1 中，观测到的变量 X 是 Y 的因，而隐变量 U 与 X 之间具有相关性。

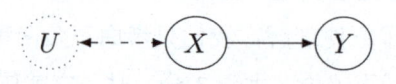

图 1.1　一个因果图的例子

因果图仍然继承了贝叶斯网络的一项重要性质，即根据网络结构，可以利用 D-分离（D-separation）判断一个给定的条件独立（conditional independence）是否成立。这里结合一些简单的因果图来讲解关于 D-分离的基础知识。在与因果图相关的讨论中，有时候会用结点代表随机变量。

这里首先结合图 1.2 介绍一些必需的概念来帮助我们理解因果图和条件独立的关系。一条通路（path）是一个有向边的序列，而一条有向通路（directed path）则是一条所有有向边都指向同一个方向的通路。本书采用因果推断领域常用的设定，即只考虑有向无环图（directed acyclic graph，DAG）。在单向无环图中，不存在第一个结点与最后一个结点是同一个结点的有向通路。

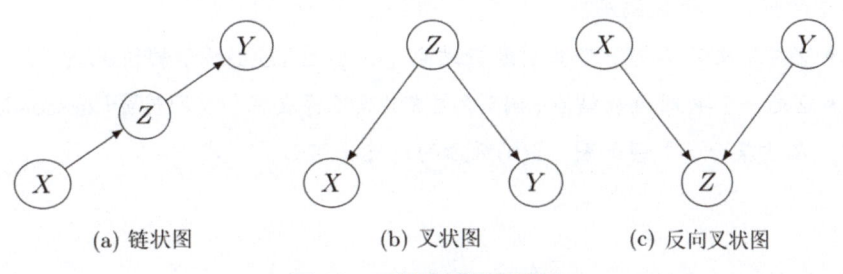

(a) 链状图　　(b) 叉状图　　(c) 反向叉状图

图 1.2　三种典型的因果图

图 1.2 中包含三种典型的有向无环图。其中，图 1.2(a)展示了一个链状图（chain）。在图 1.2(a)中，X对Y的因果效应是通过它对Z的因果效应进行传递的，Z在因果推断中又常常被称为中介变量（mediator）。因果推断中存在专门研究中介变量的分支——中介变量分析（mediator analysis），相关内容将在后面章节中介绍。而在如图 1.2(b)所示的叉状图中，Z是叉状图的中心结点，也是X和Y的共同原因。在因果推断中，如果研究X对Y的因果效应，则在X是处理变量，Y是结果变量的情况下，我们会把Z这种同时影响处理变量和结果变量（X和Y）的变量称为混淆变量（confounders 或者 confounding variable）。在图 1.2 中，X和Y之间存在相关性，但它们之间不存在因果关系。这是因为X和Y之间有一条没有被阻塞的通路（注意相关性的存在只依赖于通路，而不依赖于有向通路）。当Z是一个对撞因子（collider）时，正如图 1.2(c)中的反向叉状（inverted fork）图所示，X和Y都是Z的因，但此时X和Y之间既没有相关性，也不存在因果关系。这是因为X和Y之间的通路被对撞因子Z阻塞了。接下来将更详细地介绍阻塞和 D-分离这两个概念。

要定义 D-分离，还需要定义一个概念——阻塞（blocked）。阻塞分为通路的阻塞和结点的阻塞。在链状图〔见图 1.2(a)〕和叉状图〔见图 1.2(b)〕中，X和Y间的通路都会在以Z为条件的时候被阻塞。与此相反，在有共同效应结点的图中〔见图 1.2(c)〕，以Z为条件反而会引入X和Y之间的相关性，即 $X \perp\!\!\!\perp Y$，但$X \not\perp\!\!\!\perp Y \mid Z$。我们说以一个结点集合为条件会使一条通路阻塞，当且仅当这条通路上存在任何一个被阻塞的结点。下面定义结点的阻塞。

定义 1.3　结点的阻塞。

我们说以一个结点的集合 S 为条件，结点 Z 被阻塞了，当且仅当以下两个条件中的任何一个被满足：

- $Z \in S$ 及 Z 不是一个共同效应结点〔例如图 1.3(a) 所示的情况〕；
- Z 是一个共同效应结点，同时 $Z \notin S$ 以及不存在任何 Z 的后裔（descendent）属于集合 S〔例如图 1.3(b) 所示的情况〕。

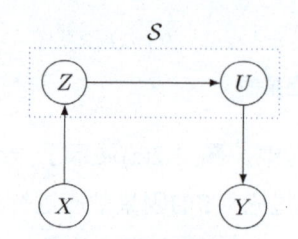

(a) 以集合 S 为条件会阻塞结点 Z，这是因为 $Z \in S$ 及 Z 不是一个共同效应结点

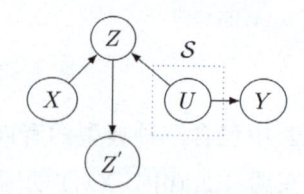

(b) 以集合 S 为条件会阻塞结点 Z，这是因为 Z 是一个共同效应结点，以及 Z 和 Z' 都不在集合 S 中

图 1.3　以集合 S 为条件会使结点 Z 被阻塞的两个例子

有了通路阻塞的定义，就可以定义 D-分离了。

定义 1.4　D-分离（D-separation）。

我们说以一个结点的集合 S D-分离了两个随机变量 X 和 Y，当且仅当以 S 为条件的时候，X 与 Y 之间的所有通路都被阻塞了。

在图 1.3(a) 和图 1.3(b) 中可以看到，以变量集合 S 为条件，D-分离了随机变量 X 和 Y。在因果图中，常常会假设因果马尔可夫条件（causal Markovian condition）。与贝叶斯网络中的马尔可夫条件相似，它的意思是每一个变量的值仅由它的父变量（parent variable）的值和噪声项决定，而不受其他变量的影响。考虑有 J 个变量 $\{X^1, \cdots, X^J\}$ 的一个因果图中的变量 X^j 和 X^i，$i \neq j$，可以用以下条件独立来描述因果马尔可夫条件，如式（1.1）所示：

$$X^j \perp\!\!\!\perp X^i | \mathrm{Pa}(X^j), \epsilon^j \tag{1.1}$$

在因果马尔可夫条件下，对有 J 个变量 $\{X^1, \cdots, X^J\}$ 的一个因果图，总是可以用式（1.2）来分解它对应的联合分布$P(X^1,\cdots,X^J)$：

$$P(X^1,\cdots,X^J) = \prod_{j=1}^{J} P\left(X^j | \text{Pa}(X^j), \epsilon^j\right) \tag{1.2}$$

其中，$\text{Pa}(X^j)$代表X^j的父变量的集合，而噪声项ϵ^j代表没有观测的变量对X^j的影响。这个分解可以很自然地由式（1.1）得到。在式（1.2）中，右边的每一项$P(X^j|\text{Pa}(X^j),\epsilon^j)$其实对应一个结构方程（structural equation），每个结构方程恰好描述了每个变量的值是如何由其对应的父变量和噪声项决定的。而把所有方程放在一起就会得到描述一个因果图的结构方程组。也有人把结构方程组叫作结构方程模型（structural equation models，SEM）。

2. 结构方程组

接下来将详细介绍与因果图共同构成结构因果模型的结构方程组。之前已经提到，每个因果图都对应一个结构方程组。而结构方程组中的每个方程都用来描述一个随机变量是如何由其父变量和对应的噪声项生成的。在等式的左边是生成的随机变量，在右边则是显示其生成过程的函数。以图 1.4(a)为例，可以写出式（1.3）所示的结构方程组：

$$\begin{aligned} X &= f_X(\epsilon^X) \\ T &= f_T(X, \epsilon^T) \\ Y &= f_Y(X, T, \epsilon^Y) \end{aligned} \tag{1.3}$$

其中，ϵ^X、ϵ^T、ϵ^Y分别是X、T和Y对应的噪声项，而f_X、f_T和f_Y则分别是生成X、T和Y的函数。注意，这里不对函数的具体形式进行任何限制。需要特别说明的是，在结构因果模型中，我们常常假设噪声项（如ϵ^X、ϵ^T、ϵ^Y）是外生变量（exogenous variable），它们不受任何其他变量的影响。这里隐含的意思是噪声项代表相互独立的，没有被测量到的变量对观测到的变量的影响。与外生变量所对应的概念是内生变量（endogenous variable）。内生变量代表那些受到因果图（或结构方程组）中其他变量影响的变量，这里其他变量一般不包括噪声项。比如在图 1.4(a)中的T和Y就是两个内生变量，而X是一个外生变量。在每个结构方程中，因果关系始终是从右至左的。即左边的变量是右边变量的果，右边的变量是左边变量的因。也就是说，左边的变量是由右边的函数生成的，而函数的输入是左边变量的父变量和噪声项。这个顺序是不可以颠倒的。也就是说，即使存在f_X的反函数f_X^{-1}，也不可以把式（1.3）中第一个描述X的结构方程改写成如式（1.4）所示的形式：

$$\epsilon^X = f_X^{-1}(X) \tag{1.4}$$

因为在式（1.4）中，左边的变量ϵ^X并不是右边X的果。也就是说，它并没有描述ϵ^X的生成过程，因此不是一个有效的结构方程。比如，我们知道餐厅的客流量受到餐厅评分的影响，所以客流量应该总是出现在结构方程的左边，而餐厅的评分则应出现在结构方程的右边。这个顺序不可以颠倒。而式（1.4）违反了这个规则，会让我们对结构方程中表达的因果关系产生误解。

3. 因果效应

在因果图中可以很方便地表示因果推断中的一个重要概念——干预（intervention），它对定义因果效应非常重要。在结构因果模型体系下，干预是定义因果效应的基础。在结构因果模型中，干预是由 do 算子来表示的。现在用图1.4(a)来描述一个因果推断问题中常见的因果图。在这个因果图中，三个变量X、T和Y分别代表混淆变量、处理变量和结果变量。我们的目标常常是研究处理变量对结果变量的因果效应。比如，在研究餐厅评分对餐厅客流量的因果效应时，评分就是处理变量，客流量就是结果变量。而混淆变量可以是餐厅的种类。比如，像麦当劳这样的快餐店，它的客流量往往很大，但其评分通常不会很高。一家高档的饭店往往会有比较高的评分，但并不会拥有像快餐店一样大的客流量[7]。

要在结构因果模型中定义因果效应，就必须借助 do 算子，或者干预这一概念。在因果图中，如果干预一个变量，就会用它的 do 算子来表示这个被干预的变量，正如图 1.4(b)中处理变量T变成$do(T=t)$那样。被干预的变量的值不再受到它的父变量的影响，因此，在因果图中，一个被干预的变量不会再有任何进入它的有向边，正如图 1.4(b)中受到干预的处理变量$do(T=t)$那样。这一点也意味着在T受到干预的情况下，X不再同时影响处理变量T和结果变量Y，因此X不再是混淆变量。

在餐厅的例子中，干预意味着人为修改了网站上对餐厅的评分。因此，餐厅的评分不再受到餐厅类型的影响。所以，餐厅的类型不再是一个混淆变量。但评分仍然会影响餐厅的客流量。这意味着可以直接由图 1.4(b)中带有 do 算子的条件分布来定义T对Y的因果效应。在定义因果效应之前，首先定义一个更广泛的概念——干预分布（interventional distribution，其有时也被称为 post-intervention distribution）。

(a) 一个描述观测数据的因果图

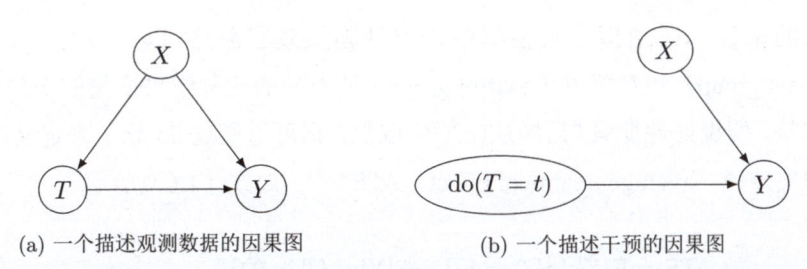

(b) 一个描述干预的因果图

图 1.4　两个因果图：图 1.4(a)描述观测数据的生成过程，图 1.4(b)代表当处理变量受到干预时的因果图。X是混淆变量，T是处理变量，而Y是结果变量。$\mathrm{do}(T=t)$代表处理变量T的值不再由其父变量X决定，而是由干预决定。当干预随机设定T值的时候，图 1.4(b)可以描述一个随机试验，即处理变量的值不受混淆变量的影响

> **定义 1.5　干预分布。**
>
> 干预分布$P(Y|\mathrm{do}(T=t))$是指当我们通过干预将变量T的值固定为t后，重新运行一次数据生成过程得到的变量Y的分布。

如果考虑图 1.4(b)中的干预分布$P(Y|\mathrm{do}(T=t))$，那么它便是根据该因果图描述的数据生成过程（T被干预，固定取值为t）来产生的Y的分布。在结构方程组中，也可以很方便地表示干预。比如，可以写出图 1.4(b)所对应的结构方程组，如式（1.5）所示：

$$
\begin{aligned}
X &= f_X(\epsilon^X) \\
T &= t \\
Y &= f_Y(X, T, \epsilon^Y)
\end{aligned}
\tag{1.5}
$$

与式（1.3）对比可以发现，它们唯一的区别是在第二个结构方程中，处理变量T的值不再受到其父变量X和噪声项ϵ^T的影响，而是由干预直接设定为固定的值t。而我们也很容易理解这个改变将影响到第三个结构方程中生成的Y的分布。通

过结构方程，我们可以理解在定义 1.5 中提到的"重新运行一次数据生成过程"所代表的意思，即表示在改变结构方程组〔见式（1.5）〕中第二个结构方程后，从上到下、从右至左依次生成各变量（X、T和Y）的值。从结构方程组〔见式（1.5）〕中很容易理解，在我们的例子中，干预分布$P(Y|do(T=t))$就代表当人为地把每家餐厅的评分都设为t时所观察到的客流量的分布。有了干预分布的定义后，就能够在结构因果模型中定义因果效应这一重要概念。

总的来说，在结构因果模型中，一种因果效应总是可以被定义为实验组（treatment group）和对照组（control group）所对应的两种结果变量的干预分布的期望的差。假设处理变量T只能从$\{0,1\}$中取值，则可以通过 do 算子来定义T对Y的平均因果效应（average treatment effect，ATE）[①]，如式（1.6）所示：

$$\text{ATE} = \mathbb{E}[Y|do(T=1)] - \mathbb{E}[Y|do(T=0)] \tag{1.6}$$

基于平均因果效应，很容易更进一步地定义实验组平均因果效应（average treatment effect on the treated，ATT）、对照组平均因果效应（average treatment effect on the controlled，ATC），以及条件平均因果效应（conditional average treatment effect，CATE），如式（1.7）所示：

$$\begin{aligned}\text{ATT} &= \mathbb{E}[Y|do(T=1), T=1] - \mathbb{E}[Y|do(T=0), T=1] \\ \text{ATC} &= \mathbb{E}[Y|do(T=1), T=0] - \mathbb{E}[Y|do(T=0), T=0] \\ \text{CATE}(x) &= \mathbb{E}[Y|do(T=1), X=x] - \mathbb{E}[Y|do(T=0), X=x]\end{aligned} \tag{1.7}$$

完成这些定义之后的一个直观结论便是，由于 do 算子的存在，我们无法直接从观测数据中估测任何一个带 do 算子的量，无论它是 ATE、ATT、ATC 还是 CATE。其实在处理变量取值更丰富的情况下，仍然可以利用 do 算子来定义各种因果效应。例如，当考虑$T \in \mathbb{R}$，即处理变量可以取任意实数的情况下，要定义因果效应，常常需要定义一个对照组。例如，可以令$T = 0$，表示对照组，而任意其他值$T = t \neq 0$，表示一个实验组，那么可以效仿式（1.6）和式（1.7）来定义 ATE、ATT、

[①] 本书没有采用处理效应这个词来直译 treatment effect，这是因为因果效应这个词可以代表更广泛的场景。例如，在一个数据集中可以研究多对变量之间的因果效应，此时可能并不会定义处理变量。

ATC 和 CATE，如式（1.8）所示：

$$\begin{aligned}
\text{ATE}(t) &= \mathbb{E}[Y|do(T=t)] - \mathbb{E}[Y|do(T=0)] \\
\text{ATT}(t) &= \mathbb{E}[Y|do(T=t), T=1] - \mathbb{E}[Y|do(T=0), T=1] \\
\text{ATC}(t) &= \mathbb{E}[Y|do(T=t), T=0] - \mathbb{E}[Y|do(T=0), T=0] \\
\text{CATE}(x,t) &= \mathbb{E}[Y|do(T=t), X=x] - \mathbb{E}[Y|do(T=0), X=x]
\end{aligned} \quad (1.8)$$

与式（1.6）和式（1.7）相比，在式（1.8）中因果效应的定义成了t的函数，也就意味着因果效应会随着处理变量取值的变化而变化。比如，当餐厅评分为1~5星时，如果像文献[4]中一样令 3 星为对照组，那么处理变量取值为 1、2、4、5 星时，则对应四种不同的 ATE、ATT、ATC 和 CATE。值得注意的是，do 算子或干预分布一般不会用于定义 ITE（individual treatment effect，个体因果效应）。

带有 do 算子的量都是一类与干预相关的因果量（另一类因果量则与反事实相关），而那些没有 do 算子的量被称为统计量。这正是因果推断问题中最核心的挑战之一：如何用观测数据来估测带有 do 算子的因果量？或者更具体地说，由于因果效应总是干预分布的期望的差，因此，如果可以从观测数据中估测到干预分布的期望，就可以估测因果效应了。注意，在大多数情况下，只需要估测干预分布的期望（如$\mathbb{E}[Y|do(T)]$），并不需要估测整个干预分布（如$P[Y|do(T)]$）。另一个值得注意的是，干预分布$P(Y|do(T=t))$和条件分布$P(Y|T=t)$有着很大的区别。我们可以通过式（1.3）和式（1.5）的对比来理解这个区别。在没有干预的情况下，可以查看由式（1.3）产生的数据并估测到条件分布$P(Y|T=t)$。在此可以发现它与干预分布$P(Y|do(T=t))$的不同。用本章的例子来讲，$P(Y|T=t)$代表的是那些在原来用户自由打分的情况下，评分为t的那些餐厅的客流量分布。而$P(Y|do(T=t))$则是在通过干预把所有餐厅的评分设为t之后观测到的所有餐厅的客流量分布。这一区别是一般情况下不能用估测到的统计量直接计算因果量的这一原则的体现。考虑原来的因果图〔见图 1.4(a)〕和受到干预后的因果图〔见图 1.4(b)〕的差别，其实可以发现，在图 1.4(a)中存在混淆变量X，而在干预 $do(T=t)$的情况下，不再存在任何混淆变量。这表明$P(Y|do(T=t))$和$P(Y|T=t)$的区别就是因果推断问题中常说的混淆偏差（confounding bias）。接下来给出混淆偏差的正式定义。

> **定义 1.6 混淆偏差。**
>
> 考虑两个随机变量T和Y，我们说对于因果效应$T \to Y$存在混淆偏差，当且仅当干预分布$P(Y|do(T = t))$与条件分布$P(Y|T = t)$并不总是相等的，也就是存在t，使$P(Y|do(T = t)) \neq P(Y|T = t)$。

我们知道，在观测数据中可以用传统的概率图模型或者更复杂的深度学习模型得到对于各类分布准确的估测。无论这样的估测有多准确，它仍然停留在对统计量的估测。我们离估测任何一个因果量仍然有一段距离。因此，我们需要一个步骤来进行从因果量到统计量的转变，这正是因果推断研究中最重要的步骤：因果识别（causal identification）。后面章节将详细讲解多种因果识别的方法。

要做到因果识别，在结构因果模型中需要用到一些规则[5]。其中最常用的规则便是后门准则（back-door criterion）。要理解后门准则，需要定义后门通路（back-door path）。

> **定义 1.7 后门通路。**
>
> 考虑两个随机变量T和Y，当我们研究因果效应$T \to Y$时，说一条连接T和Y的通路是后门通路，当且仅当它满足以下两个条件：
> - 它不是一条有向通路；
> - 它没有被阻塞（它不含对撞因子）。

用结构因果模型的语言，可以把之前的例子〔见图 1.4(a)和图 1.4(b)〕中用$P(Y|T = t)$估测$P(Y|do(T = t))$会引起混淆偏差的原因归咎于图 1.4(a)中存在由处理变量到结果变量的后门通路。而在随机实验中，会像图 1.4(b)中那样，对处理变量进行干预。更具体地讲，考虑$T \in \{0,1\}$的情况，对每一个单位（unit，机器学习社区的文献中也用个体或者样本、实例这些词来表达同样的意思），我们可以抛一枚硬币来随机设定处理变量的值。如果抛到正面，就让这个单位进入实验组；抛到反面，则让它进入对照组。这样后门通路便不复存在，我们就可以直接从数据中估测到 ATE。根据后门通路的定义，也可以给出混淆变量的定义。

> **定义 1.8 混淆变量。**
>
> 考虑两个随机变量 T 和 Y，当研究因果效应 $T \to Y$ 时，定义一个变量为混淆变量，当且仅当它是一条 T 与 Y 之间的后门通路上的一个叉状图的中心结点。

这里可以用图 1.3(a) 和图 1.3(b) 作为例子来加深我们对混淆变量的理解。如果研究的是 $Z \to Y$ 的因果效应，那么在图 1.3(a) 中，U 便不是一个混淆变量。这是因为图中根本不存在 Z 和 Y 之间的后门通路。而在图 1.3(b) 中，U 是一个混淆变量，因为它位于 Z 和 Y 之间的后门通路 $Z \leftarrow U \to Y$ 上，并且恰好是一个叉状图的中心结点。

我们也可以从另一个角度来理解混淆偏差。在图 1.4(a) 中，条件概率 $P(Y|T=t)$ 其实对应两条不同的通路，即对应因果效应的单向通路 $T \to Y$ 和含有混淆变量 X 的后门通路 $T \leftarrow X \to Y$。要做到因果识别，得到对因果效应的无偏估计，需要排除后门通路带来的影响。

4. 因果识别与后门准则

下面对因果识别给出一个正式定义。

> **定义 1.9 因果识别。**
>
> 我们说一个因果效应被因果识别了，当且仅当定义该因果效应所用到的所有因果量都可以用观测到的变量的统计量的函数来表示。

正如前文所说，在结构因果模型中，因果量往往是指干预分布的期望。在之后要介绍的潜在结果框架中也会有对应的概念。

在有后门通路存在的情况下，常用后门准则来做到因果识别。后门准则的核心是通过以一些观测到的变量为条件来阻塞所有的后门通路。在图 1.4(a) 中，如果 X 是离散变量，而 x 代表 X 的取值，那么以变量 X 为条件的意思便是，到每一个 $X=x$ 的亚样本（subsample）中估测对应的结果变量的分布。我们可以这样理解后门准则，就是从混淆变量的取值的角度来看，每个这样的亚群中的所有单位都是非常相似的（甚至是一样的）。只有处理变量的不同，才能够造成每个亚群中不同单位的结果的区别。这种理解正对应调控（adjustment）混淆变量，从而满足后门准则，以达到因果识别的目的。接下来给出后门准则的定义[5]。

> **定义 1.10　后门准则。**
>
> 考虑两个随机变量T和Y，当研究因果效应$T \to Y$时，我们说变量集合$\mathcal{X}$满足后门准则，当且仅当
> - 以$\mathcal{X}$中的所有变量为条件时，T和Y之间所有的后门通路都被阻塞了；
> - $\mathcal{X}$不含有任何处理变量T的后裔。

在因果推断的文献中，有时会把这样的变量的集合叫作容许集（admissible set）。在本章的例子中，我们感兴趣的因果效应是评分对客流量的影响$T \to Y$。也就是说，我们对干预分布$P(Y|do(T))$感兴趣。如果要用后门准则来完成因果识别，则需要找到一个容许集，然后测量容许集里所有变量的值。在这个问题中，假设容许集只包含一个变量——餐厅的种类，即$\mathcal{X} = \{X^j\}$，或者说餐厅的种类X^j是唯一的混淆变量，那么以餐厅的种类为条件来估测客流量的分布，就可以满足后门准则。接下来介绍使用后门准则达到因果识别的公式。这里假设容许集只包含变量X，即$\mathcal{X} = \{X\}$，且X是离散变量（只能取有限个值），而$T \in \{0,1\}$。那么，可以用式（1.9）根据后门准则识别 ATE：

$$\begin{aligned}
&P(Y|do(T=1)) - P(Y|do(T=0)) \\
&= \sum_x \left(P(Y|do(T=1), X=x) - P(Y|do(T=0), X=x)\right) P(X=x) \\
&= \sum_x \left(P(Y|T=1, X=x) - P(Y|T=0, X=x)\right) P(X=x)
\end{aligned} \tag{1.9}$$

其中，第一个等式是概率论中的边缘化（marginalization）操作。第二个等式源自后门准则本身，当X是容许集中所有变量的时候，总是有$P(Y|do(T),X) = P(Y|T,X)$；即当后门通路全部被阻塞的情况下，干预分布与相应的条件概率相等。我们很容易把式（1.9）拓展到T为离散变量、X为连续变量的情况，如式（1.10）所示：

$$P(Y|\mathrm{do}(T=t)) - P(Y|\mathrm{do}(T=0))$$
$$= \int_x \big(P(Y|T=t, X=x) - P(Y|T=0, X=x)\big) P(X=x)\,\mathrm{d}x \tag{1.10}$$

事实上，在式（1.9）和式（1.10）中，利用后门准则做到了对这两个干预分布的差的识别，这超出了因果识别 ATE（期望）的最低要求。而我们只要对式（1.10）的左右两端同时求期望，就可以在等式左边得到 ATE，同时在等式右边得到需要估测的统计量。

而用后门准则做到对 CATE 的因果识别也十分直接。在 T 为离散变量、X 为连续变量的情况下，CATE 的因果识别可以用式（1.11）实现：

$$P(Y|\mathrm{do}(T=t), X=x) - P(Y|\mathrm{do}(T=0), X=x)$$
$$= P(Y|T=t, X=x) - P(Y|T=0, X=x) \tag{1.11}$$

这个等式也可以由后门准则得到。

一般来讲，根据一个数据集中观测到的变量是否包括所有容许集内的变量，可以把用于因果推断的观测数据分为两类。在第一类中，测量到的特征或者协变量（covariate）的集合已经是容许集的一个母集。在这种情况下，可以直接利用后门准则完成因果识别。在第二类中，没有满足这一条件；也就是说，有的混淆变量没有被测量到，变成了隐藏混淆变量（hidden confounders）。这就要求我们利用其他的因果识别方法来解决问题。这些问题将在后面章节详细讨论。

UCLA 的 Judea Pearl 提出了一种特殊情况，即在没有后门通路的情况下，也可能会有混淆偏差的存在，例如，图 1.5 中的因果图，考虑 $T, Z = \{0,1\}$。假设存在选择偏差，即仅当一个单位的 $Z = 1$ 时，我们才可以观测到这个单位。用这样的观测数据中的条件分布 $P(Y|T)$ 去估测干预分布 $P(Y|\mathrm{do}(T))$，得到 ATE $\mathbb{E}[(Y|\mathrm{do}(T=1))] - \mathbb{E}[(Y|\mathrm{do}(T=0))] \neq 0$，即估测到因果效应不是 0。这与因果图中的情况不符。因为存在对撞因子 Z，T 到 Y 的唯一一条通路是被阻塞的，所以 $T \to Y$ 的 ATE 应当为 0。当然，如果我们深入思考，这里的选择偏差 $Z = 1$ 其实相当于以 Z 为条件，从而构建了 T 到 X 的通路，所以这等价于存在后门通路 $T - X \to Y$。其中无向边 "−" 表示存在相关性。

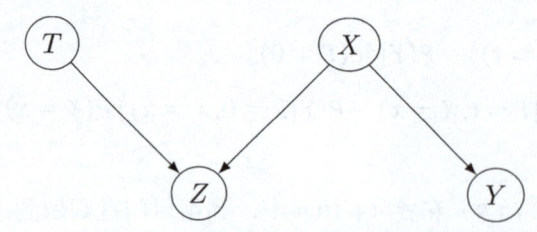

图 1.5　一个特殊情况的因果图：在数据集存在选择偏差时，
没有后门通路也可能存在混淆偏差

5. 结构因果模型和 do 算子的局限性

最后，简单介绍一下结构因果模型和 do 算子的一些局限性。一个主要的局限性就是结构因果模型依赖于独立同分布（independent and identically distributed, i.i.d.）假设。也就是说，所有数据中的单位都是由同一个因果图代表的数据生成过程产生的。这使得直接用 do 算子定义反事实（counterfactual）面临一些挑战。反事实其实是因果推断中非常常见的概念，在文献[8]中，Pearl 教授用了以下符号来定义反事实 $P(Y_{X=x} = y | Y = y', X = x')$（为了更明确地表达意思，这里稍微修改了一些符号）。这个概率的意义是，在观察到一个单位的两个变量取值 $Y = y'$、$X = x'$ 的情况下，该单位的 $X = x$、$Y = y$ 时的概率。可以发现，反事实是针对个体级别（individual-level）定义的。也就是说，我们只想更改当前个体的 X 值，然后观察它在 $X = x$ 时 Y 值的分布。这意味着其他单位的 X 的取值都不会被改变。而 do 算子或者干预会影响其他单位的 X 的值。从因果图上讲，定义反事实的这个单位的因果图与其他单位的因果图会不一致。从实际的角度讲，即使可以对某个亚群或整体做干预，我们也无法得到反事实。所以 Pearl 在文献[8]中用想象（imagining）来描述反事实。在本章的例子中，即使我们人为干预餐厅的评分（比如，把点评网或者 Yelp 上显示的平均评分变成中位数评分，并且这个干预使餐厅 A（一个个体）的评分提高了 0.5 分），之后观察餐厅的客流量，仍然无法得到餐厅 A 的反事实；也就是，当其他一切都不变的情况下，仅由餐厅 A 的评分提高 0.5 分会对它的客流量造成什么样的影响。这就是为什么反事实也可以被定义为无法通过干预达到因果识别的量。独立同分布假设也使结构因果模型在处理干扰（interference，有时也被称为 spillover effect）时面临困难。干扰是现实世界中非常常见的现象。它意味着一个单位的处理变量可能会影响到其他单位的结果。比如，一家麦当劳餐厅的评分高，可能会使同一区域的肯德基的客流量下降。受限于独立同分布假

设,目前利用结构因果模型解决干扰问题的工作还比较少[9]。

1.1.2 潜在结果框架

潜在结果框架(potential outcome framework)又被称为 Neyman-Rubin 因果模型[10-11]。因为其简单易用,所以它在实践中常常被用来解决因果推断,尤其是因果效应估测的问题。下面先定义潜在结果。

> **定义 1.11 潜在结果。**
>
> 考虑两个随机变量 T 和 Y,当我们研究因果效应 $T \to Y$ 时,如果处理变量 $T = t$,单位 i 的潜在结果可以被写成 Y_i^t。它代表单位 i 在处理变量 $T = t$ 时的结果变量的值。

注意,与结构因果模型不同,潜在结果框架首先定义了一个个人级别的因果量——潜在结果。而在潜在结果框架中,因果量是指那些含有潜在结果符号的量。有了潜在结果的定义,就很容易定义个体因果效应(ITE)。

> **定义 1.12 个体因果效应(潜在结果框架)。**
>
> 假设考虑处理变量 $T \in \{0,1\}$,结果变量 $Y \in \mathbb{R}$:单位 i 的 ITE 就是当这个单位在实验组和对照组时所对应的两个潜在结果的差,如式(1.12)所示:
>
> $$\text{ITE}(i) = Y_i^1 - Y_i^0 \tag{1.12}$$

然后可以根据 ITE 的定义延伸出其他的因果效应的定义。

> **定义 1.13 条件因果效应(潜在结果框架)。**
>
> 特征(协变量)的取值为 $X = x$ 的亚群上的条件因果效应,即 ITE 在该亚群上的期望,如式(1.13)所示:
>
> $$\text{CATE}(x) = \mathbb{E}_{i:X_i=x}\left[Y_i^1 - Y_i^0\right] = \mathbb{E}[Y^1 - Y^0 | X = x] \tag{1.13}$$

> **定义 1.14 平均因果效应(潜在结果框架)。**
>
> 平均因果效应是 ITE 在整体上的期望,如式(1.14)所示:

$$\text{ATE} = \mathbb{E}[Y_i^1 - Y_i^0] \tag{1.14}$$

类似地，也可以定义 ATT 和 ATC。在此不再赘述。

有了这些基础后，就很容易从潜在结果的定义出发来理解因果推断问题面临的挑战，即统计学家常常会提到的缺失数据的问题（missing data problem）。更详细地讲，就是在数据中（无论是观测性的，还是由随机实验得到的），对于每一个单位，往往只能观测到一个潜在结果。而在潜在结果框架里定义的因果效应都是需要两个潜在结果才可以计算的。比如，在式（1.12）中，对于单位i，需要观测Y_i^1和Y_i^0两个潜在结果。可是在数据中，一个单位i只能出现在对照组或者实验组中，不可以同时属于这两个组。所以，这里只能观测到一个结果Y_i，如式（1.15）所示：

$$Y_i = TY_i^1 + (1-T)Y_i^0 \tag{1.15}$$

这个观测到的结果Y_i也常常被称为事实结果（factual outcome），而那些没有被观测到的结果则是反事实结果（counterfactual outcome）。得益于潜在结果的个人级别的定义，反事实在潜在结果框架中拥有非常简单且自然的定义。ATE 和 CATE 的期望形式在有限样本（finite sample）的情况下可以被写成如式（1.16）所示的平均值：

$$\begin{aligned}\text{ATE} &= \frac{1}{N}\sum_i (Y_i^1 - Y_i^0) \\ \text{CATE}(x) &= \frac{1}{N(x)}\sum_{i:X_i=x}(Y_i^1 - Y_i^0)\end{aligned} \tag{1.16}$$

其中，$N(x)$代表满足特征取值$X_i = x$的单位i的数量。

接下来介绍潜在结果框架中的因果识别。与结构因果模型中$P(Y|\text{do}(T=t))$和$P(Y|T=t)$的区别类似，在潜在结果框架中，$P(Y^t)$和$P(Y|T=t) = P(Y^t|T=t)$之间也存在很大区别。注意，$P(Y^t)$的潜在结果没有下标i，它表示所有的单位在处理变量取值为t时的潜在结果的分布。而$P(Y^t|T=t)$表示那些被观测到的处理变量取值为$T=t$的单位的潜在结果的分布。其中，等式$P(Y|T=t) = P(Y^t|T=t)$用到了潜在结果框架中常见的一个假设，即一致性（consistency）。我们常说因果推断就是一门寻找合理假设的科学，因为因果识别总是依赖于因果的假设。这也就

是哲学家 Cartwright 所说的"no cause in，no cause out"。利用潜在结果框架做因果识别最常见的方法就基于以下几个假设。

> **定义 1.15　个体处理稳定性假设（stable unit treatment value assumption，SUTVA）。**
>
> 个体处理稳定性假设包含以下两部分。
> - 明确的处理变量取值（well-defined treatment levels）：对于任何一对单位（个体）i、j，如果 $T_i = T_j = t$，则意味着这两个单位的状态是一模一样的；
> - 没有干扰（no interference）：一个单位被观测到的潜在结果应当不受其他单位的处理变量的取值的影响。

用本章的例子来讲，假设考虑 $T = 1\sim 5$ 分别代表 $1\sim 5$ 星的评分，那么明确的处理变量取值要求 $T_i = 1$ 和 $T_j = 1$ 都代表餐厅评分为 1 星，这一点不随餐厅的变化而变化。而没有干扰这个假设则常常是对真实世界的一种简化。它意味着麦当劳的客流量仅由麦当劳自己的评分决定，而不考虑同一区域肯德基的评分对麦当劳的客流量的影响。正如我们在结构因果模型的局限性中提到的那样，潜在结果框架的常用假设 SUTVA 排除了干扰的存在，也就意味着它在使用 SUTVA 时无法解决干扰的问题。但如果我们不假设 SUTVA，潜在结果框架是可以用来解决有干扰的因果推断问题的。比如在二分实验（bipartite experiment）[12]中，我们会考虑一类单位（如电商网站上的产品）上的处理变量（如打折与否）对另一类单位（如电商网站上的买家）的结果变量（如购买行为）的干扰。而在该工作中，文献作者也是基于潜在结果框架进行因果效应估测的研究的。

接下来介绍潜在结果框架中常用的第二个假设——一致性假设。下面是一致性的定义。

> **定义 1.16　一致性（consistency）。**
>
> 一致性指一个单位被观测到的结果（事实结果）就是它的处理变量被观测到的取值所对应的那个潜在结果。在考虑 $T \in \{0,1\}$ 的情况，潜在结果和事实结果之间的关系满足式（1.15）。

现在我们应该可以理解为什么一致性会使 $P(Y_i|T_i = t) = P(Y_i^t|T_i = t)$ 成立了。这是因为在知道 $T_i = t$ 的情况下，观测到的结果 Y_i 一定就是潜在结果 Y_i^t。在这两个假设的基础上，如果再引入强可忽略性假设，就有了在潜在结果框架下最基础、最常用的一个因果识别的方法。强可忽略性又被称为非混淆（unconfoundedness）。接下来给出强可忽略性的定义。

定义 1.17 强可忽略性。

强可忽略性一般包括两个条件。

第一，以所有观测到的特征或者一部分特征（X）为条件，潜在结果与处理变量相互独立，如式（1.17）所示：

$$Y_i^1, Y_i^0 \perp\!\!\!\perp T_i | X_i \tag{1.17}$$

第二，重叠（overlapping），指在产生数据的处理变量分配机制中，任何一个可能的特征的取值既可能被分配到实验组，也可能被分配到对照组，如式（1.18）所示：

$$P(T = 1 | X = x) \in (0,1), \forall x \tag{1.18}$$

接下来就可以通过简单的数学推导实现潜在结果框架下 CATE 的因果识别，如式（1.19）所示：

$$\begin{aligned}
\text{CATE}(x) &= \mathbb{E}[Y^1 - Y^0 | X = x] \\
&= \mathbb{E}[Y^1 | X = x] - \mathbb{E}[Y^0 | X = x] \\
&= \mathbb{E}[Y^1 | X = x, T = 1] - \mathbb{E}[Y^0 | X = x, T = 0] \\
&= \mathbb{E}[Y | X = x, T = 1] - \mathbb{E}[Y | X = x, T = 0]
\end{aligned} \tag{1.19}$$

其中，第一个等式是 CATE 的定义〔见式（1.13）〕。第二个等式基于期望的性质（差的期望等于期望的差）。第三个等式用到了强可忽略性中的条件独立，即式（1.17）。第四个等式用到了一致性，即被观测到的结果与其对应的潜在结果相等。最终成功去掉了 CATE 定义中的潜在结果符号，使其等于两个统计量的差，也就意味着可以直接从数据中估测 CATE。这就达到了因果识别的目的。

而从实际出发，要使我们能够从观测数据中估测期望 $\mathbb{E}[Y | X = x, T = 1]$ 和

$\mathbb{E}[Y|X=x,T=0]$，重叠〔见式（1.18）〕是必要的。有了重叠，才能保证在有限样本的情况下，当整体足够大、单位足够多时，对每一个特征的取值x，可以观测到在实验组和对照组中都存在特征取值为x的单位。

最后，对结构因果模型和潜在结果框架进行一个简单比较。在文献[13]中，Pearl 提到了在一定条件下两种框架的等价性。单一世界干预图（single world interention graphs，SWIG）则被提出来系统性地对结构因果模型和潜在结果框架[14]进行统一化。从实际角度出发，比起需要考虑所有变量间的因果关系的结构因果模型，在因果推断问题中，潜在结果框架往往用起来更方便。要利用潜在结果框架做到因果识别，往往只需要遵循某种范式。比如，利用前面提到的那三个假设就可以做到因果识别。后面会介绍更多种类的范式来解决当这三个假设都不成立的情况下的因果识别问题。

当然，结构因果模型也有一些常用的范式，这些范式可用于解决因果识别问题，比如，后门准则和前门准则。而结构因果模型因为考虑了所有变量之间的因果关系，因此除了可以做因果推断，也常常被用于因果发现（causal discovey）。因果发现的目的是从数据中学习因果图。我们将在后面章节中详细介绍相关内容。

1.2 因果识别和因果效应估测

在 1.1 节中其实已经介绍了两种最基本的因果识别的方法：利用结构因果模型下的后门准则或者潜在结果框架中的三个基本假设，通过一些推导就可以做到对 ATE 和 CATE 的因果识别。我们知道，无论是后门准则还是潜在结果框架下的强可忽略性，都依赖于不存在没有观测到的混淆变量这一点。而这一点可能在现实世界的数据集中很难被满足。因此，本节将介绍其他几种因果识别方法来克服这一局限性：工具变量（instrumental variables，IV）、断点回归设计（regression discontinuity design，RDD）和前门准则。

有时一个因果识别的方法会与一个估测的方法一同出现，但这并不意味着它们一定需要一起使用。事实上，因果识别跟估测应该是可以分开的两个步骤。在实现因果识别之后，因果效应估测就只剩下估测这一步了。估测实际上就是一个普通的监督学习（supervised learning）问题，也可以说是分类或者回归问题（取决于结果变量是离散的还是连续的）。可以说，因果效应估测=因果识别+估测。

1.2.1 工具变量

利用工具变量的因果识别方法是一类常见的处理存在隐藏混淆变量的情况的方法。MIT（美国麻省理工学院）的 Sinan Aral 等人曾用工具变量来研究使用社交网络对人们锻炼习惯的影响[15]，他们很聪明地利用了天气这个外生变量作为工具变量。接下来将介绍工具变量在结构因果模型和潜在结果框架中识别因果效应的方法。

1. 工具变量在结构因果模型中的用法

下面用如图 1.6 所示的因果图来展示一个常见的可以利用结构因果模型做因果识别的情况。用本章中的例子可以观测到一个混淆变量X，即餐厅的类别，而存在一些隐藏混淆变量U，阻碍了我们直接利用后门准则。令工具变量Z表示用户是否提交评论，即$Z = 1$（或$Z = 0$）表示用户提交了（或没提交）评论。假设用户提交评论是不受其他变量影响的，那么它就有可能是一个有效的工具变量。接下来定义结构因果模型下的工具变量[16]。

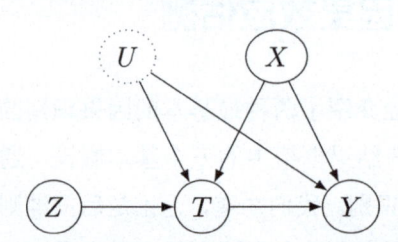

图 1.6 一个典型的可以利用工具变量（Z）实现因果识别的因果图。我们不要求所有的混淆变量都被观测到，即只能观测到X，不能观测到U

> **定义 1.18　工具变量。**
>
> 考虑随机变量Z、处理变量T、结果变量Y和特征X，我们说Z是一个有效的工具变量，当且仅当它满足以下条件：
> - Z是外在变量；
> - 以观测到的特征为条件，Z与T不相互独立，如式（1.20）所示：

$$X \not\!\perp\!\!\!\perp Y \mid Z \tag{1.20}$$

- 以观测到的特征和对处理变量进行干预为条件，Z 与 Y 相互独立，如式（1.21）所示：

$$Z \perp\!\!\!\perp Y \mid X, \mathrm{do}(T) \tag{1.21}$$

在结构因果模型中，式（1.20）意味着两种可能的情况：第一，在因果图中存在一条有向边 $Z \to T$；第二，存在一个以 X 为对撞因子的反向叉状图 $Z \to X \leftarrow T$。在实际问题中，第一种情况可能更常见。第二种情况〔见式（1.21）〕看上去有点难以理解，因为它同时以 X 和 $\mathrm{do}(T)$ 为条件。它常被称为排除约束（exclusion restriction）。我们也可以用语言来表达这一点，即任何一条没有被阻塞的以 Z 为第一个点而 Y 为最后一个点的通路，都用一条有向边指向处理变量 T。实际上，用因果图来讲，它意味着以 Z 为第一个点，而 Y 为最后一个点的通路有且只有一条，就是 $Z \to T \to Y$。用文字表达则意味着工具变量 Z 对结果变量 Y 的影响只能通过它对处理变量 T 的影响来实现。在文献 [17] 中，卡耐基梅隆大学的 Cosma Shalizi 教授认为可以把工具变量 Z 对结果变量 Y 的因果效应对应的干预分布分解成两部分，即工具变量 Z 对处理变量 T 的影响和处理变量 T 对结果变量 Y 的影响。假设处理变量 T 是离散变量，可以用式（1.22）来表示这个分解过程：

$$P(Y \mid \mathrm{do}(Z)) = \sum_t P(Y \mid \mathrm{do}(T = t)) P(T = t \mid \mathrm{do}(Z)) \tag{1.22}$$

接下来展示如何在线性的结构因果模型中利用工具变量做到因果识别。首先，根据因果图 1.6 定义一组线性的结构方程，如式（1.23）所示：

$$\begin{aligned} T &= g(X, U, Z, \epsilon^T) = \alpha_Z Z + \alpha_X X + \alpha_U U + \alpha_0 + \epsilon^T \\ Y &= f(X, U, T, \epsilon^Y) = \tau T + \beta_X X + \beta_U U + \beta_0 + \epsilon^Y \end{aligned} \tag{1.23}$$

其中，假设两个噪声项 ϵ^Y 和 ϵ^T 都服从平均值为 0 的高斯分布，而 τ 便是想要得到的平均因果效应。这种能够用一个常数表示所有单位的因果效应的情况，我们称为同质性因果效应（homogeneous treatment effect）。在很多情况下，每个单位的因果效应可能不同，我们称这种情况下的因果效应为异质性因果效应

（heterogeneous treatment effect）。可以把式（1.23）中的第一个等式代入第二个等式的右边，然后化简得到式（1.24）：

$$Y = \tau\alpha_Z Z + (\tau\alpha_U + \beta_U)U + (\tau\alpha_X + \beta_X)X + \gamma_0 + \eta \tag{1.24}$$

其中，$\gamma_0 = \tau\alpha_0 + \beta_0$，而 $\eta = \tau\epsilon^T + \epsilon^Y$。那么得出式（1.25）：

$$\mathbb{E}[Y|\text{do}(Z=1)] - \mathbb{E}[Y|\text{do}(Z=0)] = \mathbb{E}[Y|Z=1] - \mathbb{E}[Y|Z=0] = \tau\alpha_Z \tag{1.25}$$

在式（1.25）的第一个等式中，因为Z是外在变量，因此$P(Y|\text{do}(Z)) = P(Y|Z)$。而根据式（1.25），可以算出$\mathbb{E}[Y|\text{do}(Z=1)] - \mathbb{E}[Y|\text{do}(Z=0)] = \tau\alpha_Z$。类似地，可以根据线性结构因果模型（见式（1.23））和Z是外在变量，以及$P(T|\text{do}(Z)) = P(T|Z)$这一事实得到式（1.26）：

$$\mathbb{E}[T|\text{do}(Z=1)] - \mathbb{E}[T|\text{do}(Z=0)] = \mathbb{E}[T|Z=1] - \mathbb{E}[T|Z=0] = \alpha_Z \tag{1.26}$$

结合式（1.25）和式（1.26），就可以得到线性结构因果模型下的比例估计量（ratio estimator），如式（1.27）所示：

$$\tau = \frac{\mathbb{E}[Y|Z=1] - \mathbb{E}[Y|Z=0]}{\mathbb{E}[T|Z=1] - \mathbb{E}[T|Z=0]} \tag{1.27}$$

这里隐含的条件是分母α_Z不为0，即工具变量Z对处理变量T的因果效应不为0。之后只需要利用回归或者分类模型（取决于Y取值是连续的还是离散的）估测等式右边的期望$\mathbb{E}[Y|Z]$和$\mathbb{E}[T|Z]$，即可完成因果效应估测。

2. 工具变量在潜在结果框架中的用法

在潜在结果框架中，我们也可以利用工具变量做因果识别。为了方便读者理解，这里仍然以图 1.6 作为参考，而且不需要对模型做线性假设，但利用工具变量只能识别到一个亚群的平均因果效应。在潜在结果框架中，考虑$Z, T \in \{0,1\}$可以把工具变量Z对结果变量Y的 ITE 表示成式（1.28）：

$$Y_i(1, T_i(1)) - Y_i(0, T_i(0)) \tag{1.28}$$

其中，1和0是工具变量I的取值，$Y_i(Z, T_i(Z))$和$T_i(Z)$分别是潜在结果和处理变量的函数形式，这种表达强调了工具变量对处理变量和结果变量的取值的影响。注意，接下来会用$Y_i(Z)$表示受工具变量影响的潜在结果，而Y_i^T表示受处理变量影响的潜在结果。然后可以由式（1.28）推导得到式（1.29）：

$$\begin{aligned} &Y_i(1, T_i(1)) - Y_i(0, T_i(0)) \\ &= Y_i(T_i(1)) - Y_i(T_i(0)) = [Y_i^1 T_i(1) + Y_i^0 (1 - T_i(1))] - \\ &[Y_i^1 T_i(0) + Y_i^0 (1 - T_i(0))] = [Y_i^1 - Y_i^0][T_i(1) - T_i(0)] \end{aligned} \tag{1.29}$$

其中第一个等式利用了之前的假设，即排除约束假设〔见式（1.21）〕——工具变量I只通过影响处理变量T来影响结果变量Y。第二个等式可以直接由一致性得到〔见式（1.15）〕。第三个等式则直接由数学推导获得。到了这一步，仍然没有完成因果识别。注意式（1.29）与式（1.22）的区别在于它是个人级别的，其中的变量都带有下标i。接下来对式（1.29）求期望，如式（1.30）所示：

$$\begin{aligned} &\mathbb{E}[(Y_i^1 - Y_i^0)(T_i(1) - T_i(0))] \\ &= \mathbb{E}[Y_i^1 - Y_i^0 | T_i(1) - T_i(0) = 1] P(T_i(1) - T_i(0) = 1) - \\ &\mathbb{E}[Y_i^1 - Y_i^0 | T_i(1) - T_i(0) = -1] P(T_i(1) - T_i(0) = -1) \end{aligned} \tag{1.30}$$

其中，等式右边的部分由$Y_i(T_i(1)) - Y_i(T_i(0))$分解而来。注意，当$T_i(1) - T_i(0) = 0$时，$Y_i(T_i(1)) - Y_i(T_i(1)) = 0$总是成立，所以这样的情况对应的因果效应总是为0。接下来将讨论如何基于以上推导得到最简单的一个利用工具变量的因果效应的估计量。这里需要加入一个新的假设，即单调性（monotonicity）。

> **定义1.19　单调性。**
> 单调性指处理变量的值随工具变量的值增大而不会变小，即$T_i(1) \geqslant T_i(0)$。这意味着$P(T_i(1) - T_i(0) = -1) = 0$。

单调性假设可以使式（1.30）右边的第二项为0，因为$P(T_i(1) - T_i(0) = -1) = 0$。这样就可以得到经典的比例估计量，如式（1.31）所示：

$$\mathbb{E}\big[Y_i^1 - Y_i^0 | T_i(1) - T_i(0) = 1\big] = \frac{\mathbb{E}\big[(Y_i(1) - Y_i(0))(T_i(1) - T_i(0))\big]}{P(T_i(1) - T_i(0) = 1)}$$
$$= \frac{\mathbb{E}\big[(Y_i(1) - Y_i(0))\big]}{\mathbb{E}\big[(T_i(1) - T_i(0))\big]} \tag{1.31}$$

其中，等式左边的期望是估测的目标，即所谓的局部平均因果效应（local average treatment effect，LATE）。局部代表只考虑那些满足单调性的个体。也有人把它叫作服从者平均因果效应（compiler average treatment effect）。服从者也是代表满足单调性的个体组成的亚群。到了这一步，可以利用工具变量是外在变量这一点，把等式右边出现的受工具变量Z影响的潜在结果和处理变量（这里的处理变量也可以被看作受工具变量影响的潜在结果）这些因果量替换为相应的统计量。因为工具变量是外在变量，在潜在结果框架下有式（1.32）：

$$Z_i \perp\!\!\!\perp \{Y_i(1), Y_i(0), T_i(1), T_i(0)\} \tag{1.32}$$

这有时也被称为随机化假设。基于这些独立条件，可以将$\mathbb{E}[(Y_i(1) - Y_i(0))]$和$\mathbb{E}[(T_i(1) - T_i(0))]$这两个因果量写成统计量，如式（1.33）所示：

$$\begin{aligned}\mathbb{E}\big[(Y_i(1) - Y_i(0))\big] &= \mathbb{E}[Y_i(1)] - \mathbb{E}[Y_i(0)] \\ &= \mathbb{E}[Y_i(1)|Z=1] - \mathbb{E}[Y_i(0)|Z=0] \\ &= \mathbb{E}[Y|Z=1] - \mathbb{E}[Y|Z=0]\end{aligned} \tag{1.33}$$

类似地，可以得到$\mathbb{E}[(T_i(1) - T_i(0))] = \mathbb{E}[T|Z=1] - \mathbb{E}[T|Z=0]$。这样就完成了在潜在结果框架中利用工具变量对局部平均因果效应的因果识别，即利用比例估测量来估测局部平均因果效应，如式（1.34）所示：

$$\mathbb{E}\big[Y_i^1 - Y_i^0 | T_i(1) - T_i(0) = 1\big] = \frac{\mathbb{E}[Y|Z=1] - \mathbb{E}[Y|Z=0]}{\mathbb{E}[T|Z=1] - \mathbb{E}[T|Z=0]} \tag{1.34}$$

这样就可以用观测数据中可以估测的量 $\mathbb{E}[Y|Z]$ 来估测 LATE。在 2017 年以后的研究中，工具变量方法不再局限于单调性假设，而是被延伸到基于深度神经网络的评价器中[18]。对工具变量而言，另一个比较重要的概念是两阶段最小二乘法（two stage least square，2SLS）[19]。图 1.7 展示了可以应用 2SLS 的一个因果

图。与图 1.6 相比，在图 1.7 中的工具变量 Z 不再必须是外生变量。我们仍然可以利用 Z 来提供与未观测到的混淆变量 U 独立的随机性，这有助于我们识别因果效应$\mathbb{E}[Y|do(T)]$。传统的 2SLS 假设工具变量 Z 与 T 之间的关系和 T 与 Y 之间的关系都是线性的。因此，在 2SLS 中，先利用 Z 对 T 做回归，得到预测的$\hat{T}$，然后利用$\hat{T}$对 Y 的线性回归来得到因果效应。与传统的 2SLS 不同，在实际问题中，我们经常面临的挑战是非线性关系，这意味着传统的基于线性回归的 2SLS 无法被直接应用。在文献[18]中，Hartford 等人提出了如式（1.35）所示的目标方程：

$$\min_{\hat{h}\in H} \mathbb{E}_{z\sim P(Z)}\left[\left(\mathbb{E}[Y|z] - \mathbb{E}_{\hat{x}\sim g(z)}[\hat{h}(\hat{T})]\right)^2\right] \tag{1.35}$$

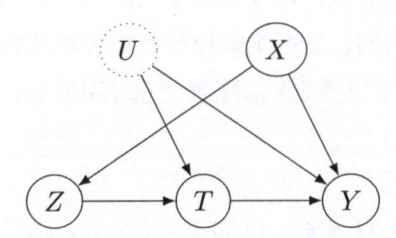

图 1.7 一个典型的可以利用两阶段最小二乘法实现因果识别的因果图。
不要求$T \to Y$的混淆变量U都被观测到

其中，$\hat{h}$是将输入的预测的处理变量$\hat{T}$映射到预测的结果变量$\hat{Y}$的函数。而 g 则是将观测到的工具变量 Z 映射到预测的处理变量$\hat{T}$的函数，我们可以利用观测到的数据来学习函数 g，然后解决优化问题〔见式（1.35）〕，以学习处理变量与结果变量之间的非线性关系。有兴趣的读者可以自行阅读文献[18]。

1.2.2 断点回归设计

断点回归设计（RDD）适用于一些特殊场景。在这些场景中，处理变量T的取值只由配置变量（running variable，有时也被称作 assignment variable 或 forcing variable）R的值决定。在此考虑最简单的情况，即处理变量$T = \mathbb{1}(R \geqslant r_0)$，其中$\mathbb{1}$在$R \geqslant r_0$时取值为 1，在其他情况下取值为 0。即一个单位被分配到实验组时，当且仅当配置变量大于或等于一个阈值r_0。在研究餐厅评分对餐厅客流量的因果效应时[4]，我们知道，在网站的搜索结果页面中，评分常常被四舍五入到最近的以半颗星为单位的星级。例如，一家餐厅 A 的评分为 3.24，它会被显示成三颗星。

而如果另一家餐厅 B 的评分为 3.26，它就会被显示成三颗半星。基于这一事实，可以研究餐厅评分对客流量的影响。虽然餐厅 A 和餐厅 B 的真实评分十分接近，但在搜索结果页面的显示中二者则差半颗星。更具体地讲，当考虑所有的评分在 $R \in [3,3.5]$ 的餐馆时，可以令 $r_0 = 3.25$，则处理变量可以被定义为 $T = \mathbb{1}(R \geqslant r_0)$。那些分数在 $R \in [3.25,3.5]$ 的餐厅从四舍五入中得到了优势，即显示的星数比实际分数高。我们认为这些餐厅属于实验组。而那些分数在 $R \in [3.0,3.25)$ 的餐厅则因此吃了亏，我们认为这些餐厅属于对照组。在这种情景下，可以使用一种叫作精确断点回归设计（sharp regression discontinuity design，sharp RDD）的方法[4, 20]。精确断点回归设计的想法基于两个假设。首先，那些评分接近阈值的餐厅的混淆变量取值是十分相似的。其次，因果效应是同质的，即从四舍五入中得到对每家餐厅客流量的影响是相同的。这两个假设使我们可以实现因果识别。在精确断点回归设计中，我们认为结果变量 Y、配置变量 R 和同质因果效应 τ 之间存在如式（1.36）所示的关系：

$$Y = f(R) + \tau T + \epsilon = f(R) + \tau \mathbb{1}(R \geqslant r_0) + \epsilon \tag{1.36}$$

其中，ϵ 是噪声项，一般是平均值为0的独立同分布的外生变量，比如正态分布 $\epsilon \in \mathcal{N}(0,1)$。在因果效应是同质的情况下，常常可以用 τT 项来量化处理变量 T 对结果变量 Y 的因果效应。f 是在 $R = r_0$ 处连续的一个函数，它的参数化（parameterization）可以是很灵活的。当然在实际情况中，对 f 的模型误判（model misspecification）可能造成对平均因果效应估测的偏差。例如，哥伦比亚大学的统计学家 Andrew Gelman 和斯坦福大学的经济学家 Guido Imbens 指出，当 f 被参数化为高阶多项式（high-order polynomials）的时候，很可能得到有误导性的结果[21]。本质上这是因为在他们研究的数据集中，f 的基准真相不是高阶多项式。注意，在这个例子中，$R \in [3.0,3.5]$ 这个范围由带宽（0.25）决定。带宽代表的是，我们认为函数 f 相同单位的配置变量的取值范围，这意味着断点回归设计估测的平均因果效应本质上是一种局部平均因果效应。因此，当有足够多的数据时，也可以把这个范围设置得更小，从而保证估测的精确性。比如，当把带宽设置为 0.05 时，配置变量的范围就变为 $R \in [3.2,3.3]$。意思是我们认为只有评分在这个范围中的餐厅，才有同样的函数 f。在有的研究中，也倾向于使用多种带宽展示所选择的配置变量的正确性和估测到的平均因果效应的鲁棒性。

图 1.8 展示了一个在仿真数据中利用精确断点回归设计来估测因果效应的例子，即餐厅在评分网站 Yelp 上的评分 $T = \mathbb{1}$（$R \geqslant 3.25$）对客流量 Y 的因果效应。其中，假设函数 f 是一个线性分段函数，如式（1.37）所示：

$$f(R) = \begin{cases} w_1 R + b_1 & R \geqslant 3.25 \\ w_2 R + b_2 & R < 3.25 \end{cases} \tag{1.37}$$

其中，w_1、w_2、b_1、b_2 是线性回归的参数。我们可以分别在实验组和对照组中求解线性回归，得到函数 f 的参数。然后就可以利用这两条线段与 $R = 3.25$ 这条直线的两个交点的纵坐标之差，得到平均因果效应 τ。

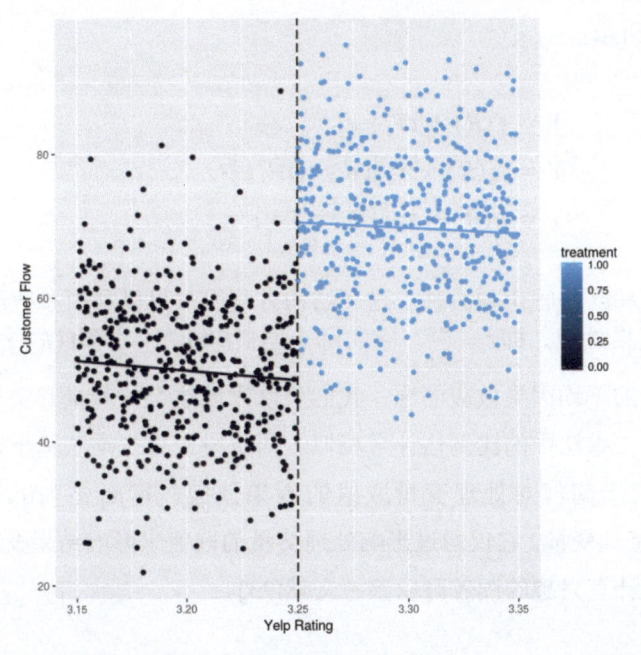

图 1.8 一个利用仿真数据做精确断点回归设计的例子，图中每个点代表一家餐厅。X 轴是 Yelp 上餐厅的平均评分（即配置变量 R），Y 轴则是餐厅的客流量。蓝色的点代表实验组的餐厅，黑色的点代表对照组的餐厅。$f(R)$ 则是一个线性分段函数，黑色和蓝色的两条线段与直线 $R = 3.25$ 的交点的 Y 轴的值之差代表该精确断点回归设计估测到的平均因果效应 τ

在本例中，精确断点回归设计〔见式（1.35）〕基于以下事实：3.25 分是区别实验组和对照组的一个明确定义的阈值。然而在实际情况中，有可能这样的事实

并不成立。为了应对没有明确定义阈值的情况，接下来介绍模糊断点回归设计（fuzzy regression discontinuity design，fuzzy RDD）[20,22]。在本例中，细心的用户可能会点击某家餐厅的页面，从而看到餐厅真实的评分，而不是只基于搜索结果页面中四舍五入后的评分做选择。这样顾客就会发现上文中评分为 3.24 的餐厅 A 和评分为 3.26的餐厅 B 的实际评分的差距并没有半颗星那么多。在模糊断点回归设计中，假设存在一个随机的处理变量分配的过程，由条件概率$P(T = 1|R)$来表示，我们可以把它看作一种倾向性评分模型（propensity score model）。可以发现它与精确断点回归设计中确定性的倾向性评分模型（即$T = \mathbb{1}(R \geqslant r_0)$）不同。在模糊断点回归设计中，任何一个配置变量的取值$R = r$的单位，一般来说，既有可能被分配到实验组，也有可能被分配到对照组。这里的倾向性评分模型一般被假设为一个在阈值r_0处不连续的函数。这样可以写出如下断点回归设计的结构方程组，如式（1.38）所示：

$$\begin{aligned} Y &= f(R) + \tau T + \epsilon^Y \\ Y &= f_2(R) + \pi_2 \mathbb{1}(R \geqslant r_0) + \epsilon^{y_2} \\ T &= g(R) + \pi_1 \mathbb{1}(R \geqslant r_0) + \epsilon^T \end{aligned} \quad (1.38)$$

其中，ϵ^Y和ϵ^T是噪声项。基于这个结构方程组，可以利用参数π_2和π_1的比例来估测平均因果效应，即$\tau = \frac{\pi_2}{\pi_1}$。它实际上是$\mathbb{1}(R \geqslant r_0) \to Y$和$\mathbb{1}(R \geqslant r_0) \to T$这两个因果关系对应的平均因果效应的比。我们可以发现这个估测量其实与工具变量中的两阶段最小二乘法中的比例估计量相似。两阶段最小二乘法基于以下假设：配置变量是否大于阈值对处理变量取值的因果效应，即π_1不为0。我们可以把$\mathbb{1}(R \geqslant r_0)$视为工具变量，它仅通过影响处理变量的取值来影响结果变量。对实践中的断点回归设计有兴趣的读者可以参考文献[23]。

1.2.3 前门准则

前门准则是结构因果模型除后门准则外的一种重要的因果识别方法[5]，我们可以把它看作一种对后门准则的拓展。它允许我们在有隐藏混淆变量的情况下实现因果识别。下面定义前门准则。

> **定义 1.20　前门准则。**
>
> 变量集合 $\mathcal{M}$ 满足前门准则，当且仅当它满足以下三个条件时：
> - 以 $\mathcal{M}$ 中所有的变量为条件时，所有从处理变量 T 到结果变量 Y 的有向通路都会被阻塞；
> - 在没有以任何变量为条件的情况下，不存在没有被阻塞的对因果关系 $T \rightarrow \mathcal{M}$ 而言的后门通路；
> - 以处理变量 T 为条件会阻塞所有对于 $\mathcal{M} \rightarrow Y$ 的后门通路。

图 1.9 展示了两个因果图。其中，在图 1.9(a)中的变量集合 $\mathcal{M}$ 满足前门准则，在图 1.9(b)中的变量集合 $\mathcal{M}$ 不满足前门准则。读者可以自行分析图 1.9(b)中的变量集合 $\mathcal{M}$ 不满足前门准则中的那部分。我们也可以说变量集合 $\mathcal{M}$ 是对于因果关系 $T \rightarrow Y$ 而言的中介变量的集合。为了符号的简单明了，接下来假设变量集合 $\mathcal{M}$ 只包含一个变量，即 $\mathcal{M} = \{M\}$，令 M 和 T 都是离散变量。由定义 1.20 中的第一个条件可以得到对于干预分布 $P(Y|\text{do}(T))$ 的分解，如式（1.39）所示：

$$P(Y|\text{do}(T)) = \sum_m P(Y|\text{do}(M=m))P(M=m|\text{do}(T)) \tag{1.39}$$

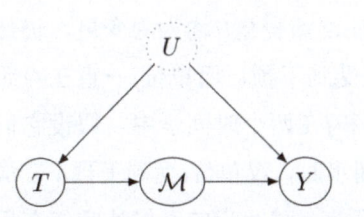

(a) 对因果效应 $T \rightarrow Y$ 而言，变量集 $\mathcal{M}$ 满足前门准则的一个示例因果图。其中 U 是隐藏混淆变量

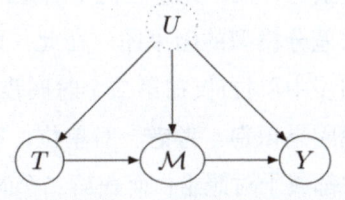

(b) 变量集合 $\mathcal{M}$ 不满足前门准则的示例因果图。图中存在对因果效应 $T \rightarrow \mathcal{M}$ 和 $\mathcal{M} \rightarrow Y$ 而言的后门通路。其中 U 是隐藏混淆变量

图 1.9　两个分别展示变量集合 $\mathcal{M}$ 满足与不满足前门准则的示例因果图

定义 1.20 中的第二个条件意味着不存在对于因果效应 $T \rightarrow M$ 而言的混淆变量。也就是说，可以直接用对应的条件分布代替干预分布，如式（1.40）所示：

$$P(M=m|\text{do}(T)) = P(M=m|T) \tag{1.40}$$

定义 1.20 中的第三个条件可以使用后门准则去完成对干预分布$P(Y|\mathrm{do}(M))$的因果识别，如式（1.41）所示：

$$P(Y|\mathrm{do}(M=m)) = \sum_t P(Y|T=t, M=m)P(T=t) \tag{1.41}$$

这样可以利用第二个和第三个条件得到的式（1.39）和式（1.40），完成对式（1.38）等号右边的两个干预分布的因果识别，因而也就完成了对估测的目标，即干预分布$P(Y|\mathrm{do}(T))$的因果识别。

1.2.4 双重差分模型

在 1.2.1 节到 1.2.3 节介绍的方法中，考虑的情况都为数据是静态的。而在现实世界的应用中，数据可能是动态的，这意味着我们可能会在某一个时刻进行干预，即改变处理变量的值，在这样的场景中结果变量也会随着时间变化。而要在动态数据中估测因果效应，则需要对结果变量随时间变化的关系进行建模。考虑本节的例子，在此可以用一个基于双重差分模型的准实验设计（quasi-experiment）来估测餐厅评分T对餐厅客流量的影响Y。在双重差分模型中，允许混淆变量的存在，无论它们是隐藏的、可见的还是部分可见的。图 1.10 展示了一个双重差分模型的因果图，在此，即使混淆变量U均为隐变量，仍然可以利用两个时间步中单位i仅在第二个时间步时受到干预，而单位j一直在对照组这一事实来实现因果识别。考虑一对单位，即i和j在两个时间步中。假设它们在第一个时间步时都属于对照组；而在第二个时间步时，仅单位i受到干预，变成实验组（$T_i=1$）。比如，随机挑选一些餐厅，在第二个时间步的时候让它们在搜索结果页面中的评分由四舍五入到半颗星变为向上取整到半颗星，而保持搜索结果页面中其他餐厅的评分。这样就可以研究餐厅评分上升对客流量的影响。一个双重差分回归的经典的例子则是在文献[24]中，加州大学伯克利分校的经济学教授 David Card 和普林斯顿大学前教授 Alan B.Krueger 关于美国新泽西州改变职工最低工资对快餐业就业情况的因果效应的研究。在这项研究中，新泽西州的职工最低工资确实上涨了，并且他们用与新泽西州毗邻的最低工资没有上涨的宾夕法尼亚州作为对照组。我们把第一个时间步的结果叫作干预前结果（pre-treatment outcome），用符号C表示，它又被称为负结果控制（negative outcome control）。而我们感兴趣的则是干预后结果Y_i，即第二个时间步的结果。对于单位i，将观测到干预前结果C_i和干预后的实验组结果$Y_i(1)$；而对于单位j，我们将观测到干预前结果C_j和干预后的对照组结果$Y_j(0)$。双重差分模型的基本思路是利用单位j的对照组结果$Y_j(0)$与干预前结果C_i和C_j之间的关系来推断单位i在干预后的对照组（反事实）结果$Y_i(0)$。这样就可以直接估测平均因果效应。

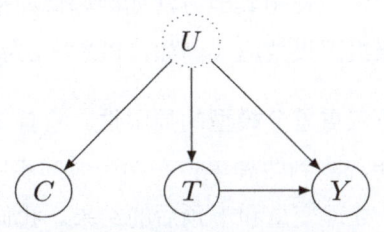

图 1.10 双重差分模型的因果图

接下来对双重差分模型进行详细推导。首先，我们通过观察图 1.10 中的因果图可以发现，处理变量T对干预前结果C是不会有因果效应的，考虑$T \in \{0,1\}$，即$P(C|do(T) = 1) = P(C|do(T) = 0)$。然而由于混淆变量$U$的存在，我们会发现干预前结果$C$的条件分布的期望的差$\mathbb{E}[C|T=1] - \mathbb{E}[C|T=0]$实际上反映了后门通路$C \leftarrow U \rightarrow T$引起的$C$和$T$之间的相关性。这种相关性有时也被称为加性混淆效应（additive confounding effect）[25]。接下来给出双重差分模型中最重要的一个假设，即加性伪混淆假设（additive quasi-confouding）。

> **定义 1.21　加性伪混淆假设。**
>
> 加性伪混淆假设是指处理变量T和结果变量Y之间的加性混淆效应与处理变量T和干预前结果变量C之间的加性混淆效应大小相同，如式（1.42）所示：

$$\mathbb{E}[Y(0)|T=1] - \mathbb{E}[Y(0)|T=0] = \mathbb{E}[C|T=1] - \mathbb{E}[C|T=0] \tag{1.42}$$

由加性混淆假设可以实现因果识别，并得到如式（1.43）所示的估计量：

$$\mathbb{E}[Y(1) - Y(0)|T=1] = (\mathbb{E}[Y|T=1] - \mathbb{E}[Y|T=0]) - (\mathbb{E}[C|T=1] - \mathbb{E}[C|T=0]) \tag{1.43}$$

式（1.43）意味着实验组平均因果效应实际上可以表示为Y和T之间的相关性减去C和T之间的相关性。我们知道，Y和T之间的相关性包括因果效应$\mathbb{E}[Y(1)-Y(0)|T=1]$和后门通路$T \leftarrow U \rightarrow Y$造成的混淆效应，因此，减去后门通路$T \leftarrow U \rightarrow Y$造成的混淆效应，就可以得到因果效应$\mathbb{E}[Y(1)-Y(0)|T=1]$。从以上推导中可以看出，双重差分模型识别和估测的因果效应实际上是实验组平均因果效应，即$\mathbb{E}[Y(1)-Y(0)|T=1]$。在实际操作中，当存在可见的混淆变量$X$时，也可以加入一些合理的假设，使用其他方法如回归调控来识别和估测由这些混淆变量定义的亚群中的对照组因果效应（例如，以$X=x$为条件）[26]。

到此，可以总结一下双重差分模型的局限性。它首先依赖于对数据的几个比较强的假设。假设我们能观测到两种单位在两个时间步中的数据，即C、T和Y三个变量——干预前结果、处理变量和干预后的结果。我们要求其中一部分单位得到了干预，在第二个时间步中处于实验组，另一部分则在两个时间步中都处于对照组。其次还需要加性伪混淆假设。

1.2.5　合成控制

合成控制[27]是经济学家 Alberto Abadie 等人提出的一种在动态数据中因果识别和因果效应估测的方法。在合成控制中，一般考虑大型的单位，如一个国家、一个省或一个城市和针对这样的单位的处理变量，如是否修改职工最低工资、是否执行一个新的法令等。它考虑的是数据集中单位的数量比较少的情况。注意，这样的干预一般无法执行小的单位（如个人）。在当今的科技公司中，合成控制常常被用于估测针对大型单位的干预的因果效应。如滴滴出行或者美国的 Uber 和 Lyft，要估测一种新的计算价格的算法对某个城市中该公司日营业额的影响，合成控制可能就是一种合理的方法。

与双重差分模型中仅考虑一个对照组的单位不同，在合成控制中，考虑一个将会受到干预的单位i和J个不会受到干预的单位$1,\cdots,i-1,i+1,\cdots,J+1$，这些没有受到干预的单位的集合又被称为潜在对照组（donor pool）。而合成控制的主要思想就是要用多个对照组单位的结果的加权平均合成一个受到干预的单位的反事实结果，即受到干预的该单位处于对照组时的结果。在经典的合成控制研究中，一个单位常常代表一个地区。例如，在文献[28]中，MIT 经济系教授 Abadie 和西班牙巴斯克大学的 Gardeazabal 利用合成控制来研究 20 世纪 60 年代的恐怖活动对西班牙巴斯克地区的人均 GDP 的因果效应。在这项研究中，他们将西班牙的其他地区当作潜在对照组。在我们的例子中，如果某一个时刻在 Yelp 的搜索结果页面中，把美国亚利桑那州坦佩市的餐厅评分由四舍五入到半颗星变成向上取整到半颗星，就可以利用合成控制法来研究餐厅评分的提升对这些餐厅客流量的影响。其中可以使用亚利桑那州其他城市的餐厅作为潜在对照组，用 $t=1,\cdots,t_{max}$ 表示时间步。特别地，用 t_0 表示干预发生的时间步，并假设 $1 < t_0 < t_{max}$。在实际情况中，如果干预的因果效应有延迟，则可以把 t_0 定义为干预对结果产生因果效应的第一个时间步[29]。$Y_{jt}(1)$、$Y_{jt}(0)$ 和 Y_{jt} 分别表示单位 j 在时间步 t 时受到干预（实验组）的潜在结果、没有受到干预（对照组）的潜在结果和事实结果。对于单位 $j \neq i$，$Y_{jt}(0) = Y_{jt}$ 对所有的时间步 t 成立；而对于受到干预的单位 i，则有 $Y_{it}(0) = Y_{it}$，$t < t_0$ 和 $Y_{it}(1) = Y_{it}, t \geqslant t_0$ 成立。这里的一个潜在假设是，对单位 i 施加的干预不会影响其他单位的结果，即 SUTVA 中没有干扰这一条假设。与双重差分模型不同，在合成控制中，允许因果效应随时间变化，所以用 τ_{it} 表示单位 i 在时间步 t 时的 ITE。而我们感兴趣的因果效应 τ_{it} 是干预发生之后的，它可以被表示为式（1.44）所示的形式：

$$\tau_{it} = Y_{it}(1) - Y_{it}(0) = Y_{it} - Y_{it}(0), \ t \geqslant t_0 \tag{1.44}$$

注意，这里对干预后的单位 i 的 ITE 感兴趣。t 的具体范围应当由具体的应用来决定，在决定 t 的范围时，需要考虑干预对结果变量的影响是否有延迟，以及这种因果效应能持续多长时间。注意，在式（1.43）中无法在时间 $t > t_0$ 时观测到 $Y_{it}(0)$，因此 $Y_{it}(0)$ 将是合成控制中我们想要估测的反事实结果。相应地，也可以定义随时间变化的处理变量 T_{it}，如式（1.45）所示：

$$T_{it} = \begin{cases} 1 & t \geqslant t_0 \\ 0 & t < t_0 \end{cases} \tag{1.45}$$

这样可以将单位 i 随时间变化的事实结果表示成对照组结果和因果效应的和，如式（1.46）所示：

$$Y_{it} = Y_{it}(0) + \tau_{it}T_{it} \tag{1.46}$$

在合成控制中，我们的目标是找到最优的权重 $\boldsymbol{w} = [w_1, \cdots, w_{i-1}, w_{i+1}, \cdots, w_J]$，它代表潜在对照组中每个对照组单位 $j = 1, \cdots, i-1, i+1, \cdots, J$ 最终在预测 $Y_{it}(0)$ 时的权重。为了避免外推（extrapolation），要求这些权重满足式（1.47）中的两个条件：

$$\sum_{j \neq i} w_j = 1, w_j \geq 0 \tag{1.47}$$

$\boldsymbol{X}_1 \in \mathbb{R}^{d \times 1}$ 是受到干预的单位 i 的协变量，d 是协变量的维度，而 $\boldsymbol{X}_0 \in \mathbb{R}^{d \times J}$ 是潜在对照组中的所有对照组单位的协变量矢量构成的矩阵。Abadie 等人[27]求解合成控制权重的方法是通过最小化以下目标方程得到的，如式（1.48）所示：

$$\begin{aligned} \boldsymbol{w}^* &= \arg\min_{\boldsymbol{w}} \| \boldsymbol{X}_1 - \boldsymbol{X}_0 \boldsymbol{w}^\mathrm{T} \| \\ \text{s.t.} \quad & \sum_{j \neq i} w_j = 1, w_j \geq 0 \end{aligned} \tag{1.48}$$

其中，$\| \boldsymbol{X}_1 - \boldsymbol{X}_0 \boldsymbol{w}^\mathrm{T} \|$ 常常被定义为带有权重的欧几里得范数（Euclidean norm），它可以写为式（1.49）所示的形式：

$$\| \boldsymbol{X}_i - \boldsymbol{X}_0 \boldsymbol{w}^\mathrm{T} \| = \left(\sum_{k=1}^{d} v_k \left(x_{ik} - w_1 x_{k1} - \cdots - w_{J+1} x_{k(J+1)} \right) \right)^{1/2} \tag{1.49}$$

其中，x_k 是受到干预的那个单位的第 k 个协变量，v_k 反映了第 k 个协变量的重要性。

接下来利用文献[27]中的线性结构方程模型来介绍合成控制。首先假设单位 i 的对照组结果由式（1.50）所示的结构方程生成：

$$Y_{it}(0) = \boldsymbol{\theta}_t \boldsymbol{X}_i + \boldsymbol{\lambda}_t \boldsymbol{\mu}_i + \epsilon_{it} \tag{1.50}$$

其中，$\boldsymbol{X}_i \in \mathbb{R}^{d \times 1}$ 是单位 i 观测到的不随时间变化的 d 维特征，$\boldsymbol{\mu}_i \in \mathbb{R}^{d' \times 1}$ 是未观测到的不随时间变化的 d' 维特征。$\boldsymbol{\theta}_t$ 和 $\boldsymbol{\lambda}_t$ 是两种特征对应的权重。ϵ_{it} 是均值为 0

的噪声项。而在双重差分模型中考虑的是λ_t为常数且不随时间变化的场景。理想状态下，我们希望得到的权重w同时满足式（1.51）所示的等式：

$$\begin{cases} \sum_{j \neq i} w_j^* X_j = X_i \\ \sum_{j \neq i} w_j^* Y_j t = Y_i t, t = 1, \cdots, T_0 \end{cases} \tag{1.51}$$

在实际情况中很难找到一组权重使式（1.51）成立。而生成结果的结构方程也可能不是线性的。在实践中，只要能找到一组权重使式（1.51）近似成立即可。所以，需要确定能否找到一组足够好的权重，使单位i干预后的对照组结果与它的合成控制之间的偏差足够小。

文献[27]证明了在式（1.50）的情况下，解优化问题〔见式（1.48）〕可得到权重w，然后可以用w估测受到干预的单位i的 ITE。合成控制模型估测的 ITE 的偏差受到ϵ_{it}的大小/方差，以及干预前的时间步数T_0的影响。ϵ_{it}的大小/方差越大，干预前的时间步数T_0越少，那么合成控制模型估测的 ITE 的偏差就会越大。一般情况下，利用可观测到的数据来提高合成控制的可信程度的方法就是，尽量好地拟合受干预的单位i在受干预前$t < T_0$时的事实结果$Y_{it} = Y_{it}(0)$。当T_0很小，J很大，而且噪声ϵ_{it}的方差很大时，合成控制模型可能会过拟合到训练集，即$t < T_0$的数据上。此时，一种折中的方案是限制潜在对照组的大小，仅选择那些与受干预的单位相似的对照组单位进入潜在对照组。例如，在研究东德、西德统一对德国人均 GDP 的影响时，一个好的合成控制模型可能只需要在潜在对照组中考虑 20 世纪 80 年代～20 世纪 90 年代与德国经济发展走势相近的国家，如荷兰、美国、奥地利、瑞士和日本等国家[30]。

有人会问，为什么不直接将观测到的协变量当成混淆变量，然后利用回归调整（regression adjustment）来拟合权重，并最终完成 ITE 的推断？与其相比，合成控制到底有什么好处呢？

应该怎么来做回归调整呢？假设我们拥有以下数据：

- $Y_0 \in \mathbb{R}^{T-T_0 \times J}$代表在干预后的时间步中，未受干预的、潜在对照组中的单位的事实结果。
- $\bar{X}_1 \in \mathbb{R}^{(m+1)\times 1}$代表受到干预的单位的协变量加上一行各元素均是1的矢量**1**。类似地，$\bar{X}_0 \in \mathbb{R}^{(m+1)\times J}$代表潜在对照组中单位的协变量加上一行各元素均是1的矢量**1**。

接下来，用$(\bar{X}_0, Y_0)$拟合一个线性回归，得到权重，如式（1.52）所示：

$$\hat{B}_0 = (\bar{X}_0 \bar{X}_0^T)^{-1} \bar{X}_0 Y_0^T \tag{1.52}$$

这样就可以利用$\hat{B}_0^T \bar{X}_1$去预测受到干预的单位的反事实结果。而我们可以把它写成合成控制的形式，如式（1.53）所示：

$$\begin{cases} \hat{B}_0^T \bar{X}_1 = Y_0 W_{\text{reg}} \\ W_{\text{reg}} = \bar{X}_0^T (\bar{X}_0 \bar{X}_0^T)^{-1} \bar{X}_1 \end{cases} \tag{1.53}$$

其中，W_{reg}是各潜在对照组中单位的权重，我们可以发现这样得到的权重的和为1，但是可能会导致某些单位的权重是负的，从而引起外推。在实践中，Abadie等人[30]发现，如果在东德、西德合并这个数据集中使用回归调整，会得到不稀疏的权重，这可能导致模型过拟合，且可能会有负的权重导致外推。除此之外，在计算合成控制的权重时，其实我们并不需要观测到干预后的潜在对照组中单位的事实结果。这可以避免在设计模型时受到干预后观测到的数据的影响（例如，可以避免 P-hacking）。合成控制得到的更稀疏的解也有利于提高模型的可解释性，让领域内的专家更容易找出模型的问题所在。

双重差分模型允许隐藏混淆变量的存在，但一个潜在的假设是这些隐藏混淆变量对结果变量的影响是常数。而在上面介绍的合成控制模型中可以看到隐藏混淆变量U_t是可以随时间变化的。即便如此，在文献[26]中提到只要权重矢量满足式（1.54）即可：

$$\begin{cases} Z_i = \sum_{j \neq i} w_j^* Z_j \\ \mu_i = \sum_{j \neq i} w_j^* \mu_j \end{cases} \tag{1.54}$$

这样合成控制就能得到非偏的估测。这意味着即便不能观测到部分混淆变量，也有可能得到一组权重，以使我们获得非偏的对干预后单位 i 的对照组结果的估测。与双重差分模型相比，合成控制会基于对结构方程组的线性假设，而且需要观测到 X_j，即那些不随时间变化但随单位变化的特征。事实上，直接通过事实结果求解权重也是常见的，即只需近似满足式（1.51）中的第一个等式。

如果受干预的单位有很多，有可能出现一种情况，即 X_1 会出现在 X_0 的凸包（convex hull）中，这会导致通过解式（1.48）得到的 w 并不稀疏，从而无法得到合成控制相对于回归调整的优势。针对这种情况，在文献[31]中，Abadie 和 L'Hour 提出了新的优化问题，或者说是权重 w 的评价器，如式（1.55）所示：

$$\begin{cases} w^* = \underset{w}{\arg\min} \parallel X_1 - X_0 w^T \parallel^2 + \lambda \sum_{j \neq i} w_j \parallel X_1 - X_j \parallel^2 \\ \text{s.t.} \sum_{j \neq i} w_j = 1, w_j \geqslant 0 \end{cases} \quad (1.55)$$

其中，$\lambda > 0$ 控制了目标函数中两项的重要性。$\parallel X_1 - X_j \parallel^2$ 是潜在对照组中每一个单位与受干预单位的协变量之间的差异（discrepancy）。这使我们能够降低那些与受干预的单位相似度很低的单位在合成控制模型中的权重，从而得到更加稀疏的解。

1.2.6　因果中介效应分析

前面针对不同的数据和假设讨论了几种识别因果效应的方法。本节进一步介绍因果中介效应分析（causal mediation analysis，CMA）这个重要的问题和用来解决它的经典方法。不正式地讲，我们把那些处于处理变量和结果变量的因果路径上的变量叫作中介变量。因果中介效应分析的主要目的是理解中介变量在研究处理变量对于结果变量的因果效应中扮演的角色。最早的对因果中介效应分析的研究可以追溯到文献[32]。在这项研究中，统计学家 Cocharan 想要研究几种土壤熏蒸剂是如何影响庄稼产量的。他发现使用土壤熏蒸剂可以提高燕麦产量，并使线虫数量下降。若要更深刻地理解这三个变量之间的关系，则要知道"线虫数量"这个变量是否是处理变量"使用土壤熏蒸剂"对结果变量"庄稼产量"的因果效应的中介变量,即"使用土壤熏蒸剂"是否是通过影响"线虫数量"来影响"庄稼产量"?要回答这样的问题,需要把处理变量对结果变量的总因果效应(total effect,TE)分解成处理变量对结果变量的直接因果效应(direct causal effect)和通过中介变量的间接因果效应(indirect causal effect)。

因果中介效应分析的一个主要挑战是,即便在可以进行随机实验的情况下,也需要一些合适的假设才可以识别因果效应。这里首先展示在随机实验数据中为什么仍然不能直接实现因果识别。如图 1.11 所示的因果图,假设数据可以表示为 $(T_i, M_i, X_i, Y_i)_{i=1}^n$,其中 $T_i \in \{0,1\}$ 是二元处理变量,M_i 代表单位 i 的中介变量,X_i 代表干预前协变量(pre-treatment covariate)。如果给定一对处理变量和结果变量,什么样的变量可以被称为中介变量呢?因为中介变量必须存在于处理变量到结果变量的路径上,我们要求它必须是一个干预后变量(post-treatment variable),同时,它的值必须在结果变量的值被确定之前就已确定[33]。

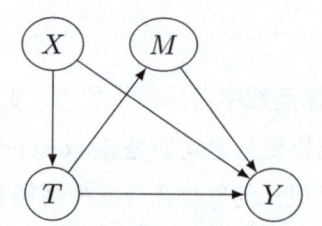

图 1.11　一个典型的因果中介效应分析的因果图

接下来,基于潜在结果框架给出在因果中介效应分析中几个想要识别和估测的因果效应的定义[33]。首先,用 $M_i(T_i = t)$ 表示单位 i 的中介变量在处理变量取值为 t 时的潜在取值。然后可以将潜在结果表示为一个中介变量和处理变量的函数,即令 $Y_i(T_i = t, M_i = m)$,表示当单位 i 的处理变量为 t、中介变量为 m 时的潜在结果。

定义 1.22　因果中介效应。

在潜在结果框架中,假设二元处理变量 $T \in \{0,1\}$,单位 i 的因果中介效应 $\delta_i(t)$ 是一个处理变量的函数,它的定义如式(1.56)所示:

$$\delta_i(t) = Y_i(T = t, M_i(1)) - Y_i(T = t, M_i(0)) \tag{1.56}$$

在定义 1.22 中，可以把因果中介效应理解成潜在结果在处理变量被固定为t，但中介变量在处理变量取值为$T=1$和$T=0$时的差。换句话说，因果中介效应代表处理变量通过影响中介变量对结果变量产生的因果效应。在文献[34]中，因果中介效应$\delta(t)$也被称为自然间接效应（natural indirect effect，NIE）。因果中介效应的定义（见定义 1.22）其实基于一些隐含假设。它要求潜在结果仅仅受到处理变量和中介变量取值的影响，而不论中介变量是否受到干预的影响。也就是说，它要求当$M_i(t) = M_i(1-t) = m$时，$Y_i(t, M_i(t)) = Y_i(t, M_i(1-t)) = Y_i(t, m)$。这样很容易由因果中介效应的定义得到平均因果中介效应（average causal mediation effect，ACME）的定义，如式（1.57）所示：

$$\begin{aligned}\bar{\delta}(t) &= \mathbb{E}[\delta_i(t)] \\ &= \mathbb{E}[Y_i(T=t, M_i(1)) - Y_i(T=t, M_i(0))]\end{aligned} \quad (1.57)$$

定义 1.23 总因果效应。

在潜在结果框架中，假设二元处理变量$T \in \{0,1\}$，单位i的总因果效应为τ_i，它的定义如式（1.58）所示：

$$\tau_i = Y_i(T=1, M_i(1)) - Y_i(T=0, M_i(0)) \quad (1.58)$$

本质上，总因果效应与个人因果效应是等价的，但它考虑了中介变量的取值。我们可以发现因果中介效应和总因果效应的关系可以表示为式（1.59）：

$$\tau_i = \delta_i(t) + \zeta(1-t) \quad (1.59)$$

其中，$\zeta(t) = Y_i(T=1, M_i(t)) - Y_i(T=0, M_i(t))$又被称为自然直接效应（natural direct effect，NDE）或者总直接效应（total direct effect，TDE）。它也是一个处理变量t的函数。我们可以把它理解为处理变量不通过中介变量，而直接对结果变量产生的因果效应；或者说，当中介变量的值固定为$M_i(t)$时，改变处理变量对结果变量的影响。式（1.59）意味着，总因果效应是因果中介效应在处理变量t时的取值与自然直接效应在处理变量为$1-t$时的取值之和。另外，还有一种重要的因果量，即控制直接效应（controlled direct effect）[34-35]。它的定义如下。

> **定义 1.24　控制直接效应。**
>
> 在潜在结果框架中，假设二元处理变量 $T \in \{0,1\}$，单位 i 的控制直接效应定义如式（1.60）所示：

$$Y_i(T_i = t, M_i = m) - Y_i(T_i = t, M_i = m'), m \neq m' \tag{1.60}$$

我们可以发现控制直接效应同时是处理变量取值 t 和中介变量取值 m、m' 的函数。总体来说，我们可以将因果中介效应分析的目的理解为将总因果效应分解成以上定义，从而解释总因果效应。

接下来根据这些因果量的定义来分析因果中介效应分析的挑战：即使在随机实验数据中，也无法直接识别平均因果中介效应。而序列可忽略（sequential ignorability）假设[33]是当前最常见的用来识别平均因果中介效应和平均自然直接效应的假设。下面给出它的定义。

> **定义 1.25　序列可忽略假设。**
>
> 在潜在结果框架中，假设二元处理变量 $T \in \{0,1\}$，单位 i 的控制直接效应定义如式（1.61）和式（1.62）所示：

$$Y_i(t',m), M_i(t) \perp\!\!\!\perp T_i | X_i = x \tag{1.61}$$

$$Y_i(t',m) \perp\!\!\!\perp M_i(t) | T_i = t, X_i = x \tag{1.62}$$

与非混淆假设相似，序列可忽略假设也需要相对应的重叠假设，如式（1.63）所示：

$$\begin{aligned} P(T_i = t | X_i = x) &\in (0,1) \\ P(M_i(t) = m | T_i = t, X_i = x) &\in (0,1), \forall x \in \mathcal{X}, m \in \mathcal{M} \end{aligned} \tag{1.63}$$

其中，$\mathcal{X}$ 和 $\mathcal{M}$ 是协变量和中介变量的取值空间。式（1.61）首先假设了处理变量的可忽略性，即给定协变量（干预前变量）的值，一个单位的潜在结果和中介变量的潜在取值已经确定，而处理变量只是影响哪一种潜在结果或者中介变量的潜在取值会被观测到。之后，式（1.62）假设了中介变量的可忽略性，即确定了协变量和处理变量的值之后，潜在结果不再受中介变量取值的影响。这里的序列可忽略性假设 [33]与更早的文献[36]中所提到的序列可忽略假设有一点不同：中介变量的可忽略性不再以未观察到的干预后混淆变量为条件。接下来利用序列可忽略性假设推导出平均因果中介效应和平均自然直接效应的（非参数的）因果识别，如式（1.64）~式（1.71）所示：

$$\mathbb{E}[Y_i(t, M_i(t'))|X_i = x] \tag{1.64}$$

$$= \int \mathbb{E}[Y_i(t,m)|M_i(t') = m, X_i = x]\,\mathrm{d}\,P(M_i(t') = m|X_i = x) \tag{1.65}$$

$$= \int \mathbb{E}[Y_i(t,m)|M_i(t') = m, T_i = t', X_i = x]\,\mathrm{d}\,P(M_i(t') = m|X_i = x) \tag{1.66}$$

$$= \int \mathbb{E}[Y_i(t,m)|T_i = t', X_i = x]\,\mathrm{d}\,P(M_i(t') = m|X_i = x) \tag{1.67}$$

$$= \int \mathbb{E}[Y_i(t,m)|T_i = t, X_i = x]\,\mathrm{d}\,P(M_i(t') = m|T_i = t', X_i = x) \tag{1.68}$$

$$= \int \mathbb{E}[Y_i(t,m)|M_i(t) = m, T_i = t, X_i = x]\,\mathrm{d}\,P(M_i(t') = m|T_i = t', X_i = x) \tag{1.69}$$

$$= \int \mathbb{E}[Y_i|M_i = m, T_i = t, X_i = x]\,\mathrm{d}\,P(M_i(t') = m|T_i = t', X_i = x) \tag{1.70}$$

$$= \int \mathbb{E}[Y_i|M_i = m, T_i = t, X_i = x]\,\mathrm{d}\,P(M_i = m|T_i = t', X_i = x) \tag{1.71}$$

其中，式（1.66）来自 $Y_i(t',m) \perp\!\!\!\perp T_i|M_i(t) = m', X_i = x$，它可以由式（1.61）（即处理变量的可忽略性）得到。类似地，式（1.68）和式（1.71）也可以由式（1.61）得到。式（1.67）和式（1.69）利用了式（1.62），即中介变量的可忽略性。式（1.70）则利用了潜在结果框架中介绍的一致性假设，即 $Y_i = Y_i(T_i, M_i(T_i))$。

这样就可以利用上面的结果〔见式（1.71）〕，再对协变量的边缘分布求期望，从而完成对平均因果中介效应和平均自然直接效应的识别，如式（1.72）所示：

$$\begin{aligned}&\mathbb{E}[Y_i(t, M_i(t'))] \\ &= \int \mathbb{E}[Y_i(t, M_i(t'))|X_i = x]\,\mathrm{d}\,P(X_i = x) \\ &= \int \int \mathbb{E}[Y_i|M_i = m, T_i = t, X_i = x]\,\mathrm{d}\,P(M_i = m|T_i = t', X_i = x)\,\mathrm{d}\,P(X_i = x\end{aligned} \tag{1.72}$$

这样就可以利用式（1.72）的结论，将t和t'设为需要的值来估测平均因果中介效应和平均自然直接效应，因为等式右边的项均为已观测到的变量的分布。

近几年，因果中介效应分析被广泛应用在机器学习研究中。后面章节将详细介绍如何利用因果中介效应分析对复杂的机器学习模型（如深度神经网络的可解释性）进行研究（见 4.1.3 节）。

1.2.7　部分识别、ATE 的上下界和敏感度分析

1.2.1 节到 1.2.6 节已经介绍了很多种识别因果效应和估测它们的方法。但我们知道，某种识别因果效应的方法都依赖于较强的假设。在此考虑一个常见的情况，即存在隐藏混淆变量、可忽略性假设不能被满足的情况，假如利用 $\mathbb{E}[\mathbb{E}[Y|T=1,X] - \mathbb{E}[Y|T=0,X]]$ 这个评价器去估测 ATE，结果会有多大的偏差，这个估测的偏差又主要由哪些因素决定？首先需要明确一点，当用可忽略性假设去做因果识别和估测得到 ATE 时，得到的是一个点估测，即准确地估测了 ATE 的值。而在更弱的假设下，可能只能将估测变成一个范围，即想要估测 ATE 的上界和下界。这类估测在可忽略性假设被违反的情况下非常实用。估测因果效应上下界的方法常常被形象地称为部分识别（partial identification）[37]。与普通的因果识别不同，部分识别只能够得到因果效应的范围，不能得到准确的点估计（point estimate）[38]。

1. 基于 ITE 取值范围的 ATE 的上下界

如果知道潜在结果的范围，就可以直接得到 ITE 的范围。举个例子，如果知道式（1.73）：

$$Y_i^1, Y_i^0 \in [a, b] \tag{1.73}$$

则可以知道 ITE 的范围，如式（1.74）所示：

$$\text{ITE} = Y_i^1 - Y_i^0 \in [a-b, b-a] \tag{1.74}$$

而我们可以对整体求期望，得到 ATE 的范围，如式（1.75）所示：

$$\text{ATE} = \mathbb{E}[Y_i^1 - Y_i^0] \in [a-b, b-a] \tag{1.75}$$

这意味着 ATE 的范围大小为$2b - 2a$，然后尝试得到一个更小的范围，使 ATE 的估测更加精确。首先，对 ATE 做一个观测−反事实分解（observational-counterfactual decomposition），如式（1.76）所示：

$$\begin{aligned}\text{ATE} &= \mathbb{E}[Y_i^1 - Y_i^0] \\ &= \mathbb{E}[Y_i^1] - \mathbb{E}[Y_i^0] \\ &= P(T=1)\mathbb{E}[Y_i^1|T=1] + P(T=0)\mathbb{E}[Y_i^1|T=0] - \\ &\quad P(T=1)\mathbb{E}[Y_i^0|T=1] - P(T=0)\mathbb{E}[Y_i^0|T=0] \\ &= P(T=1)\mathbb{E}[Y_i|T=1] + P(T=0)\mathbb{E}[Y_i^1|T=0] - \\ &\quad \mathbb{E}P(T=1)[Y_i^0|T=1] - P(T=0)\mathbb{E}[Y_i|T=0]\end{aligned} \tag{1.76}$$

其中，第一个等式用到了期望的线性（linearity of expectation）。第二个等式用到了概率密度函数的边缘化。最后一个等式用到了一致性（consistency）。将式（1.76）称为观测−反事实分解，是因为我们将潜在结果分解成了可以观测到的事实结果的期望和不能观测到的反事实结果的期望。为了简化符号，接下来令$\pi = P(T=1)$。由式（1.76）可知，ATE 中无法从观测数据中得到的部分就是带有反事实结果的$(1-\pi)\mathbb{E}[Y_i^1|T=0] - \pi\mathbb{E}[Y_i^0|T=1]$。所以要得到 ATE 的上下界，需要得到这一部分的上下界。由式（1.73）可以直接得到 ATE 的上下界，如式（1.77）所示：

$$\begin{aligned}\text{ATE} &\leqslant \pi\mathbb{E}[Y_i|T=1] + (1-\pi)b - \pi a - (1-\pi)\mathbb{E}[Y_i|T=0] \\ \text{ATE} &\geqslant \pi\mathbb{E}[Y_i|T=1] + (1-\pi)a - \pi b - (1-\pi)\mathbb{E}[Y_i|T=0]\end{aligned} \tag{1.77}$$

这样就得到了一组 ATE 的上下界。它唯一需要的假设就是对潜在结果的范围的约束〔见式（1.73）〕，可以得到 ATE 的上下界〔见式（1.77）〕。数学基础好的读者可能已经发现，经过观测−反事实分解，能够将 ATE 的范围（即 ATE 上下界之间的差）缩小为$(1-\pi)b - \pi a - (1-\pi)a + \pi b = b - a$。接下来为了更直观地体现这些上下界的范围，采用式（1.78）所示的数值设定作为一个例子：

$$a = 0, b = 1, \pi = 0.25, \mathbb{E}[Y|T=1] = 0.8, \mathbb{E}[Y|T=0] = 0.3 \tag{1.78}$$

根据这些数值可以由式（1.77）得出 ATE 的下界为：$0.25 \times 0.8 - 0.25 \times 1 - 0.75 \times 0.3 = -0.275$，其上界为：$0.25 \times 0.8 + 0.75 \times 1 - 0.75 \times 0.3 = 0.725$。

2. 非负单调状态反馈假设对 ATE 下界的影响

另一个常见的关于 ITE 取值范围的假设就是非负单调状态反馈假设（nonnegative monotonic treatment response），它意味着 ITE $= Y_i^1 - Y_i^0 \geqslant 0, \forall i$。这个假设在很多场景下都是合理的，如可以保证处理变量为1一定是有益的情况。例如，为罪犯提供指导预审服务不会提高罪犯成为累犯的概率[39]。

有了非负单调状态反馈假设，就可以利用观测－反事实分解来收紧 ATE 的下界。我们可以证明在非负单调状态反馈假设成立的情况下，ATE$\geqslant 0$，证明如式（1.79）所示：

$$\begin{aligned}
\text{ATE} &= \pi \mathbb{E}[Y_i|T=1] + (1-\pi)\mathbb{E}[Y_i^1|T=0] - \\
& \quad \pi \mathbb{E}[Y_i^0|T=1] - (1-\pi)\mathbb{E}[Y_i|T=0] \\
&\geqslant \pi \mathbb{E}[Y_i|T=1] + (1-\pi)\mathbb{E}[Y|T=0] - \\
& \quad \pi \mathbb{E}[Y|T=1] - (1-\pi)\mathbb{E}[Y_i|T=0] \\
&= 0
\end{aligned} \quad (1.79)$$

这里的不等式用到了 $Y_i^1 \geqslant Y_i^0$，即非负单调状态反馈假设。利用这个假设时，如果考虑式（1.78）中的设定，那么可以把 ATE 的范围从 $[-0.275, 0.725]$ 缩小为 $[0, 0.725]$。

类似地，如果做出非正单调状态反馈假设，即 ITE $= Y_i^1 - Y_i^0 \leqslant 0, \forall i$。那么可以用观测－反事实分解得到 ATE$\leqslant 0$，它也有助于缩小 ATE 的取值范围。

3. 单调状态选择假设及它对 ATE 上下界的影响

下面介绍另一种常见的单调性假设，即单调状态选择（monotonic treatment selection）假设。单调状态选择意味着实验组中潜在结果的期望总是大于或等于对照组中潜在结果的期望。它的定义可以由式（1.80）给出：

$$\begin{cases} \mathbb{E}[Y^1|T=1] \geqslant \mathbb{E}[Y^1|T=0] \\ \mathbb{E}[Y^0|T=1] \geqslant \mathbb{E}[Y^0|T=0] \end{cases} \quad (1.80)$$

符合单调状态选择假设的情况也有很多，比如，身体素质好的人更喜欢参加锻炼。单调状态选择假设可以得到如式（1.81）所示的 ATE 上界：

$$\text{ATE} = \mathbb{E}[Y^1 - Y^0] \leqslant \mathbb{E}[Y|T=1] - \mathbb{E}[Y|T=0] \tag{1.81}$$

接下来证明它。由观测—反事实分解可以得到式（1.82）：

$$\begin{aligned}
\text{ATE} &= \pi\mathbb{E}[Y_i|T=1] + (1-\pi)\mathbb{E}[Y_i^1|T=0] - \\
&\quad \pi\mathbb{E}[Y_i^0|T=1] - (1-\pi)\mathbb{E}[Y_i|T=0] \\
&\leqslant \pi\mathbb{E}[Y_i|T=1] + (1-\pi)\mathbb{E}[Y^1|T=1] - \\
&\quad \pi\mathbb{E}[Y^0|T=0] - (1-\pi)\mathbb{E}[Y_i|T=0] \\
&= \mathbb{E}[Y|T=1] - \mathbb{E}[Y|T=0]
\end{aligned} \tag{1.82}$$

其中不等式利用了单调状态选择假设〔见式（1.80）〕。那么用式（1.78）中例子的数值来看一下这个 ATE 上界能缩小多少 ATE 的取值范围呢？由 ATE 上界〔见式（1.81）〕可以得到，ATE $\in [-0.275, 0.5]$，比没有用单调状态选择假设时的上界小一些。

4. 最优状态选择假设及它对 ATE 上下界的影响

下面介绍最优状态选择假设（optimal treatment selection）。最优状态选择假设意味着每个个体的处理变量的值都是最优的，即事实结果总是大于或等于反事实结果。最优状态选择假设可以用式（1.83）所示的两条规则来定义：

$$\begin{cases} T_i = 1 \rightarrow Y_i^1 \geqslant Y_i^0 \\ T_i = 0 \rightarrow Y_i^1 < Y_i^0 \end{cases} \tag{1.83}$$

在现实生活中，也可以找到最优状态选择假设成立的场景。比如，一个水平很高的健身教练只会让那些适合进行高强度训练的人采取某种高强度的训练方式，而不会让普通人采取高强度的训练方式。那么可以根据最优状态选择假设〔见式（1.83）〕得到式（1.84）所示的两个期望的不等式：

$$\begin{cases} \mathbb{E}[Y|T=1] \geqslant \mathbb{E}[Y^0|T=1] \\ \mathbb{E}[Y^1|T=0] \leqslant \mathbb{E}[Y|T=0] \end{cases} \tag{1.84}$$

由这两个不等式结合观测－反事实分解〔见式（1.76）〕，可以得到 ATE 的上界，如式（1.85）所示：

$$\begin{aligned}
\text{ATE} &= \pi \mathbb{E}[Y_i|T=1] + (1-\pi)\mathbb{E}[Y_i^1|T=0] - \\
&\quad \pi \mathbb{E}[Y_i^0|T=1] - (1-\pi)\mathbb{E}[Y_i|T=0] \\
&\leqslant \mathbb{E}[Y_i|T=1] + (1-\pi)\mathbb{E}[Y_i|T=0] - \\
&\quad \pi a - (1-\pi)\mathbb{E}[Y_i|T=0] \\
&= \pi \mathbb{E}[Y|T=1] - \pi a
\end{aligned} \quad (1.85)$$

其中的不等式用到了潜在结果的范围 $Y^1, Y^0 \geqslant a$ 和式（1.84）。类似地，可以利用式（1.84）中的第二个不等式和潜在结果的范围 $Y^1, Y^0 \leqslant b$，得到式（1.86）所示的 ATE 下界：

$$\begin{aligned}
\text{ATE} &= \pi \mathbb{E}[Y_i|T=1] + (1-\pi)\mathbb{E}[Y_i^1|T=0] - \\
&\quad \pi \mathbb{E}[Y_i^0|T=1] - (1-\pi)\mathbb{E}[Y_i|T=0] \\
&\geqslant \pi \mathbb{E}[Y_i|T=1] + (1-\pi)a - \\
&\quad \pi \mathbb{E}[Y_i|T=1] - (1-\pi)\mathbb{E}[Y_i|T=0] \\
&= (1-\pi)a - (1-\pi)\mathbb{E}[Y_i|T=0]
\end{aligned} \quad (1.86)$$

那么可以计算这一对由最优状态选择假设带来的 ATE 上下界的范围 $\pi\mathbb{E}[Y|T=1] - \pi a - (1-\pi)a - (1-\pi)\mathbb{E}[Y_i|T=0] = \pi\mathbb{E}[Y|T=1] - (1-\pi)\mathbb{E}[Y_i|T=0] - a$。用式（1.78）中的数值可以计算由最优状态选择假设带来的 ATE 上下界为 $\text{ATE} \in [-0.225, 0.2]$。

其实，还可以用最优状态选择假设得到另外一组 ATE 的上下界。首先，基于最优状态选择假设的第二部分，即 $T_i = 0 \to Y_i^1 < Y_i^0$，通过否定证明可以得到 $Y_i^1 \geqslant Y_i^0 \to T_i = 1$，从而可以得到式（1.87）：

$$\begin{aligned}
\mathbb{E}[Y^1|T=0] &= \mathbb{E}[Y^1|Y^1 < Y^0] \\
&\leqslant \mathbb{E}[Y^1|Y^1 \geqslant Y^0] = \mathbb{E}[Y|T=1]
\end{aligned} \quad (1.87)$$

其中，第一个等式可以由最优状态选择假设的第二部分得到，最后一个等式可以由刚才推导出的 $Y_i^1 \geqslant Y_i^0 \to T_i = 1$ 得到。然后，与之前的推导方式相似，可以利用观测－反事实分解得到 ATE 的一个上界，如式（1.88）所示：

$$\begin{aligned}
\text{ATE} &= \pi\mathbb{E}[Y_i|T=1] + (1-\pi)\mathbb{E}[Y_i^1|T=0] - \\
&\quad \pi\mathbb{E}[Y_i^0|T=1] - (1-\pi)\mathbb{E}[Y_i|T=0] \\
&\leqslant \mathbb{E}[Y_i|T=1] + (1-\pi)\mathbb{E}[Y_i|T=1] - \\
&\quad \pi a - (1-\pi)\mathbb{E}[Y_i|T=0] \\
&= \mathbb{E}[Y_i|T=1] - \pi a - (1-\pi)\mathbb{E}[Y_i|T=0]
\end{aligned} \tag{1.88}$$

其中，不等式利用了刚刚推导出的式（1.87）和 $Y^1, Y^0 \geqslant a$。类似地，可以用最优状态选择假设的第一部分得到一个 ATE 下界。首先可以用否定证明得到 $Y_i^1 < Y_i^0 \to T_i = 0$。然后可以相应地推出式（1.89）：

$$\begin{aligned}
\mathbb{E}[Y^0|T=1] &= \mathbb{E}[Y^0|Y^1 \geqslant Y^0] \\
&\leqslant \mathbb{E}[Y^0|Y^1 < Y^0] = \mathbb{E}[Y|T=0]
\end{aligned} \tag{1.89}$$

将式（1.89）代入观测－反事实分解中，可以得到 ATE 下界，如式（1.90）所示：

$$\begin{aligned}
\text{ATE} &= \pi\mathbb{E}[Y_i|T=1] + (1-\pi)\mathbb{E}[Y_i^1|T=0] - \\
&\quad \pi\mathbb{E}[Y_i^0|T=1] - (1-\pi)\mathbb{E}[Y_i|T=0] \\
&\geqslant \pi\mathbb{E}[Y_i|T=1] + (1-\pi)a - \\
&\quad \pi\mathbb{E}[Y_i|T=0] - (1-\pi)\mathbb{E}[Y_i|T=0] \\
&= \pi\mathbb{E}[Y_i|T=1] + (1-\pi)a - \mathbb{E}[Y_i|T=0]
\end{aligned} \tag{1.90}$$

这样就可以得到一对 ATE 的上下界 $\text{ATE} \in \big[\pi\mathbb{E}[Y_i|T=1] + (1-\pi)a - \mathbb{E}[Y_i|T=0], \mathbb{E}[Y_i|T=1] - \pi a - (1-\pi)\mathbb{E}[Y_i|T=0]\big]$。用式（1.78）中的数值，可以计算得到这一对 ATE 上下界的值为 $\text{ATE} \in [-0.1, 0.575]$，ATE 的范围大小为 0.675。这并不意味着这一对上下界总是比由式（1.86）得到的那一对上下界差，我们需要根据具体的情况而定。

总体来说，可以发现随着假设越来越强，得到的 ATE 的范围也越来越小。表 1.1 总结了根据本节各例中的数值计算出的各假设推导出的上下界的值。

表 1.1　根据示例数值中各假设推导出的 ATE 上下界

假设	下界	上界
ITE 取值范围	−0.275	0.725
非负单调状态反馈假设	0	0.725
单调状态选择假设	−0.275	0.5
最优状态选择假设	−0.225	0.2
	−0.1	0.575

5. 隐藏混淆变量、可忽略性假设和 ATE 敏感性分析

下面介绍的内容依然会依赖于可忽略性假设，即 $Y^1, Y^0 \perp\!\!\!\perp T | X, U$，其中 U 是隐藏混淆变量，目的是量化式（1.91）所示的两个评价器对 ATE 的估测的差：

$$\begin{cases} \text{ATE} = \mathbb{E}_{U,X}[Y|T=1,U,X] - \mathbb{E}_{U,X}[Y|T=0,U,X] \\ \widehat{\text{ATE}} = \mathbb{E}_X[Y|T=1,X] - \mathbb{E}_X[Y|T=0,X] \end{cases} \tag{1.91}$$

其中，第一个评价器会得到 ATE 的基准真相，但因为没有观测到 U，它并不能在实际中被使用。第二个评价器一般情况下会得到有偏差的估测。

接下来考虑式（1.92）所示的线性 SCM，其中 X 和 U 均为一维随机变量，而 τ 是想要得到的 ATE：

$$\begin{cases} T = \alpha_X X + \alpha_U U \\ Y = \beta_X X + \beta_U U + \tau T \end{cases} \tag{1.92}$$

那么在这种 SCM 的设定下，如果利用评价器 $\widehat{\text{ATE}}$，它的偏差是多少呢？可以得到式（1.93）：

$$\widehat{\text{ATE}} = \tau + \frac{\beta_U}{\alpha_U}, \widehat{\text{ATE}} - \text{ATE} = \frac{\beta_U}{\alpha_U} \tag{1.93}$$

要证明这个结论，首先推导 $\widehat{\text{ATE}}$ 中的期望 $\mathbb{E}_X[Y|T,X]$，如式（1.94）所示：

$$\begin{aligned}
\mathbb{E}_X[Y|T=t,X] &= \mathbb{E}_X\left[\mathbb{E}[\beta_X X + \beta_U U + \tau T|T=t,X]\right] \\
&= \mathbb{E}_X[\beta_X X + \mathbb{E}[\beta_U U|T=t,X] + \tau t] \\
&= \mathbb{E}_X\left[\beta_X X + \beta_U \frac{t - \alpha_X X}{\alpha_U} + \tau t\right] \\
&= \mathbb{E}_X\left[\beta_X X + \frac{\beta_U t}{\alpha_U} - \frac{\beta_U \alpha_X X}{\alpha_U} + \tau t\right] \\
&= \left(\beta_X - \frac{\beta_U \alpha_X}{\alpha_U}\right)\mathbb{E}_X[X] + \left(\frac{\beta_U}{\alpha_U} + \tau\right)t
\end{aligned} \tag{1.94}$$

其中，第三个等式利用了$U = \frac{T - \alpha_X X}{\alpha_U}$，这可以由假设的线性 SCM〔见式（1.92）〕中的第一个结构方程得到。发现根据式（1.94）可以得到式（1.95）：

$$\widehat{\text{ATE}} = \mathbb{E}_X[Y|T=1,X] - \mathbb{E}_X[Y|T=0,X] = \frac{\beta_U}{\alpha_U} + \tau \tag{1.95}$$

所以可以下结论$\widehat{\text{ATE}} - \text{ATE} = \frac{\beta_U}{\alpha_U}$。我们可以发现，根据如图 1.12 所示的因果图和假设的线性 SCM，α_U和β_U正好可以代表隐藏混淆变量U所在的那条后门通路上，U对处理变量和结果变量的影响大小。

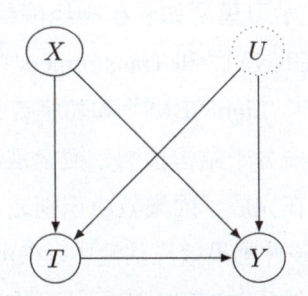

图 1.12　一个典型的存在隐藏混淆变量U的因果图

在以上推导中，我们在很强的假设（线性 SCM、没有噪声项、一维隐藏混淆变量）下能够精确地推导出评价器$\widehat{\text{ATE}}$的偏差。那么能不能把这些推导的结果推广到其他设定（如非线性 SCM、有噪声项、多维隐藏混淆变量）呢？能否考虑与图 1.12 不同的情况呢？如在工具变量或者中介分析中出现隐藏混淆变量的情况下，能否量化隐藏混淆变量对标准的基于工具变量或者是中介分析的 ATE 评价器带来的偏差呢？在此不再详细介绍这些内容，有兴趣的读者可以自行查阅相关的文献，如文献[40]。

第 2 章

用机器学习解决因果推断问题

Judea Pearl 曾在社交媒体上将如今关注度最高的机器学习研究戏称为"不过是曲线拟合"。事实上，拟合曲线并不是一件简单的事情。经过了多年的发展，机器学习模型，尤其是深度学习模型如卷积神经网络（CNN）[41]、长短期记忆（LSTM）[42]、图神经网络（GNN）[43]和 Transformers[44]，以及集成学习（ensemble learning）模型如 XGBoost[45]、LightGBM[46]和随机森林[47]，已经在从图像和音频识别、自然语言处理、蛋白质分子结构预测、搜索推荐等多项应用中被证明是有效的。在因果推断任务中，在完成了因果效应识别之后，还需要进行曲线拟合来估测一系列数据分布。如在条件因果效应估测中，在可忽略性假设成立的情况下，就需要用一个模型去估测条件分布$P(Y|T,X)$，从而推断每个协变量的值和处理变量的值所对应的潜在结果的值。在传统研究中，基于对可解释性和不确定性分析的偏好，经济学家和统计学家往往会使用线性回归模型去拟合这一条件分布。但在机器学习社区中则有大量工作集中于改良这一步骤，其中一部分模型甚至能够利用深度隐变量模型的特性放宽可忽略性假设[48]。又如，在因果发现中，图神经网络[43,49]可以很自然地被用来对因果图进行建模[50]。

第 2 章 用机器学习解决因果推断问题

本章将介绍如何利用机器学习强大的曲线拟合能力来提升因果推断任务中的表现。首先介绍在基于观测数据的因果效应估测任务中，如何设计集成学习模型和神经网络模型，以提升因果效应估测的精度。

2.1 基于集成学习的因果推断

本节介绍一种常用的基于集成学习的因果推断模型——贝叶斯加性回归树（Bayesian additive regression tree，简称为 BART）。BART 是一种基于集成学习的回归算法[51]，其工作原理与其他类型的基于回归树的集成学习算法类似。在集成学习中，我们一般会首先利用 Bootstrap，即从训练集中采用部分样本或者特征，然后用每个样本训练一系列的弱预测器，例如，一棵深度较浅的回归树。BART 中的每一棵树都会对原始特征（协变量）空间进行划分，每个叶子就代表原始特征空间的一个子空间。如果多个样本位于同一棵树的同一叶子所对应的子空间内，那么这棵树就会对这些样本做出相同的预测。而多棵树对同一样本的预测值会被加起来，作为最后的预测值。

在文献[52]中提及，BART 是最早被应用在条件因果效应估测任务上的集成学习模型之一。我们知道，在确认特征 X 满足后门准则的条件下，条件因果效应估测的目标是学习一个函数，以预测期望 $\mathbb{E}[Y|X,T]$。而回归模型 BART 的输入是特征（协变量）和处理变量，输出是其对应的潜在结果。可以用函数 $f: \mathcal{X} \times \mathcal{T} \to \mathcal{Y}$ 来描述一个 BART 模型。从模型的角度来看，BART 是一种加性误差均值回归模型（additive error mean regression），用条件因果效应估测的数据来讲，它满足式（2.1）：

$$y^t(\boldsymbol{x}) = f(\boldsymbol{x}, t) + \epsilon \tag{2.1}$$

其中，$y^t(\boldsymbol{x})$ 是协变量取值为 $\boldsymbol{x}$ 的样本在处理变量取值为 t 的情况下的潜在结果。ϵ 是符合均值为 0 的高斯分布的噪声项。BART 利用先验来对每棵树进行正则化（regularization）处理。BART 中每一棵树当前的叶子结点会被继续划分为两个子结点的概率被定义为式（2.2）：

$$\alpha(1+d)^{-\beta} \tag{2.2}$$

其中，d是当前结点的深度，$\alpha \in (0,1)$和$\beta \in [0,\infty)$是 BART 模型的超参数，它们的默认取值分别是$\alpha = 0.95$和$\beta = 2$。有了这个先验，BART 中每棵树的深度就受到了限制，从而降低了过拟合的风险。

BART 中未知的函数f被定义为许多棵树的输出之和，其中每一棵贝叶斯加性树是一种分段常数二值回归树（piecewise constant binary regression tree）。分段指每一棵树本质上是一个分段函数。常数指每棵树对于一个样本的预测是一个以常数为均值的分布，二值指树的每一个中间结点把其对应的特征空间根据一个条件划分为两部分，回归树指其输出是连续的。BART 最终预测的潜在结果是其中每一棵树的预测值之和，如式（2.3）所示：

$$\hat{y}^t(\boldsymbol{x}) = f(\boldsymbol{x},t) = \sum_{q=1}^{Q} g_q(\boldsymbol{x},t) \tag{2.3}$$

其中，Q是树的数量，$g_q(\boldsymbol{x},t)$代表第q棵树预测的特征取值为$\boldsymbol{x}$的样本在处理变量取值为t时对应的潜在结果。图 2.1 和图 2.2 展示了 BART 中的一棵树q和它对特征空间划分的示意图。这里考虑二值的处理变量$T \in \{0,1\}$和二维协变量（特征）x^1和x^2。其中第一个中间结点（矩形）将特征空间划分为两部分，任意满足变量$x^1 > 0.5$ 的样本都属于叶子结点（椭圆形）1，该树对叶子结点1中任意样本的预测值均为μ_{q1}，即第q棵树第一个叶子结点对应的预测值。而对于$x^1 \leqslant 0.5$的样本，则要用到另一个中间结点中的条件$x^2 < 0.7$来决定该样本在这棵树中最终的预测值。如图 2.2 所示，如果有一个样本的特征取值为$X = (0.1, 0.6)$，那么这棵树对它的预测值就是μ_{q2}。我们可以用观测数据$\{\boldsymbol{x}_i, t_i, y_i\}_{i=1}^{N}$去训练 BART，得到一个能够预测具有任意特征和处理变量取值的样本对应的潜在结果的模型f。之后，对于任意给定特征和处理变量取值的样本$(\boldsymbol{x},t)$，可以用式（2.4）推断其对应的条件因果效应 CATE：

$$\text{CATE}(\boldsymbol{x}) = f(X = \boldsymbol{x}, T = 1) - f(X = \boldsymbol{x}, T = 0) \tag{2.4}$$

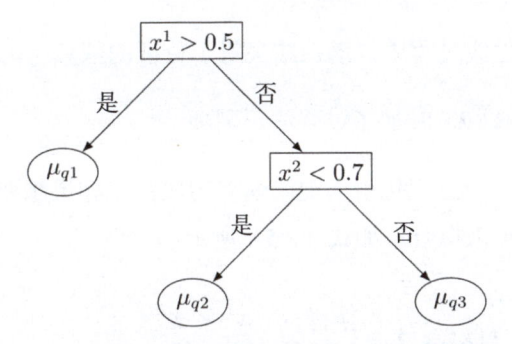

图 2.1　BART 中一棵两层的贝叶斯加性回归树 $g(x, t)$

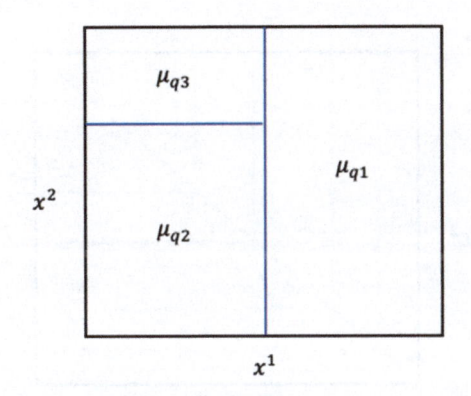

图 2.2　BART 中一棵两层的贝叶斯加性树对特征空间的划分

与其他的因果效应估测模型相比，BART 之所以被广泛应用，是因为它有以下优势[52-53]：

第一，BART 是一种加性回归树，它能够很好地对非线性非连续函数进行建模。

第二，它几乎无须对超参数进行调优。

第三，它是一种贝叶斯模型，即 BART 可以直接对后验概率进行估测，这有利于我们在根据 BART 估测的因果效应做决策时参考其预测时的置信区间。

在文献[54]中，Hahn 等人发现了 BART 的一个问题——正则化引入的混淆偏差（regularization-induced confounding，RIC）。当数据生成过程满足以下两个条件时，正则化引入的混淆偏差便会存在以下两个问题：

第一，在数据生成过程中，潜在结果对于特征的依赖远大于处理变量。

第二，在训练 BART 时加了过强的正则项。

图 2.3 展示了一个正则化引入混淆偏差的案例。如果想要拟合的函数对于回归树模型来讲非常难以拟合，如式（2.5）所示：

$$f(x^1, x^2) = \begin{cases} \mu_1, & x^1 \geqslant x^2 \\ \mu_2, & x^1 < x^2 \end{cases} \tag{2.5}$$

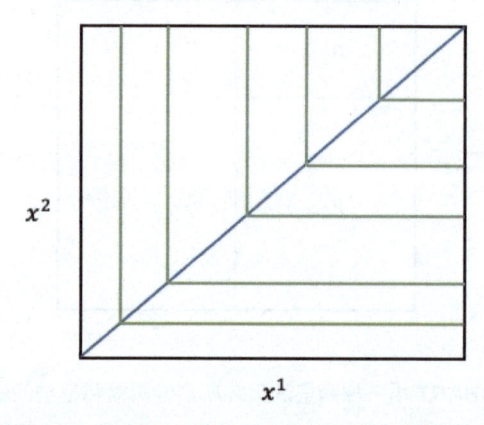

图 2.3　BART 模型出现 RIC 的案例，简单的非线性函数却需要一个非常复杂（层数深、叶子结点数量众多）的 BART 模型才能拟合。而先验对 BART 的正则化处理就要求每一棵树必须简单，这将使 BART 在这样的数据上有较大的偏差

那么要使 BART 对这样的函数做出准确的拟合就会比较困难。图 2.3 展示了一个这样的例子，绿色的线段划分出的区域代表 BART 中一棵树的叶子结点对应的子空间。我们发现，拟合式（2.5）中的函数 f 将需要层数很深、叶子结点很多的回归树组成的 BART 模型。而 BART 的先验正则化避免了出现这样的回归树，从而引发对结果变量的预测偏差较大的问题。要解决这个问题，Hahn 等人[53]提出了一个很简单的解决方案，那就是将预测到的倾向性分数作为一个特征加入 BART 模型的输入之中。这是因为在由正则化引发的混淆偏差的数据集中，倾向性分数和潜在结果往往关系紧密。将估测到的倾向性分数加入模型输入中，可以有效地降低拟合预测潜在结果需要的 BART 模型的复杂度。值得注意的是，我们可以用其他类型的模型（如线性回归）来预测倾向性分数。这可以使我们绕过 BART 无法

准确拟合倾向性分数这个问题。

在 BART 的基础上，He 等人提出了 XBART，进一步对 BART 模型的计算复杂度进行了优化，有兴趣的读者可自行阅读文献[55]。

2.2 基于神经网络的因果推断

2.2.1 反事实回归网络

反事实回归网络（counterfactual regression networks，简写为 CFRNet）是在机器学习社区被广泛应用的一种神经网络模型。它被用于估测观测数据中的条件因果效应。CFRNet 基于以下几个常用的因果效应估测的假设：强可忽略性、SUTVA 和一致性。这里为了简化符号，考虑二值处理变量 $t \in \{0,1\}$ 和结果变量为一维实数的情况。CFRNet[56]的结构基于平衡神经网络（balancing neural networks，BNN）[57]。BNN 的核心思想是学习协变量的表征，然后在表征空间对实验组和对照组进行平衡。与传统因果推断里在原特征空间通过权重来对实验组和对照组进行平衡的方法相比，BNN 更灵活，允许我们从协变量中得到有用的混淆变量的表征，之后再进行平衡。接下来介绍对表征进行平衡的理由。而 CFRNet 在 BNN 的基础上对表征空间的平衡进行优化，并为表征空间的平衡提供了理论基础。

1. 反事实回归网络简介

图 2.4 展示了 CFRNet 的结构。可以将 CFRNet 划分为两部分：表征学习模块和潜在结果预测模块。

表征学习模块可以用函数 $h: \mathcal{X} \to \mathbb{R}^d$ 将观测到的协变量 x 映射到表征空间的 d 维矢量 $\Phi(x)$。而潜在结果预测模块中的每一组全连接层分别将一个样本的表征 $\Phi(x)$ 映射到两个潜在结果，CFRNet 构造了两个结构相同但互相独立的预测模块。用函数 $f^t: \mathbb{R}^d \to \mathbb{R}$ 表示潜在结果预测模块，其中，f^1 和 f^0 的输出分别是预测的该样本在实验组和对照组中的潜在结果。

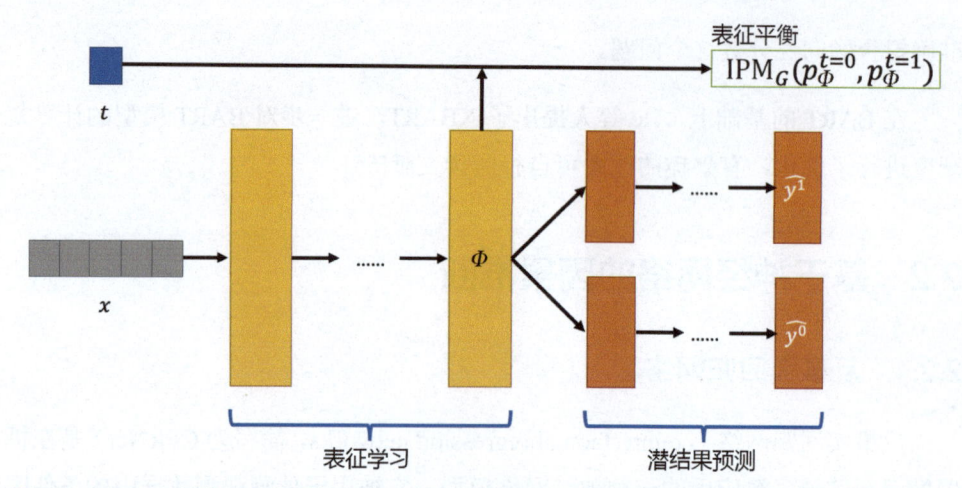

图 2.4 CFRNet 结构示意图（基于 BNN 的结构）。其中 Φ 是根据观测到的协变量 x 计算的表征。两个不同的全连接层模块将表征 Φ 分别映射到两个潜在结果中。而额外的一个输出测量了当前表征空间中的实验组和对照组分布的差异。最小化差异可以实现表征平衡

对于 CFRNet 和 BNN 而言，其最重要的创新并非是这个神经网络结构本身，而是平衡实验组和对照组的表征这一思想。那么为什么需要在表征空间对实验组和对照组做一个平衡呢？Shalit 等人[56]给出了理论上的支持。若要解释这一理论，我们知道，ITE 评价器的偏差可以用 PEHE 指标来衡量。PEHE 定义如式（2.6）所示：

$$\epsilon_{\text{PEHE}} = \frac{1}{n}\sum_{i=1}^{n}(\hat{\tau}_i - \tau_i)^2 \tag{2.6}$$

其中，$\hat{\tau}_i$ 是对第 i 个样本预测的因果效应，τ_i 则是其 ITE 的基准真相。注意，这里 ITE 其实与 x_i 对应的 CATE 等价。

接下来介绍文献[56]ITE 评价器的误差上界的证明。首先介绍这个误差上界所需要的假设和定义。

第一，需要强可忽略性假设（见定义 1.17），即 $Y^1, Y^0 \perp\!\!\!\perp T | X$ 和 $P(T=1|X) \in (0,1)$。用 $p^t(x)$ 代表 $P(X=x|T=t)$。

第二，需要假设表征函数 Φ 是可逆且处处二阶可导的。令 Ψ 代表 Φ 的反函数，即 $x = \Psi(\Phi(x))$。

在一定的假设下，Shalit 等人给出了一个 ITE 评价器的 PEHE 的上界，如式（2.7）所示：

$$\epsilon_{\text{PEHE}}(f,\Phi) \leqslant 2\left(\epsilon_F^{t=0}(f,\Phi) + \epsilon_F^{t=1}(f,\Phi) + B_\Phi \text{IPM}_G(p_\Phi^{t=1}, p_\Phi^{t=0})\right) \tag{2.7}$$

其中，$\epsilon_F^{t=0}(f,\Phi)$ 和 $\epsilon_F^{t=1}(f,\Phi)$ 这两项代表该 ITE 评价器在观测到的现实数据上的偏差。最小化它们在因果效应推断里是常见的做法。最后一项积分概率度量（integral probability metric，IPM）则测量了实验组和对照组的分布在表征空间里的距离。分布之间的距离是比较难以用样本直接计算的。因此，用 IPM 这个量来描述分布之间的距离，并介绍用样本估测这个距离的方法。这里对 IPM 进行简单介绍。

2. IPM 与损失函数

下面简单介绍一下 IPM 的内容。

图 2.5 展示了一个用 IPM 来测量两个分布之间的距离的例子。IPM 在机器学习文献中被广泛应用，如果你熟悉生成对抗网络（GAN）[2]、域适应[58]、域泛化这些领域的工作，那么你对 IPM 陌生一定不会。IPM 是一系列测量两个分布的距离的、可优化指标的统称。它有以下两点重要的性质。

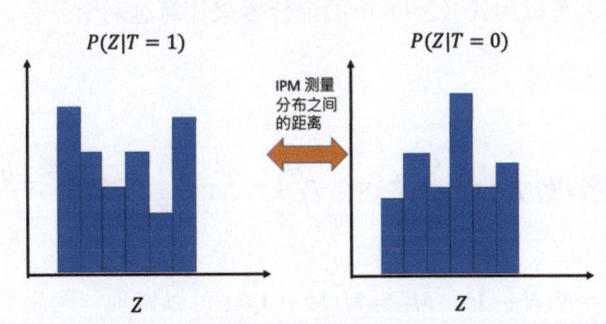

图 2.5 IPM 的示意图，它常被用来测量两个离散或是连续分布的距离。在机器学习实践中，我们想使用那些可以利用 Minibatch 中抽样得到的样本来计算（不需要知道真实的分布）且处处可导的 IPM 函数，便于用来训练机器学习模型

第一，IPM 可以利用样本来估测两个未知分布的散度（divergence），这正是机器学习和因果推断问题中需要的。这是因为在大多数真实场景下，数据的分布

是未知的。

第二，IPM 往往是一个连续可导的函数，这有利于我们将计算出的 IPM 作为模型损失函数的一部分，对其进行优化，尤其是在深度学习中，这个性质使我们可以利用反向传播算法来训练神经网络模型中的参数。这里介绍 CFRNet[56]和 BNN[57]这两篇论文中用到的几种 IPM。

（1）最大均值差异（maximum mean discrepancy，MMD）。

两个d维表征的分布P和Q之间的 MMD 可以被式（2.8）定义：

$$\text{MMD}_k(P, Q) = \sup_{g \in \mathcal{H}} \left| \mathbb{E}_{\Phi \sim P}[g(\Phi)] - \mathbb{E}_{\Phi \sim Q}[g(\Phi)] \right| \tag{2.8}$$

其中，$\Phi \in \mathbb{R}^d$是d维表征，$g: \mathbb{R}^d \to \mathbb{R}$将表征映射到一个实数，$k: \mathbb{R}^d \times \mathbb{R}^d \to \mathbb{R}$代表的是函数$g$对应的特征核函数（characteristic kernel），$\mathcal{H}$是核函数k的再生核希尔伯特空间（reproducing kernel Hilbert space，RKHS）。但式（2.8）中的 MMD 并不可以直接使用样本计算，因为无法穷举再生核希尔伯特空间中的函数g来计算式中的这个最小上界（$\sup_{g \in \mathcal{H}}$）。幸运的是，在文献[59]中，目前就职于伦敦大学学院（UCL）的 Authur Gretton 教授等人提出了一种能够用样本去对 MMD 进行无偏估测的方法。如果对两个分布各有N和M个样本的表征$\Phi_1^P, \cdots, \Phi_N^P$和$\Phi_1^Q, \cdots, \Phi_M^Q$，那么可以用式（2.9）中的评价器来计算这两个分布之间的 MMD：

$$\text{MMD}_k(P, Q) = \\ \frac{1}{N_1}\sum_{i \neq j} k\left(\Phi_i^P, \Phi_j^P\right) + \frac{1}{M_1}\sum_{i \neq j} k\left(\Phi_i^Q, \Phi_j^Q\right) - \frac{2}{MN}\sum_{i=1}^{N}\sum_{j=1}^{M} k\left(\Phi_i^P, \Phi_j^Q\right) \tag{2.9}$$

其中，$N_1 = N(N-1)$，$M_1 = M(M-1)$。可以发现，利用式（2.9）估测的 MMD 对输入的表征都是连续可导的。

（2）W 距离（wasserstein distance）。

W 距离在 WGAN[60]这篇重量级论文中被机器学习社区所认识。我们知道，GAN 的主要目标是最小化生成的数据分布和真实的数据分布之间的距离。换句话说，WGAN 的目标就是使生成的数据样本和原始数据集中的数据样本看上去没有明显的区别。而 W 距离作为一种连续可导的 IPM，正好可以用来完成这一任务。W 距离具有几个特性。首先，它可以计算离散分布和连续分布之间的距离。其次，它既是分布之间差异的度量，也是从一个分布转换为另一个分布最有效的方法（解决了最优传输，即 optimal transport 问题）。这里介绍最常见的一种 W 距离（即 W-1 距离）和从样本中计算它的方法。

W-1 距离与 MMD 的不同之处体现在：W-1 距离是当函数空间只包括符合 1-Lipschitz 条件的函数时的 IPM。如果式（2.8）中的函数g符合 1-Lipschitz 条件，那么就有了 W-1 距离的定义，如式（2.10）所示：

$$W1_k(P,Q) = \sup_{g \in \mathcal{G}} \left| \mathbb{E}_{\Phi \sim P}[g(\Phi)] - \mathbb{E}_{\Phi \sim Q}[g(\Phi)] \right| \tag{2.10}$$

其中，$\mathcal{G}$是 1-Lipschitz 函数的空间，任何$g \in \mathcal{G}$一定满足式（2.11）：

$$|g(\boldsymbol{x}) - g(\boldsymbol{x}')| \leqslant |\boldsymbol{x} - \boldsymbol{x}'| \tag{2.11}$$

而从最优传输问题的角度出发，W-1 距离一般可以写成式（2.12）：

$$\inf_{k \in \mathcal{K}} \int_{\Phi \in \{\Phi_i\}_{i:t_i=1}} \| k(\Phi) - \Phi \| P(\Phi) \mathrm{d}\Phi \tag{2.12}$$

其中，$\mathcal{K} = \{k | k: \mathbb{R}^d \to \mathbb{R}^d \text{ s.t. } Q(k(\Phi)) = P(\Phi)\}$是能够将分布$Q$转化为分布$P$的函数（push-forward functions）的集合，即最优传输问题的解。在因果效应估测的情形下，这意味着任意$k \in \mathcal{K}$都可以达到实验组和对照组的表征分布的平衡。如果把分布P和Q看作两堆沙子，那么式（2.12）所表示的 W-1 距离就是将沙子堆Q的形状变成沙子堆P的形状所需要移动的沙子量的最小值。与 MMD 的情况相似，我们也会发现式（2.12）中的 W-1 距离并非可以直接计算，因为无法穷举符合条件的函数k，而且每次计算 W-1 距离都需要解一个最小化问题，使得计算的花销很大。因此，需要利用一个对 W-1 距离的估测方法来计算它。在 CFRNet 中，Shalit 等人首先计算了实验组和对照组表征的距离矩阵，其中的每一个元素计算如式（2.13）：

$$M_{ij} = \| \Phi(x_i), \Phi(x_j) \| \tag{2.13}$$

然后，他们利用了文献[61]中的算法 3 来计算 W-1 距离。

除此之外，还能用对抗学习（adversarial learning）来估测并最小化实验组和对照组表征分布的差异，有兴趣的读者可以自行阅读相关文献，如文献[62]。所以最终可以用如式（2.14）所示的损失函数来优化 CFRNet 中的表征模块和潜在结果预测模块：

$$\mathcal{L} = \frac{1}{n}\sum_{i=1}^{n} L\left(f^t(\Phi_i), y_i\right) + \alpha \mathrm{IPM}_G\left(\{\Phi(x_i), \Phi(x_j)\}\right) \tag{2.14}$$

其中，$L(f^t(\Phi_i), y_i)$是模型预测事实结果的误差。

3. 关于 CFRNet 的总结与讨论

CFRNet 和 BNN 提出了这种首先学习表征，然后利用两组互相独立的全连接层来预测潜在结果的神经网络框架。这种框架在之后的很多基于神经网络的因果推断模型中被采用，可谓是该领域的奠基之作。因为实现起来并不复杂，读者可自行实现并尝试通过调参复现文献[56]中几个数据集的结果。

上述方法也存在一些争议，其中最大的疑问在于如何理解最小化式（2.14）中的两个实验组和对照组表征分布的 IPM 这一项的意义。如果得到$\mathrm{IPM}_G(\{\Phi(x_i), \Phi(x_j)\}) = 0$的表征，则意味着实验组和对照组在表征空间的分布里不再有任何区别，这似乎违反了在观测数据中实验组和对照组混淆变量分布不同的假设。这里需要考虑是否存在一种函数Φ能够使$\mathrm{IPM}_G(\{\Phi(x_i), \Phi(x_j)\}) = 0$。由于第一项损失函数的存在$L(f^t(\Phi_i), y_i)$，需要在这两个损失函数中做折中，因此无法学到这样的表征。

2.2.2 因果效应变分自编码器

1. 变分自编码器

变分自编码器（variational autoencoder，VAE）[63]是深度学习时代应用最广的

基于概率图模型和变分推断的生成模型。其实可以把结构因果模型看作一种特殊的概率图模型，而它本身也是一种生成模型。那么自然而然地，可以根据一个因果图提出一个基于 VAE 的深度隐变量模型，用于解决条件因果效应估测问题。简单地讲，VAE 的工作原理很简单，就是要用观测到的数据（特征）X去无监督地学习一组隐变量Z来解释这些数据是如何生成的。在很多场景下，推导 VAE 的目标函数，即所谓的证据下界（evidence lower bound，ELBO），有助于大家对 VAE 的理解。因此，接下来会展示表达 VAE 的目标函数 ELBO 的推导。在 VAE 中，模型可以分为编码器和解码器，其中编码器$q_\phi(Z|X)$将特征映射到隐变量空间，解码器$p_\theta(X|Z)$则将隐变量重新映射回特征空间。图 2.6 展示了 VAE 的示意图。

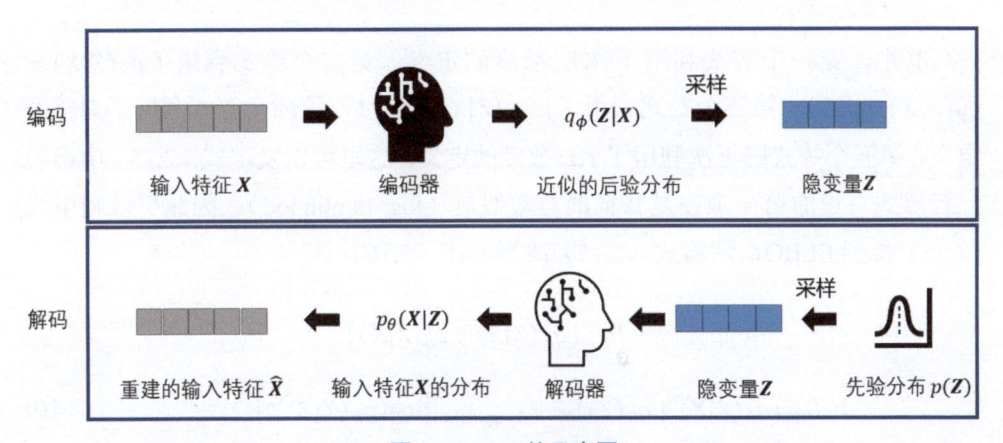

图 2.6　VAE 的示意图

VAE 的目标函数本质上是对观测到的数据似然（likelihood）的一个下界，即进行最大化似然估计。需要意识到在 VAE 中，编码器$q_\phi(Z|X)$是在近似无法直接计算的后验概率$P(Z|X)$。值得一提的是，VAE 与所有贝叶斯机器学习模型一样，有三个重要元素，即先验概率$P(Z)$、似然$P(X|Z)$和后验概率$P(Z|X)$。由于观测不到Z，因此无法直接计算后验概率，只能用编码器的输出去近似它。这里可以由编码器近似的后验分布和解码器近似的后验分布的 KL 散度$D_{\mathrm{KL}}\left(q_\phi(Z|X) \| p_\theta(Z|X)\right)$展开如式（2.15）所示的分析[64]。

$$D_{\text{KL}}\left(q_\phi(Z|X) \parallel p_\theta(Z|X)\right)$$

$$= \int q_\phi(Z|X) \log \frac{q_\phi(Z|X)}{p_\theta(Z|X)} \mathrm{d}Z$$

$$= \int q_\phi(Z|X) \log \frac{q_\phi(Z|X) p_\theta(X)}{p_\theta(Z,X)} \mathrm{d}Z$$

$$= \log p_\theta(X) + \int q_\phi(Z|X) \log \frac{q_\phi(Z|X)}{p_\theta(X|Z) p_\theta(Z)} \mathrm{d}Z \quad (2.15)$$

$$= \log p_\theta(X) + \mathbb{E}_{Z \sim q_\phi(Z|X)} \left[\log \frac{q_\phi(Z|X)}{p_\theta(Z)} - \log(p_\theta(X|Z)) \right]$$

$$= \log p_\theta(X) + D_{\text{KL}}\left(q_\theta(Z|X) \parallel p_\theta(Z)\right) - \mathbb{E}_{Z \sim q_\phi(Z|X)}[\log(p_\theta(X|Z))]$$

其中，第一个等式利用了 KL 散度的定义，第二个等式利用了 $p_\theta(Z|X) = p_\theta(Z,X)/p_\theta(X)$，第三个等式利用了 $\int q_\phi(Z|X)\mathrm{d}Z = 1$，第四个等式利用了期望的定义，第五个等式则再次利用了 KL 散度的定义。这里可以发现式（2.15）中最后一行等式右边的第一项便是特征的对数似然（log likelihood）。因此可以利用式（2.15）得到 ELBO，即将式（2.15）改写为式（2.16）：

$$\log p_\theta(X) - D_{\text{KL}}\left(q_\phi(Z|X) \parallel p_\theta(Z|X)\right)$$

$$= D_{\text{KL}}\left(q_\theta(Z|X) \parallel p_\theta(Z)\right) - \mathbb{E}_{Z \sim q_\phi(Z|X)}[\log(p_\theta(X|Z))] \quad (2.16)$$

$$\log p_\theta(X) \leqslant D_{\text{KL}}\left(q_\theta(Z|X) \parallel p_\theta(Z)\right) - \mathbb{E}_{Z \sim q_\phi(Z|X)}[\log(p_\theta(X|Z))]$$

这里的不等式成立是由于 KL 散度总是非负的，而省略 KL 散度 $D_{\text{KL}}\left(q_\phi(Z|X) \parallel p_\theta(Z|X)\right)$ 是因为其中的后验概率 $p_\theta(Z|X)$ 无法直接计算。另一种推导的方法可以利用杨森不等式（Jensen's inequality）。杨森不等式指 $\phi(\mathbb{E}[X]) \geqslant \mathbb{E}[\phi(X)]$，其中 ϕ 是凸函数，读者可以自行练习这种推导。在实践中，VAE 可以用概率深度学习框架来实现，如 PyTorch 生态下的开源软件 Pyro。

2. 因果效应变分自编码器（causal effect variational autoencoder，CEVAE）的因果识别

基于 VAE，我们可以推测一个预定义的因果图中隐变量的分布，这意味着，即使存在未观测到的混淆变量，我们仍可以利用 VAE 学习到的隐变量去满足可忽略性假设。这便孕育了基于深度隐变量模型的因果推断方法。

在文献[48]中，Louizos 等人根据如图 2.7 所示的假设的因果图，提出了一个深度隐变量模型。

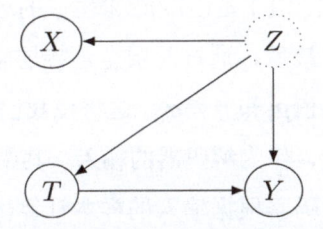

图 2.7　因果效应变分自编码器（CEVAE）基于的因果图，其中隐变量 Z 同时也是混淆变量，观测到的协变量 X 是它的一个后裔。这使得我们可以在可忽略性假设不成立的情况下也能够识别条件因果效应

如果能够从数据中学到隐藏混淆变量 Z，那么就可以利用后门准则去识别条件因果效应。文献[48]并没有很好地回答给定观测到的协变量 X、处理变量 T 和结果变量 Y，我们到底能不能学到这样的隐藏混淆变量的问题？要回答这个问题，需要参考相关的论文，如文献[65]。有兴趣的读者可以自己查阅相关的文献。可以利用因果图对 CATE 做一个分解，得到如式（2.17）所示的推导[48]：

$$\begin{aligned} P(Y|X, \mathrm{do}(T)) &= \int_Z P(Y|X, \mathrm{do}(T), Z) P(Z|X, \mathrm{do}(T)) \mathrm{d}Z \\ &= \int_Z P(Y|T, Z) P(Z) \mathrm{d}Z \end{aligned} \qquad (2.17)$$

其中，第一个等式利用了条件概率的边缘化。第二个等式则可以根据因果图（见图 2.7）中隐含的两个条件来得到：第一，以 Z 为条件时 $Y \perp\!\!\!\perp X|Z$，第二，Z 是一个外生变量。

3. 因果效应变分自编码器的模型结构

下面详细分析为什么因果效应变分自编码器（CEVAE）[48]的编码器和解码器的结果必须如图 2.8(b)中这样来设计。编码器的目标是将看见的样本(x_i, t_i, y_i)映射到它所对应的隐变量z_i。这是因为在因果图（见图 2.7）中，隐藏混淆变量Z是生成其他变量X、T、Y的父变量。在具体的设计中，Louizos 等人选择了用X来预测T，这可以理解为一个预测倾向性评分（propensity score）的模型，由于观测不到Z，因此只能用观测到的协变量X来预测处理变量T。之后再由X和T来预测结果变量，这样的设计符合因果图中Y是由T和Z来生成的这一事实，由于观测不到Z，因此只能使用X作为输入。最后，通过几层全连接层将观测到的数据(x_i, t_i, y_i)映射到对隐藏混淆变量z_i的均值μ_i和方差σ_i。这将使我们能够从高斯分布$\mathcal{N}(\mu_i, I\sigma_i)$中抽样得到隐藏混淆变量$z_i$，作为解码器的输入。其中$I$为$d \times d$的对角矩阵，$d$是隐藏混淆变量$Z$的维度。编码器根据输入的样本计算出其隐藏混淆变量的过程可以用式（2.18）来描述：

$$\begin{cases} q(z_i|x_i, t_i, y_i) = \prod_{j=1}^{d} \mathcal{N}\left(\bar{\mu}_i, \bar{\sigma}_{ij}^2\right) \\ \bar{\mu}_i = t_i \bar{\mu}_i(t=0) + (1-t_i)\bar{\mu}_i(t=1) \\ \bar{\sigma}_{ij}^2 = t_i \bar{\sigma}_i^2(t=0) + (1-t_i)\bar{\sigma}_i^2(t=1) \\ \mu_i(t=0), \sigma_i^2(t=0) = g_2(g_1(x_i, y_i)) \\ \mu_i(t=1), \sigma_i^2(t=1) = g_3(g_1(x_i, y_i)) \end{cases} \quad (2.18)$$

其中，g_1、g_2、g_3均为基于全连接层的神经网络。$\bar{\mu}$、$\bar{\sigma}$均表示由编码器推断得到的值，它们分别表示表征z_i所属的高斯分布的均值和方差。

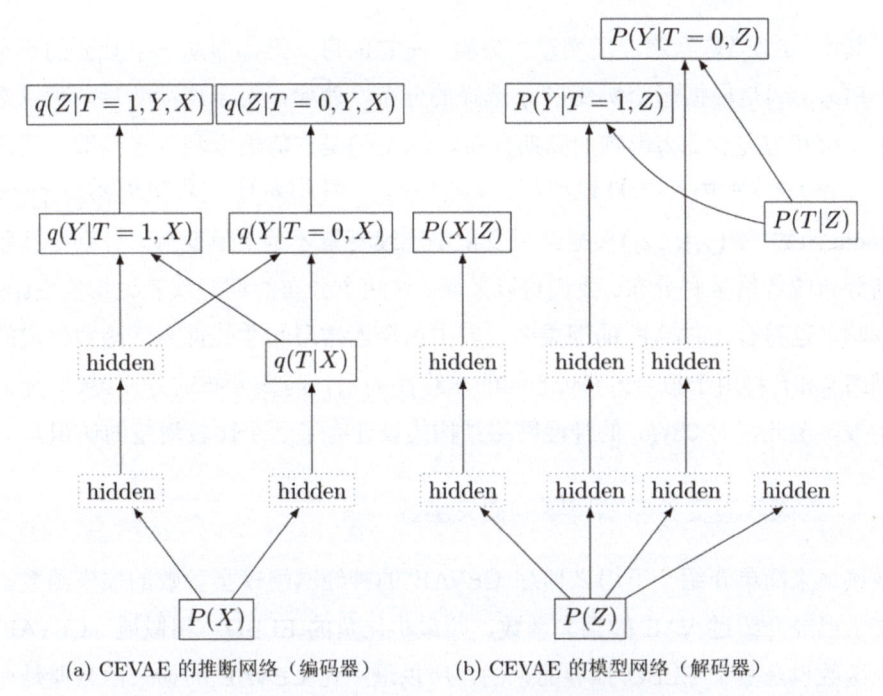

图 2.8 CEVAE 的神经网络结构示意图。其中各隐变量的变分分布$q(\cdot)$的均值和方差均由其对应的隐藏神经元计算得到

解码器的设计与编码器类似，都是基于因果图（见图 2.7）的，用一组神经网络代表每一个结构方程。从因果图（见图 2.7）中可以知道，隐藏混淆变量Z是其他变量的父变量，因此Z成为生成其他变量的神经网络的输入。结果变量Y还有除Z外的一个因，即处理变量T，因此生成结果变量的神经网络需要以T和Z作为输入。对于个体i，解码器相关的计算过程可以用式（2.19）来描述：

$$\begin{cases} P(\boldsymbol{z}_i) = \prod_{j=1}^{d} \mathcal{N}(0,1) \\ P(\boldsymbol{x}_i|\boldsymbol{z}_i) = \prod_{j=1}^{m} P(x_{ij}|\boldsymbol{z}_i) \\ P(t_i|\boldsymbol{z}_i) = \text{Bern}\big(\sigma(f_1(\boldsymbol{z}_i))\big), \\ P(y_i|t_i,\boldsymbol{z}_i) = \begin{cases} \mathcal{N}(\hat{\boldsymbol{\mu}}_i, \hat{v}), \hat{\boldsymbol{\mu}}_i = t_i f_2(\boldsymbol{z}_i) + (1-t_i)f_3(\boldsymbol{z}_i) & y_i \in \mathbb{R} \\ \text{Bern}(\hat{\pi}), \hat{\pi} = \sigma(t_i f_2(\boldsymbol{z}_i) + (1-t_i)f_3(\boldsymbol{z}_i)) & y_i \in \{0,1\} \end{cases} \end{cases} \quad (2.19)$$

其中，$P(\mathbf{z}_i)$是隐藏混淆变量的先验——它的每一维都服从一个独立的正态分布。$P(x_{ij}|\mathbf{z}_i)$是根据每个协变量x_{ij}选择的分布，例如，对于连续变量，可以选择一个均值和方差受到$\mathbf{z}_i$影响的高斯分布。Bern(·)是二值伯努利分布函数，它意味着$P(t_i = 1|\mathbf{z}_i) = \sigma(f_1(\mathbf{z}_i))$和$P(t_i = 0|\mathbf{z}_i) = 1 - \sigma(f_1(\mathbf{z}_i))$，其中$\sigma(x) = \frac{1}{1+e^{-x}}$是Sigmoid函数。$P(y_i|t_i, \mathbf{z}_i)$根据结果变量是连续变量还是二值变量，分别令其服从高斯分布或者伯努利分布。我们可以发现，这两个分布的期望或者说均值受t_i和$\mathbf{z}_i$的影响，这符合 CEVAE 的因果图。其中由全连接层和非线性激活函数组成的神经网络f_2和f_3将用于拟合$\mathbf{z}_i$和y_i之间的非线性关系。高斯分布的方差$\hat{v}$被固定为一个实数。至此，对 CEVAE 的神经网络结构的设计有了一个比较清楚的认识。

4. 因果效应变分自编码器的损失函数

接下来简单介绍一下用来训练 CEVAE 的神经网络模型参数的损失函数。在前文中已经介绍过 VAE 的损失函数，即最小化负的 ELBO。相似地，CEVAE 的损失函数也是基于 ELBO 推导而来的。所以最小化 CEVAE 的损失函数即是在最大化观测到的变量X、T和Y的似然函数的下界，即如式（2.20）得到的 ELBO：

$$\mathcal{L} = \sum_i^n \mathbb{E}_{\mathbf{z}_i \sim q(\mathbf{z}_i|\mathbf{x}_i,t_i,y_i)} \begin{bmatrix} \log P(\mathbf{x}_i, t_i|\mathbf{z}_i) + \log P(y_i|t_i, \mathbf{z}_i) + \\ \log P(\mathbf{z}_i) - \log q(\mathbf{z}_i|\mathbf{x}_i, t_i, y_i) \end{bmatrix} \qquad (2.20)$$

若要对测试集中处理变量和事实结果都未知的样本做推断，需要编码器能够对$q(t_i|\mathbf{x}_i)$和$q(y_i|\mathbf{x}_i, t_i)$单独建立神经网络模型，以及相应的训练目标函数。在此就不详细介绍这部分内容了，有兴趣的读者可以参考文献[48]中相关的部分。在实验中，Louizous 等人着重展示了 CEVAE 在混淆变量有一部分是隐藏的情况下相对于其他模型的鲁棒性。

一个针对 CEVAE 的问题是：如何才能知道学到的$\mathbf{Z}$，即隐藏混淆变量是否是真的混淆变量呢？在假设能够得到隐藏混淆变量的基准真相的情况下，其实可以考虑另一个相似但并不完全等价的问题：如何量化学到的一个多维隐变量的分布$P(\hat{\mathbf{Z}})$与其对应的基准真相的分布$P(\mathbf{Z})$的差别？而在不知道基准真相时，我们又应该用什么方法去验证学到的隐藏混淆变量是接近基准真相的？这些开放性问题就留给读者思考了。

2.2.3 因果中介效应分析变分自编码器

CEVAE 也可以用于放松因果中介效应分析中的序列可忽略假设。第 1 章介绍了因果中介效应分析的两个主要目标是估计平均因果中介效应（ACME）和平均自然直接效应（ACDE）。作为实现这两个目标的前提，序列可忽略假设要求协变量X可以捕捉到 CMA 中所有的混淆偏差。但是，类似于因果效应分析，我们无法确保隐藏混淆变量偏差不存在于实际应用中。为了放松这一假设，Cheng 等人[66]采用了文献[65]中使用代理变量（proxy variable）来估计隐藏混淆变量的方法，同时估测平均因果中介效应和平均自然直接效应。如图 2.9 所示，隐藏混淆变量Z可同时捕捉干预前和干预后的混淆偏差，而协变量X是它的后裔。

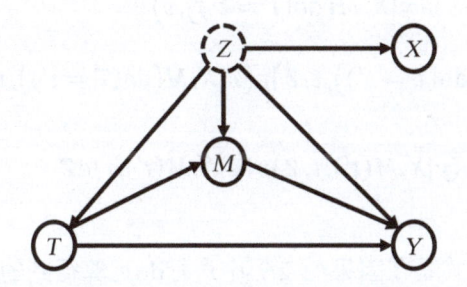

图 2.9　当 CMA 中存在隐藏混淆变量时的因果图。
其中 M 为中介变量，Z 为隐藏混淆变量，Z 是协变量 X 的因

下面详细介绍如何将 CEVAE 拓展到存在隐藏混淆变量的因果中介效应分析。

序列可忽略假设可被放松成以下假设：

- 存在某个隐变量Z能够同时影响处理变量T、中介变量M和结果变量Y，因此引起混淆偏差，如式（2.21）所示：

$$Y(t',m), M(t) \perp\!\!\!\perp T | Z = z; \quad Y(t',m) \perp\!\!\!\perp M(t) | T = t, Z = z \tag{2.21}$$

同时，还需要以下两个由 CEVAE 中延伸出的假设：

- 该隐变量Z可由协变量推断得到，即X是隐藏混淆变量Z的后裔。
- 根据图 2.9，联合分布$P(Z, X, M, t, y)$可以从观测变量(X, M, t, y)大致恢复出来。

需要指出的是，以上三个假设只是弱化了原本的序列可忽略假设，它们在实际应用中也有可能是不成立的。给定观测变量(X, M, t, y)，可以将式（1.57）重新定义为以下形式：

$$\bar{\delta}(t) := \mathbb{E}[\text{CME}(x, t)], \text{CME}(x, t) := \mathbb{E}[y | X = x, T = t, M(\text{do}(t' = 1))] - \mathbb{E}[y | X = x, T = t, M(\text{do}(t' = 0))], \quad t = 0, 1 \tag{2.22}$$

通过拓展 CEVAE 中的理论 1[48]，可以证明 ACME 和 ACDE 是可识别的。其中的关键步骤是证明$p(y|X, M(\text{do}(T = t')), t)$是可识别的，如式（2.23）所示：

$$\begin{aligned} & p(y | X, M(\text{do}(T = t')), t) \\ &= \int_Z p(y | X, M(\text{do}(T = t')), t, Z) p(Z | X, M(\text{do}(T = t')), t) \text{d}Z \\ &= \int_Z p(y | X, M(t'), t, Z) p(Z | X, M(t'), t) \text{d}Z \end{aligned} \tag{2.23}$$

其中，第二个等式是在因果图 2.9 中进行 do 运算得到的；最后一个等式可以通过联合分布$P(Z, X, M, t, y)$识别。在以上三个假设为基础的前提下，因果中介效应分析变分自编码器（causal mediation analysis with variational autoencoder，CMAVAE）的神经网络框架如图 2.10 所示。

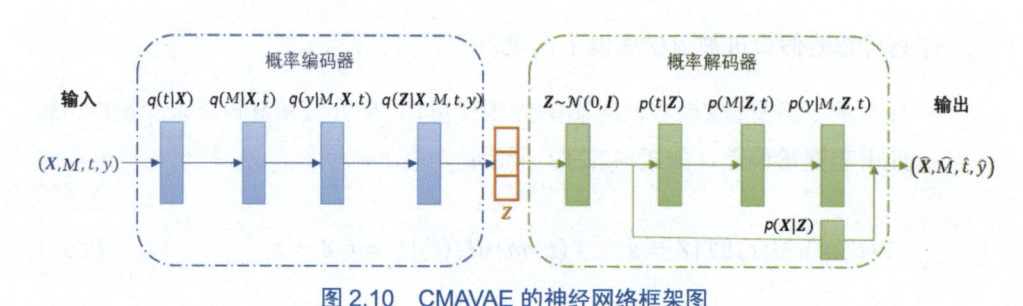

图 2.10　CMAVAE 的神经网络框架图

2.2.4 针对线上评论多方面情感的多重因果效应估计

线上评论系统能低成本地搜集和分发信息，因此极大地促进了大规模消费者线上口碑（electronic word of mouth）的众包评论。目前学术界已有不少工作开始研究线上评论对引导消费者选择的效应估计。例如，正面的评论和评论的受欢迎程度可以在很大程度上影响图书销售[67]和餐厅预定可用性[4]。其中主流的因果效应研究是从线上评论系统中抽取单一数值变量为因，进而估计其对某个特定结果的因果效应。比如，研究的"因"是某家餐厅的综合评分或者从线上文本评论总结得到的综合情绪得分（sentiment）。尽管这种方法较为简单，但其不能对现有问题进行细粒度分析，导致该方法在工业界只能得到有限的应用。具体地说，该对线上评论系统粗粒度的因果效应分析主要有以下不足之处：

- 用户评论往往涉及多方面，而且每个方面都提供了对该餐厅独特的描述。例如，评论"这家早茶店食物很新鲜，但由于顾客较多，上菜相对较慢，室内也很吵。还有冷风从我们桌子旁边的窗户中吹进来。"同时包含了对食物的正面评价，以及对服务和环境的负面评价。因此，需要对文本进行细粒度的多方面情感分析（multi-Aspect sentiment analysis，MAS）。
- 目前大多数研究都基于"无隐藏混淆偏差"的强可忽略性假设，即处理变量（例如，综合评分）和结果变量（例如，餐厅年收益）之间的混淆偏差可由可观测变量解释。然而，这种假设在实践中是无法验证的。例如，消费者的个人喜好可以同时影响他/她的评论以及餐厅的年收益。当我们忽略这种隐藏混淆偏差时，计算得到的因果效应也是不准确且不一致的。
- 典型的在线评论系统会包含数值评分和文本评论。由于其功能相似，除了文本评论对餐厅收益的直接影响，文本评论还有可能通过影响数值评分间接影响餐厅收益，即因果中介效应。这里的数值评分即为中介变量。因此，文本评论的效应可能会与中介效应相互抵消，导致总效应比文本评论的直接效应小。

以上三点可由图 2.11 说明。

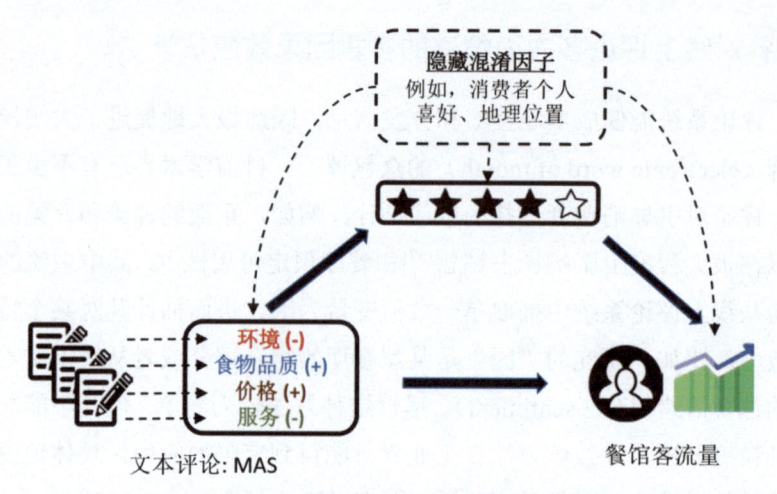

图 2.11 线上评论多方面情感的因果图。这里处理变量为 MAS，即多方面情感值；
结果变量为餐厅客流量；餐厅评分为中介变量

Cheng 等人[68]针对该三点不足之处提出了对线上评论多方面情感的多重因果效应估计的研究。基于图 2.11 估计出三类因果效应：多方面情感→客流量；多方面情感→评分；多方面情感→评分→客流量。即多方面情感的文本评论对客流量的因果效应、多方面情感的文本评论对评分的因果效应，以及多方面情感的文本评论对客流量的直接因果效应和通过评分的间接因果效应。由于存在多个处理变量（即多方面情感），该问题的本质是多重因果效应估计。具体定义如下。

定义 2.1 针对线上评论多方面情感的多重因果效应估计。

给定 N 条文本评论，每条评论由向量 $\boldsymbol{a} \in \mathbb{R}^{2 \times m}$ 表示，其中 $m = 5$ 表示五方面的情感（食品质量、价格、服务、环境、其他），每方面包含正和负两种情感状态。所以，$\boldsymbol{a} = (a_{1+}, a_{1-}, \cdots, a_{m+}, a_{m-})$，$a_{j+}$ 和 a_{j-} 分别表示对 a_j 方面的正和负情感值。该问题的目标是估计 $\boldsymbol{a}$ 对某个特定结果变量 Y，例如，餐厅客流量的平均因果效应。在潜在结果框架下，这相当于估计以下潜在结果方程：

$$y_i(\boldsymbol{a}): \mathbb{R}^{2m} \to \mathbb{R} \tag{2.24}$$

由于存在隐藏混淆因子，传统的多重因果效应评估模型已不适用。近年来，随着因果机器学习的盛行，少数学者也开始研究如何使用机器学习技术对多重因果效应评估模型中的混淆因子进行控制[69-70]。Cheng 等人[70]则采用了其中较为主流的基于因果机器学习的多重效应模型 Deconfounder。Deconfounder 的主要思想是通过无监督学习模型（例如隐变量模型）从多因（multiple causes）中推测能近似隐藏混淆因子的变量，即替代混淆因子（substitute confounder）。然后通过控制该替代混淆因子达到控制混淆偏差的目的。该模型简单、易于实现且服从预测验证，更重要的是，它弱化了传统的多重因果效应模型需要的强可忽略性（strong ignorability）假设，取而代之的是单一忽略性（single ignorability）假设：不存在无法观测或测量的单因（single-cause）混淆因子，即能同时影响单一原因（例如，在线评论中针对食品质量的正情感）和潜在结果（例如客流量）的变量。尽管该假设仍然是无法验证的，但是它相对弱化了传统的"不存在任何无法观测或测量的混淆因子"假设。在 Deconfounder 的基础上，Cheng 首先使用了 probablistic PCA（PPCA）[71]拟合针对多方面情感值 a 的隐变量模型 $p(z, a_{1+}, a_{1-}, \cdots, a_{m+}, a_{m-})$，$z \in Z$，从而得到替代混淆因子 $\hat{z}$，如式（2.25）所示：

$$\begin{cases} Z_i \sim p(\cdot | \alpha) & i = 1, \cdots, N \\ A_{ij} | Z_i \sim p(\cdot | z_i, \theta_j) & j = 1, \cdots, 2m \end{cases} \tag{2.25}$$

其中，α 和 θ_j 分别代表替代混淆因子 Z_i 分布和单原因 A_{ij} 分布的参数。为了检验 PPCA 对多方面情感值总体分布拟合的准确度，Cheng 等人进一步对以上得到的隐变量模型进行预测性检验[70]，即对每家餐厅随机抽取部分多方面情感值作为验证集 $a_{i,\text{held}}$，余下则作为观测集 $a_{i,\text{obs}}$。拟合 PPCA 的过程只利用观测集 $\{a_{i,\text{obs}}\}_{i=1}^{N}$，而预测性检验则使用验证集。预测性检验值的计算则通过比较实际观测到的多方面情感值和从拟合的预测分布中抽取的多方面情感值得到，如式（2.26）、式（2.27）所示：

$$p_c = p(t(a_{i,\text{held}}^{\text{rep}}) < t(a_{i,\text{held}})) \tag{2.26}$$

$$t(a_{i,\text{held}}) = \mathbb{E}_Z[\log p(a_{i,\text{held}} | Z) | a_{i,\text{obs}}] \tag{2.27}$$

$a_{i,\text{held}}^{\text{rep}}$ 来自式（2.28）所示的预测分布：

$$p(a_{i,\text{held}}^{\text{rep}} | a_{i,\text{held}}) = \int p(a_{i,\text{held}} | z_i) p(z_i | a_{i,\text{obs}}) dz_i \tag{2.28}$$

如果预测性检验值$p_c \in (0,1)$大于 0.1，那么该隐变量模型能生成与验证集的真实值相似的多方面情感值。需要注意的是，这里的临界点（0.1）是主观选择的，需要根据不同的应用进行调整。通过预测性检验的隐变量模型则可用于估计替代变量，如式（2.29）所示：

$$\hat{z}_i = \mathbb{E}_M[Z_i|A_i = a_i] \tag{2.29}$$

根据增强后的数据集$\{a_i, \hat{z}_i, y_i(a_i)\}$，下一步即学习一个基于线性回归的结果模型$\mathbb{E}\big[\mathbb{E}[Y_i(A_i)|Z_i = z_i, A_i = a_i]\big]$，如式（2.30）所示：

$$f(a, z) = \beta^T a + \gamma^T z \tag{2.30}$$

其中，β和γ均为向量，记录单一方面情感对客流量的因果效应；γ则表示替代混淆因子的系数。

2.2.5 基于多模态代理变量的多方面情感效应估计

线上评论系统通常包含来自多模态的变量，例如，用户档案信息（性别、年龄）、餐厅属性（地理位置、食物种类），以及用户和餐厅的交互信息（用户对某餐厅进行评论）等。所以仅仅通过用户评论的文本信息来捕捉隐形混淆偏差（如2.2.4节的内容所示）是不足的。面对多模态的线上评论系统，我们所面临的挑战是如何从这些可观测的多模态变量来学习一个"好"的混淆变量，这个混淆变量应该能至少控制大部分混淆偏差。同时，我们并不希望从来自不同模态的变量中引入"差"协变量，即当我们控制该变量后，反而引入更多的偏差。一个典型的"差"协变量为餐厅收益，因为它直接受餐厅客流量（结果变量）的影响。Cheng等人[72]提出将多模态变量作为代理变量，然后从中学习混淆因子的代理表征。该方法的动机是协变量集越丰富，它就越有可能准确地预测结果并估计因果效应[73]。先前的学术发现（如文献[74]）也提倡使用图信息，例如，嵌入同质性效应的社交网络学习隐藏混淆因子。

此外，学习多模态的表征而不是直接使用协变量集本身可以通过因果知识帮助阻止由控制不良协变量引起的不良偏差。因此，理想的混淆因子表征应该包含足够的信息控制混淆偏差，排除由"差"的代理变量引起的偏差，从而实现低偏差和低方差的因果效应估计。

Cheng 等人提出的因果图如图 2.12 所示。除了基本的因果假设（例如 SUTVA），该图还表明了以下两个额外的因果假设：

- 多因多方面情感存在一个共享的混淆变量 Z。
- 单方面情感之间是相互独立的。基于图 2.12，该问题可定义如下。

> **定义 2.2** 基于多模态代理变量的多方面情感效应估计。
>
> 给定可观测的多模态协变量，我们的目标是，在假设隐藏混淆因子存在的情况下，估计从线上文本评论集 C 抽取的多方面情感 $A \in \mathcal{A}$ 对餐厅客流量 Y 的影响。具体地说，我们要联合估计单方面情感 $A_j, j \in \{1,2,\cdots,2m\}$ 对的 Y 平均因果效应（ATE），如式（2.31）所示：
>
> $$\tau_j = \mathbb{E}[Y_r(a_{rj})] - \mathbb{E}[Y_r(a'_{rj})] \quad r \in \{1,2,\cdots,N_R\} \tag{2.31}$$
>
> 其中，$\mathbb{E}[Y_r(a_{rj})]$ 表示单方面情感得分为 a_{rj} 的餐厅 r 客流量期望值；N_R 为餐厅数量。

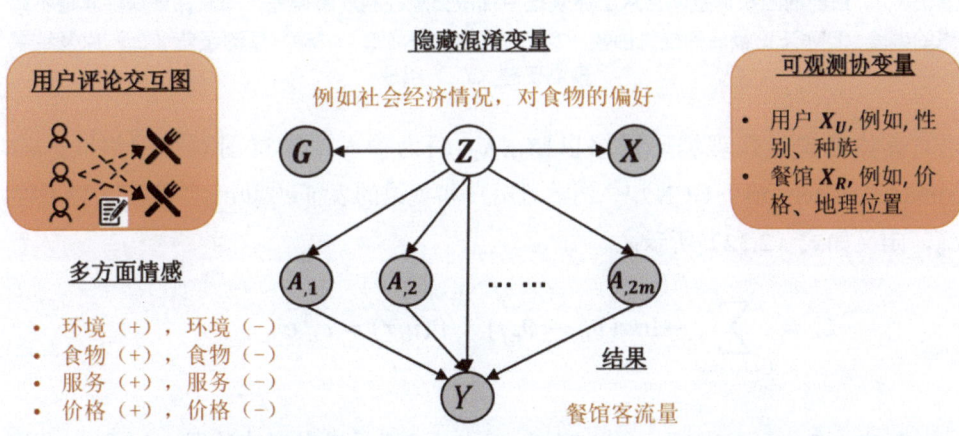

图 2.12 基于多模态代理变量的线上评论多方面情感的因果图。这里处理变量为多方面情感值 MAS($A_{,1},\cdots,A_{,2m}$)；结果变量为餐厅客流量。我们考虑了可以通过多模态代理（图中橙色矩形）和适当的因果调整来近似地共享隐藏混淆因子 Z 的存在。多模态代理包括用户档案信息 X_U、餐厅属性 X_R 的协变量以及描述用户-餐厅交互的二分图 G。在给定 Z 的情况下，假设单独的情感方面相互独立

为了学习"好"的混淆变量的表征，Cheng 等人提出的 DMCEE 框架由两个主要成分组成：代理编码网络（proxies encoding network）首先在隐空间中构建基于多模态协变量的表征；因果调整网络（causal adjustment network）进一步根据因果图 2.12 中的因果关系从上一步表征中提取充分的信息，同时排除不良控制引起的偏差。DMCEE 的结构框架的简要描述如图 2.13 所示。

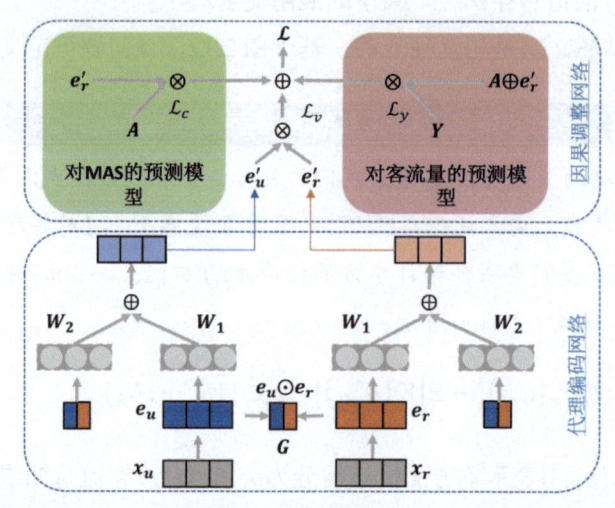

图 2.13　DMCEE 框架图。底部的代理编码网络利用多模态代理变量编码用户和餐厅的表征 (e'_u, e'_r)。顶部的因果调整网络从上述表征中抽取信息控制混淆偏差，同时保证排除其他不理想的偏差。DMCEE 最后的损失函数（$\mathcal{L}$）由重构误差（$\mathcal{L}_v$）、MAS 预测误差（$\mathcal{L}_c$）以及结果预测误差（$\mathcal{L}_y$）组成

具体地说，代理编码网络以 $\{X_U, X_R, G\}$ 为输入，通过图卷积网络（graph convolution network，GCN）[75-76]学习用户和餐馆的表征 e'_r 和 e'_u，即图 2.13 中的 $\mathcal{L}_v$，定义如式（2.32）所示：

$$\mathcal{L}_v = \sum_{(u,i,j)\in O} -\ln\sigma(\hat{v}_{ui} - \hat{v}_{uj}), \quad \hat{v}(u,r) = e'^T_u e'_r \tag{2.32}$$

其中，$O = \{(u,i,j)|(u,i) \in \mathcal{E}^+, (u,j) \in \mathcal{E}^-\}$ 表示成对训练数据。$\mathcal{E}^+$ 和 $\mathcal{E}^-$ 分别表示观测的和不可观测的用户-餐厅交互。因果调整图通过多因预测模型 $\mathcal{L}_c$ 和结果预测模型 $\mathcal{L}_y$ 进一步学习 e'_r，如式（2.33）、式（2.34）所示：

$$\mathcal{L}_c = \frac{1}{N_R} \sum_{r=1}^{N_R} \sum_{j=1}^{2m} f_c(A_{rj}, \gamma_r; \boldsymbol{\theta}_c) \tag{2.33}$$

$$\mathcal{L}_y = \frac{1}{N_R} \sum_{r=1}^{N_R} f_y(y_r, A_r, \gamma_r; \boldsymbol{\theta}_y) \tag{2.34}$$

其中，$f_c(\cdot)$是测量预测误差的函数（例如线性回归）；$\boldsymbol{\theta}_c = \{\theta_1, \theta_2, \cdots, \theta_{2m}\}$为由预测单方面情感值函数参数组成的集合；$f_y(\cdot)$是测量真实的客流量和预测的客流量的差值的函数；$\boldsymbol{\theta}_y = [\boldsymbol{\theta}_A \circ \boldsymbol{\theta}_\gamma]$为将$\gamma_A$和$\gamma_r$映射到结果变量Y空间的模型参数，其中符号。代表矢量或矩阵的元素积。由于A和Y均为连续变量，$f_c(\cdot)$和$f_y(\cdot)$可定义为均方误差（mean squared Error，MSE），如式（2.35）所示：

$$f_c(\cdot) = \| \gamma \boldsymbol{\theta}_c - A \|_2^2; \quad f_y(\cdot) = \| [A \circ \gamma] \boldsymbol{\theta}_y - y \|_2^2 \tag{2.35}$$

因此，DMCEE最后的损失函数为式（2.36）：

$$\mathcal{L} = \alpha \mathcal{L}_v + \beta \mathcal{L}_c + \mathcal{L}_y + \lambda \| \Theta \|_2^2 \tag{2.36}$$

其中，α、β为用于平衡每一个网络的超参数。Θ表示所有可训练的模型参数，λ为平衡模型复杂度的参数。

2.2.6　在网络数据中解决因果推断问题

我们生活在一个高度连接的世界。常见的网络数据包括但不限于社交网络、推荐系统中的用户-物品二分图（user-item bipartite graph）、交通网络、电网等。在网络数据中，我们不仅可以观测到每个结点的特征（协变量），还能观测到连接它们的网络信息。而网络信息在因果推断中也可以扮演重要的角色。

在文献[62,74]中，Guo等人提出了利用网络信息更好地学习隐藏混淆变量的想法。文献[65,74]中因果识别继承了文献[65,77]中提出的利用近端变量（proximal variable）来识别CATE的方法。这里的近端变量指那些混淆变量的子变量，我们可以认为它们是隐藏混淆变量的带有噪声的子变量。因果图2.14展示了Guo等人提出的因果识别方法基于的因果图。其中与可忽略性假设不同的是，与其假设所有的混淆变量已经被观测到了，这种基于近端变量的方法只需要假设存在一组隐变量作为隐藏混淆变量，然后问题就变转化成了我们如何从观测到的变量中学习这些隐变量。文献[74]中提出了一个利用网络信息与观测到的特征一起学习隐藏混淆变量的方法——network deconfounder。这样做的原因是，我们可以认为在具有同质偏好（homophily）现象的社交网络中，每一条边$A_{ij}=1$的形成是由其连接的两个样本（个人）的隐藏混淆变量决定的，例如，在图机器学习中模型$P(A_{ij}=1)=\sigma(\boldsymbol{z}_i^\mathrm{T}\boldsymbol{z}_j)$常被用来预测一条边是否存在[75,78]。这意味着可以利用网络信息来作为隐藏混淆变量的近端变量，从而更好地学习隐变量来近似真实的混淆变量。

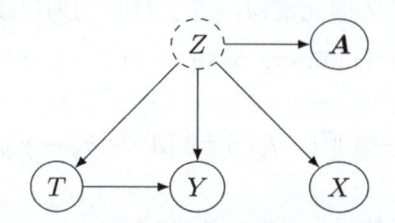

图 2.14 代表 network deconfounder 模型所采用的因果识别方法所基于的因果图。其中样本之间的网络结果由邻接矩阵$\boldsymbol{A}$代表，X是隐藏混淆变量Z所对应的近端变量，network deconfounder 会利用这两者结合适合的损失函数来使隐藏混淆变量Z能够近似真实的隐藏混淆变量

这里考虑的问题是估测社交网络中对于每个个人而言的因果效应。例如，一个社交网络平台（如微博）在研究新版的主页设计是否能提高用户的参与度时，可以认为对用户展示新版的主页是将用户分配到实验组$T=1$，而被展示旧版主页的用户是对照组$T=0$，结果变量为用户停留在主页的时间。假设不同的用户对主页的偏好不同，那么我们感兴趣的因果效应就是不同主页对用户停留时间的影响，可以被定义为CATE $= \mathbb{E}[Y_i^1|X_i,\boldsymbol{A}] - \mathbb{E}[Y_i^0|X_i,\boldsymbol{A}]$。注意，这里仍然假设 SUTVA，即一个个体的处理变量的值不会影响其他个体。这个假设在网络数据中可能有一些争议，但考虑同质偏好的时候，可以说网络中个体之间的影响是通过影响他人的隐藏混淆变量来完成的，而不是直接通过处理变量去影响其他个体的结果。关于这一点的讨论，读者可以参考该领域的经典论文[79]。

接下来简单介绍 network deconfounder 的参数化模型。为了将网络结构$\boldsymbol{A}$和观测到的协变量同时映射到隐变量空间，network deconfounder 利用了图神经网络[49,76]，可以用式（2.3）来描述这一过程：

$$z_i = g(x_i, A) \tag{2.37}$$

一般来讲，可以将一个图神经网络层写为式（2.38）：

$$z_i^l = \mathrm{aggr}(z_i^{l-1}, \{z_j\}_{j \in \mathcal{N}(i)}) \tag{2.38}$$

其中，aggr函数将第$l-1$层的表征z_i^{l-1}及其邻居的表征z_j^{l-1}共同映射到个体i第l层的隐藏混淆变量的表征z_i^l。如果利用图卷积网络[76]来作为式（2.38）中的aggr函数，可以得到式（2.39）：

$$Z^l = \mathrm{relu}\left(\hat{D}^{-\frac{1}{2}} \hat{A} \hat{D}^{-\frac{1}{2}} Z^{l-1} W^l\right) \tag{2.39}$$

其中，$\hat{A} = A + I$，I是单位矩阵，$\hat{D}$是$\hat{A}$对应的度数矩阵（degree matrix），W^l是第l层的 GCN 的参数。GCN 的输出Z^l则代表图中每一个个体隐藏混淆变量在GCN 第l层中的表征。那么可以利用L层的 GCN 来完成式（2.37）中将协变量和网络结构同时映射到混淆变量的表征的操作。有了隐藏混淆变量的表征z_i，要预测潜在结果，network deconfounder 采用了与CFRNet相似的思路，即采用两个由全连接层组成的神经网络模块，分别把z_i映射到两个潜在结果。这样不但能够预测事实结果，对模型参数进行训练，也能够预测反事实结果，完成因果效应估测的任务。

下面为了使图神经网络输出的表征Z更好地近似真实的混淆变量，必须设计合适的损失函数。network deconfounder 的损失函数主要由两部分构成。

首先，隐藏混淆变量的表征必须能够准确地预测潜在结果，所以损失函数的第一部分由预测事实结果时产生的误差构成，如式（2.40）所示：

$$\mathcal{L}_o = \frac{1}{n}\sum_{i=1}^{n}(\hat{y}_i - y_i)^2 \tag{2.40}$$

其中，y_i和$\hat{y}_i$分别为观测到的事实结果和预测到的事实结果。

其次，要使z_i更接近于个体i的隐藏混淆变量，network deconfounder 采用了 CFRNet 中平衡实验组和对照组的表征分布的损失函数。这样做的原因在介绍 CFRNet 的部分（见 2.2.1 节）已经讨论过，这里就不详细讨论了。

IGNITE[62]中提出了一种结合处理变量预测和表征平衡的对抗学习方法。图 2.15 展示了 IGNITE 这个方法的概览图。这种方法利用了基于一个判别器（critic）模块D的对抗学习。$D: \mathbb{R}^d \to \mathbb{R}$是一个将$d$维表征映射到一个实数的神经网络模块，它的输出越大，代表输入的表征越可能来自实验组，反之，则代表输入的表征更可能来自对照组。基于判别器模块D，IGNITE 利用了如式（2.41）所示的损失函数来训练模型：

$$\mathcal{L}_{\text{CB}} = \frac{1}{n^1} \sum_{i:t_i=1} D(z_i) - \frac{1}{n^0} \sum_{i:t_i=0} D(z_i) \tag{2.41}$$

其中，n^1和n^0是在最大化式（2.41）时，IGNITE 通过训练判别器模块D使其能够更好地区分来自实验组和对照组的个体，这与基于倾向性评分的因果推断模型相似。在最小化式（2.41）时，IGNITE 通过训练图神经网络模块g_1来平衡实验组和对照组的个体的表征分布，从而减小预测反事实结果时的误差。最小化式（2.41）通常与最小化预测事实结果的误差〔见式（2.40）〕同时对图神经网络模块g_1和潜在结果预测模块g_2进行训练。

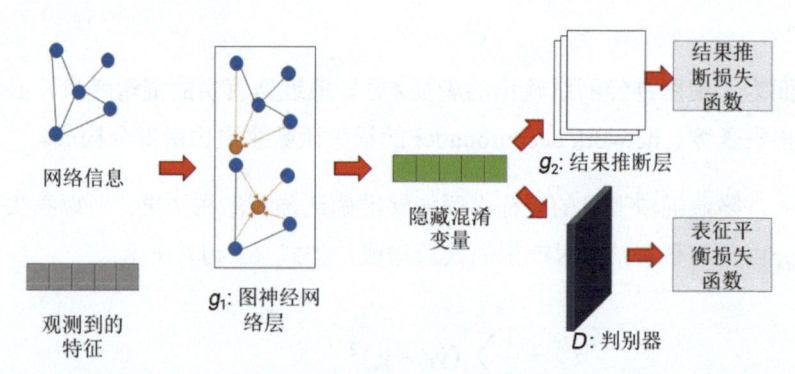

图 2.15 在网络数据中对 CATE 进行因果推断的模型 IGNITE 的框架图。图神经网络模块g_1将观测到的特征和网络结果信息映射到代表混淆变量的隐变量，然后利用两个全连接层模块g_2预

测潜在结果。IGNITE 利用基于判别器模块 D 的对抗学习来训练模型，使其利用兼具预测处理变量和表征平衡的损失函数来使隐变量更好地近似真实的混淆变量

在实验中，Guo 等人[62]构建了估测 CATE 的文献中常见的半合成数据（semi-synthetic data）。这些半合成数据集基于真实世界的社交网络数据集 BlogCatalog 和 Flickr，利用文献[57]中 News 数据集类似的方法生成了社交网络中每个个体的处理变量的值和潜在结果的值。其中每个个体隐藏混淆变量会受邻居的影响，从而模拟了社交网络中的同质效应。

实验结果表明，能够利用网络数据和采用对抗学习来使学到的个体表征近似混淆变量这两个特点使 IGNITE 模型能够比其他的模型更好地估测 CATE。

第 3 章

因果表征学习与泛化能力

随着深度学习近十年在机器视觉[80]、自然语言处理[81]、语音识别[82]、生物信息（相关信息见"链接3"）等领域的巨大成功，表征学习这一深度学习的核心技术在机器学习问题中已得到相当广泛的应用。在机器学习问题中，表征学习的主要目标是从观测到的低级变量中学习到可以准确预测目标变量的高级变量。而近年以德国马克斯·普朗克研究所（简称马普所）的著名计算机科学家 Bernhard Schölkopf、加拿大蒙特利尔大学的图灵奖获得者 Yoshua Bengio 和他们的团队为代表，机器学习社区开始关注以下问题：

- 神经网络是否可以通过表征学习得到与目标变量有因果关系的变量？
- 学习到这样的变量有助于解决什么问题？
- 如何设计数据增强（data augmentation）和归纳偏置（inductive bias）使神经网络学习到跟目标变量有因果关系的表征？

在文献[83]中，Bernhard Schölkopf 等人提出了三个因果表征学习的挑战，而机器学习模型的泛化能力（generalizability）就是其中的第一个挑战。在现实世界的应用中，由于各种原因，训练集和测试集的数据分布往往不是完全相同的，即数据不符合独立同分布假设（non-i.i.d. data）。例如，在机器视觉的数据中，相机的模糊、噪声、图像和视频的压缩，或者是对图像的旋转、染色和拍摄视角的变化，都可能造成数据分布的改变。在自然语言处理的数据中，由于写作风格、情感、政治倾向等因素的变化，测试集的分布也可能跟训练集有很大差别。在这种情况下，即便是当前最先进的模型（如自然语言处理中的预训练语言模型 BERT[81]和 GPT-3[84]），也可能因为学习到训练集中的伪相关，从而在数据分布不同的测试集中表现不佳。当前，对于如何提高泛化能力，学术界并没有一个统一的理论或者解决方法。相反，在机器学习的各个细分领域，根据数据和模型的特点，一系列不同的方法被提了出来。数据增强从数据本身入手，通过生成特定分布的数据使模型免于学到伪相关。预训练（pretraining）和自监督学习（self supervised learning）利用数据自身特点设计训练任务，使模型不再很容易地学习到伪相关。也有一些工作根据模型和数据的特点总结了提高模型泛化能力的条件，从而通过设计基于因果的归纳偏置来克服伪相关的问题（如 invariant risk minimization，IRM[85]）。

我们可以认为泛化能力其实是验证模型是否学到正确的表征的一种指标。我们可以想象那些人类用来做预测的特征，或者是与目标变量有真实的因果关系的表征，尤其是那些目标变量的因，往往是可以泛化到不同的数据分布中的。例如，要把一张图像中的动物分类为骆驼，人们就会自然而然地观察图像中的骆驼，而最先进的机器视觉模型可能会利用沙漠背景和骆驼之间的伪相关去识别骆驼[86-87]。在这个例子中，学习正确的表征能够使机器学习模型更能泛化到新的分布中，由训练集泛化到数据分布不同的测试集中，像人类那样轻易识别站在草地上的骆驼。也有研究观察到在人和物体互动（human object interaction，HOI）这一任务中，机器学习模型仅仅根据物体的类别就对人和物体互动的类型做出了判断。而人类在完成这一任务时则会根据图像中人类的动作和物体的类型来判断人和物体互动的类型是什么。例如，看见物体是摩托车，机器学习模型就利用骑和摩托车之间很强的相关性预测人和物体的互动是骑，而根本没有去利用图像中体现人的动作的特征[88]。实际上，图像中的人完全可能在推摩托车，而不总是在骑。又如，一系列工作中观察到的在自然语言处理任务中机器学习模型利用伪相关的种种表现。例如，基于深度学习的问答模型没有用到问题的特征就直接选择了答案[89]。而在自然语言推断（natural language inference）中，我们的目的是推断前提句（premise）和假设句（hypothesis）之间是否在语义上存在两种关系：蕴涵

（entailment）、矛盾（contradiction）或者是没有以上关系[90]。研究发现，如果模型只利用假设句的特征，就可以达到非常好的效果[91-92]。这一系列的例子表明，在传统的数据集中，由于独立同分布数据中存在伪相关，机器学习模型可以通过学习这些伪相关来达到很好的效果。这也意味着在这样的数据集中达到很好的效果并不代表机器学习模型学习了正确的、与目标变量具有因果关系的表征。因此，制作能检测机器学习模型学习因果关系的能力的数据集也是机器学习社区中一个重要的研究方向。

然而，学习正确的表征有时也意味着不要利用那些人类可能会利用，但实际上会带来歧视的特征。关于这个问题的讨论，将在下一章关于公平性的讨论中介绍。接下来介绍几个顶级国际会议上发表的提高模型泛化能力的因果机器学习的工作。

3.1　数据增强

数据增强是在机器学习社区被广泛接受的能提高机器学习模型泛化能力的一项技术。除此之外，在自然语言处理中，它也被用于消灭语言模型的偏见。根据数据的特点，我们可以利用众包技术来做数据增强。众包技术的特点是能够有效地将人类的先验知识应用到数据增强中。另外，我们也可以利用从先验知识中总结出来的规则，或者是已经存在的机器学习模型（尤其是生成模型）来生成额外的数据，从而避免要训练的模型学到伪相关，即那些只在训练集中存在的伪相关性。

3.1.1　利用众包技术的反事实数据增强

以文献[93]为代表，机器学习社区中有着这样一系列工作，它们利用众包平台来搜集人工编辑和标注的自然语言数据，从而完成反事实数据增强，最终克服机器学习模型学到伪相关的问题。这样做的动机是利用人类对因果关系的理解，即通过人为地对句子中那些是目标变量的因的特征（词汇）进行编辑修订，得到与原来的文本很相似但标签不同的新样本。我们可以认为它代表一类重要的人机共生（human-in-the-loop）的机器学习方法。例如，在对电影评论情感分析的数据集（如 IMDB 电影评论文本情感分析数据集[94]）做反事实数据增强时，要求众包平台的工作人员（例如，亚马逊的 Mechanical Turks）对标签为负的文本进行修改，从而使它的标签变成正的，但同时要求工作人员只做最小限度的、必要的修改。类似地，在自然语言推断数据集（如 SNLI[90]）的反事实数据增强中，要求工作人员仅对前提句或者假设句中的一个进行最小限度的修改来使标签（目标变量）产生变化，而保持另一个句子不变。下面以文献[93]中通过众包平台对 IMDB 情感分析数据集进行反事实数据增强的流程为例来讲解这种数据增强的方法。

- 预处理：首先排除那些长度最长的 20%的电影评论文本，然后从剩下的训练集数据中随机选出 2500 条电影评论文本，并保证其中标签为正和标签为负的样本恰好各一半。
- 修订文本：每条电影评论文本由两名工作人员负责，要求他们修订给定的电影评论文本，使得文本连贯（coherent）且准确地描述给定的（改变后的）标签。
- 审核：对修订过的这些电影评论文本进行审核，排除修订后标签不应该改变的样本。

在文献[93]的实验结果中，研究发现在原数据集中训练的模型在修订的反事实数据中表现有明显下降。而在修订数据中训练的模型也在原数据中表现有明显下降。但将两者结合起来训练的模型则学习到具有更强的泛化性能的表征，从而能在原数据集和修订后的反事实数据集中表现良好，同时发现无论是用原数据集还是用修订后的数据集，单独训练的机器学习模型总会用到一些与标签有伪相关的特征来做预测。例如，电影的种类并不应该被用来预测观众对电影的评价，但单独训练的机器学习模型却会利用一部电影是惊悚片还是爱情片来预测电影评论文本的情感。而利用反事实数据和原数据结合起来训练机器学习模型则可以缓解学习这类伪相关特征的问题，从而提高它们的泛化能力。

为了进一步用因果推断的理论来解释文献[93]中的结果，Kaushik 等人在文献[95]中对这些利用众包技术反事实增强的数据集进行了更进一步的研究。Kaushik 等人想要回答以下几个问题：

第一，要使这样的反事实数据增强起作用，需要对生成数据的因果模型有什么要求？

第二，基于众包的反事实数据增强是如何提高机器学习模型的（域外）泛化能力的？

第三，如果不通过人类干预（不使用众包平台），是否能利用更经济实惠的技术（如注意力机制[96]）达到与基于众包的反事实数据增强类似的效果？

他们首先通过一个高斯加性噪声的线性结构因果模型（linear Gaussian model）[97]来研究在不同种类的特征上加噪声对模型泛化能力的影响。这里考虑了两种生成数据的因果模型，即特征是目标变量的因和特征是目标变量的果的情况。

如图 3.1 所示，文献[95]考虑了两种因果模型。在第一种（见图 3.1(a)）中，有一部分特征（X_1）是目标变量的因，即文本特征决定了文本的标签。在第二种（见图 3.1(b)）中，有一部分特征（X_1）是标签的果，即文本特征是由文本的标签决定的。在第一种情况下，如果假设线性因果模型如式（3.1）所示：

$$\begin{cases} z = u_z \\ x_1 = bz + u_{x_1} \\ x_2 = cz + u_{x_2} \\ y = ax_1 + u_y \end{cases} \tag{3.1}$$

其中，u_z、u_{x_1}、u_{x_2}、u_y 都是均值为0的高斯噪声。然后考虑一种情况，即不能观察到 X_1，但能观察到它的有噪声的代理变量 $\tilde{X}_1$ 的实例 $\tilde{x}_1$ 服从高斯分布 $\mathcal{N}\left(x_1, \sigma_{u_{x_1}}^2 + \sigma_{\epsilon_{x_1}}^2\right)$。那么在这个前提下，想要学习一个线性回归模型来用 $\tilde{X}_1$ 和 X_2 预测 Y，如式（3.2）所示：

$$\hat{y} = \beta_1 \tilde{x}_1 + \beta_2 x_2 + \gamma \tag{3.2}$$

就会发现，当代理变量的噪声 $\sigma_{\epsilon_{x_1}}^2$ 越大时，学到的权重 $\hat{\beta}_1$ 就会越小，而权重 $\hat{\beta}_2$ 就会越大。我们知道，这其实是不利于学到可以泛化到不同分布的模型的，因为我们认为与目标变量有直接因果关系的特征 X_1 到目标变量 Y 间的关系在不同分布的数据中都是稳定的[95]。这表明，如果在反事实数据增强的时候在与目标变量有直接因果关系的特征X_1中加入噪声，那么数据就会导致用它训练出的机器学习模型的泛化能力下降。相反，如果在反事实数据增强的时候，在与目标变量没有直接因果关系的变量（如图 3.1(a)和图 3.1(b)中的X_2）加入更大的噪声u_{x_2}，就会分配更高的权重给那些与目标变量有直接因果关系的变量（如图3.1(a)和图 3.1(b)中的X_1）。这样就可以用这样的反事实数据增强后的数据训练出泛化能力更优的机器学习模型。而文献[93]中利用众包平台做出的反事实增强数据之所以能提高模型的泛化能力，就是因为它利用了人类的先验知识，找到了文本中与目标变量（标签）有直接因果关系的特征（词汇或短语），然后对它们进行修改，以便获得标签改变的反事实文本。

(a) X_1（causal feature）是目标变量的因的情况　　(b) X_1（anti-causal feature）是目标变量的果的情况

图 3.1　因果机器学习的两种因果模型

用图 3.1 中的因果图来解释，就相当于精确地对X_1和Y进行了干预（修订），而在X_2中残留的那些与修改前的X_1有相关性的特征就等价于向X_2中加入的噪声。所以文献[93]中基于众包的反事实数据增强最终有助于训练出泛化能力更好的机器学习模型。

在文献[98]中，Teney 等人设计了另一种损失函数来利用这些反事实增强后的数据。粗略地讲，Teney 等人设计的损失函数会鼓励机器学习模型去最大化决策边界（decision boundary）到反事实增强前后的一对样本之间的距离（maximizing margin）。实验结果表明，他们提出的这种方法也是一种有效利用基于众包的反事实数据增强得到的数据来提高机器学习模型泛化能力的方法。感兴趣的读者可以阅读文献[98]，以深入了解这种基于成对的事实和反事实样本的提高模型泛化能力的方法。而文献[99]则提出了另一种利用众包平台做反事实数据增强来提高模型泛化能力的方法。这项研究假设没有被观察到的变量（unmeasured variables）是引起模型不能泛化到不同数据分布的原因。例如，肥胖常常与心脏病发病率正相关，但吸烟却是肥胖→心脏病这个因果关系的一个混淆变量，即吸烟的人往往体重不重，但比不吸烟的人更容易患心脏病。基于这样的考虑，Srivastava 等人[99]

借助众包平台，利用人类先验知识去推断那些没有被观察到的变量的值。比如，在纽约警察局的警察拦停车辆的数据集中，我们的任务是用一次拦停车辆事件的警察报告中提取出的属性（如被拦停的人员是否有可疑的动作、是否携带武器等）来预测该次拦停车辆是否是假阳性（false positive），即警察是否拦停了没有犯罪嫌疑的驾驶员[①]。Srivastava 等人认为警察拦停车辆事件的地点是一个混淆变量，它既影响拦停的概率（在更危险的区域，警察拦停车辆的概率越大），也影响是否是假阳性的概率（在不同的区域，警察拦停车辆的假阳性概率不同）。由于让众包平台的工作人员直接推测拦停事件发生的地点是非常困难的，于是在反事实数据增强的过程中，众包平台的工作人员就会根据拦停事件的警察报告推测每次拦停事件发生的原因。例如，在一次拦停事件中，警察报告写道："一个非裔男子被警察拦停了，但没有被逮捕。第一，该非裔男子被另一个人举报，称其行为可疑。第二，该非裔男子符合某种犯罪的描述。"一个众包平台的工作人员推测这次（假阳性）拦停的原因是："那个举报该名非裔男子的人是一个种族主义者。" Srivastava 等人发现这些众包平台的工作人员标注的拦停原因跟混淆变量（拦停地点）具有高度相关性，而利用这种方法增强后的数据也有利于训练出更能泛化到不同地区的拦停数据的模型。

利用众包平台做反事实数据增强具有一定的局限性，例如，并不是每个实验室或公司都拥有充足的经费去使用众包平台，特别是当数据量太大时，需要的经费也会随着样本数量或者标注数据的难度而上升，而且众包平台获得的数据标签不一定准确，这也会影响到它训练的模型的表现。

因此，接下来介绍两类不需要人机共生技术的反事实数据增强方法：基于规则的反事实数据增强和基于模型的反事实数据增强。

[①] 在美国开车出行时，警察执法的一项重要任务就是拦停有违法嫌疑的车辆。但在这个过程中常常存在警察滥用权力的行为。比如，在 2020 年发生的乔治·弗洛伊德案中，明尼阿波利斯的警官德里克·迈克尔·肖万滥用权力造成了非裔美国人乔治·弗洛伊德死亡，引发了轰动整个美国甚至其他国家的"黑人的命也是命（black lives matter）"运动。该项研究有助于我们了解哪些因素与美国警察拦停车辆时的滥用职权行为相关。

3.1.2　基于规则的反事实数据增强

除了直接通过众包平台这种手段来利用人类对数据中各个变量之间的因果关系的先验知识，还可以通过总结一些基于先验知识的规则便于自动获得某种反事实数据来增强机器学习模型的泛化能力。比如，利用先验知识提取可能与目标变量有某种特定因果关系的特征。

研究文献[100]发现，在电影评论文本的情感分析任务中，导演的名字常常被机器学习模型用来预测情感。这是一个伪相关，因为导演名字并不是目标变量的因。如果某个导演过去一直拍好的影片（电影评论文本情感为正），但从某个时间点开始拍的电影质量开始下降（电影评论文本情感为负），那么用过去的数据训练的模型就无法泛化到那个时间点之后的数据上。而在恶意文本分类（toxicity classification）[101-102]任务中，一些与族群（ethinic group）相关的词汇常常被机器学习模型用来预测一段文本是否带有恶意，因为一部分族群常常是这类骚扰的受害者。这就会引发算法公平性相关的问题，比如机器学习模型可能会因为一段文本中提到了某个族群就认定这段文本是恶意的，而不去利用特征中那些真正使这段文本变得有恶意的词或短语。正如前面提到的，这样利用伪相关的模型常常会在数据分布产生变化的时候表现显著下降。比如，受到骚扰的受害族群随着时间产生变化的时候，利用之前的受害族群来预测文本是否带有恶意就不再准确了。

在文献[100]中，Wang等人把那些是目标变量的因的词与标签之间的相关性称为真实相关（genuine correlation），并且认为这种真实相关是可以令机器学习模型泛化到不同的数据分布中的。如何鉴别一个词是否是目标变量的因呢？他们利用了最直观的定义（即因果推断中常用的"What-if"问题）来判断一个词是否是标签的因："如果文本s中的一个词w被替换为w'，那么这个文本的标签会改变吗？"由于不能直接改变文本中的每一个词，然后观察目标变量的值是否变化，那么要回答上面的"What-if"问题，就相当于要用观测数据去估测每个词对标签的因果效应。Wang等人考虑了一个简化的因果模型，如图3.2所示。其中混淆变量C代表语境，即文本中除现在考虑的词之外的其他词。为了得到那些与标签相关性很高的词作为目标变量的因的特征，Wang等人采用了一种经典的因果推断方法：匹配[103]。这里介绍文献[104]中提出的利用规则对文本数据做反事实数据增强的方法。

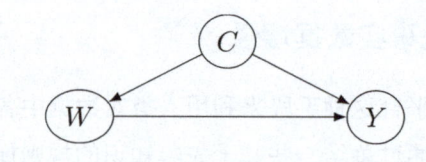

图 3.2　一个简化的文本分类问题的因果模型

首先，对于每一个词w，都可以找到那些包含该词的文本组成一个集合$\mathcal{D}_w = \{d_1, \cdots, d_n\}$，对于其中的每一个文本，都可以在训练集中找到一个跟它十分相似（用特征的余弦相似度衡量）但不包含w，且标签正好相反的文本，构成另一个集合$\mathcal{D}_w' = \{d_1', \cdots, d_n'\}$，根据这两个集合，可以得到一个匹配的数据集，即$\mathcal{D}_w^{\text{match}} = \{(d_1, d_1', \text{score}_1), \cdots, (d_n, d_n', \text{score}_n)\}$，其中$\text{score}_i$即是文本$d_i$和$d_i'$的相似度，$i = 1, \cdots, n$。

然后对每个词w都利用$\mathcal{D}_w^{\text{match}}$中余弦相似度最高的那一对文本的相似度来作为判断词$w$是否是目标变量的因的标准。在文献[104]的实验中采用了 0.95 这个比较大的阈值（余弦相似度的取值范围是[0,1]），将相似度大于该阈值的词作为很可能是目标变量的因的特征（likely causal feature）。

接着对训练集中那些包含很可能是目标变量的因的特征（词）的文本，根据以下规则进行反事实数据增强：用很可能是目标变量的因的词的反义词对其进行替换，然后将文本的标签反转（这里只考虑了二分类问题），这样就得到了一个文本的反事实样本。在文献[104]中，利用一个 Python 语言的包，即 PyDictionary（相关信息见"链接 4"）来完成查找反义词这一步骤。

最后，合并反事实数据增强得到的数据集和原本的数据集，以便训练一个泛化能力更强的机器学习模型。

在实验中，为了验证模型的泛化能力，采用了人工标注的反事实数据集作为测试集。比如，在使用 IMDB 数据集时，采用了文献[93]中利用众包技术获得的反事实数据集作为测试集，考虑了两个情感分析的数据集，即 IMDB[105]和 Amazon Kindle Review[106]。同时，为了验证根据规则自动找到的可能是标签的因的词汇是否准确，采用了人工标注的方法得到基准真相。具体地说，让两位工作人员去标注每个文本中的每一个词是否能决定标签的值，并作为基准真相。

实验结果表明，这样根据规则自动生成的反事实数据也能起到反事实数据增强提高机器学习模型泛化能力的效果。虽然在 IMDB 数据集中的效果不如利用众包平台完成的反事实数据增强效果好，但与没有做反事实数据增强的基线模型相比，这种根据规则的自动的数据增强也可以达到提高机器学习模型在不同数据分布下的泛化能力的效果。

3.1.3 基于模型的反事实数据增强

随着近几年学术界和工业界在生成模型方向的努力，我们已经能够生成与真实世界数据集中的样本十分相似的样本。例如，生成对抗网络 StyleGAN2[107]允许根据给定的属性（如年龄、性别、发色等）生成栩栩如生的人脸；大规模预训练的语言模型（如 BERT[81]）可以基于一些模板（prompt），例如，句子开头的几个词生成一段语法正确、语义合理（semantically sound）的文本。正因为有这样的机器学习模型可以生成符合真实数据分布的样本，基于模型的反事实数据增强便利用了这类生成模型来生成反事实数据，从而提高模型的泛化能力。

基于规则的反事实数据增强其实有一个会影响生成的反事实样本的质量缺陷，那就是在基于规则对样本进行修改的时候，往往只能修改一部分特征。比如，在文献[104]中提出的方法只能替换文本中那些很可能是目标变量的因的特征（词），而忽略了一个问题，那便是替换了特征之后的文本本身是否仍然是一个语法正确、语义合理的文本，而基于模型的反事实数据增强模型可以多少缓解这个问题。因为有了对数据建模的因果模型，或者说数据生成过程建模的生成模型，假如这个生成模型足够准确，那么就可以估测修改原数据集得到的反事实样本是否符合估测到的原数据集的数据分布，同时对反事实样本的其他特征进行修改，使它更符合估测到的原数据集的数据分布。

1. 基于模型的反事实数据增强的挑战

下面以文献[108]为例，通过神经网络机器翻译（neural machine translation）中的反事实数据增强这一任务，讲解如何利用 Pearl 提出的反事实推断方法[5]，基于预训练的生成模型自动地对机器翻译数据集进行反事实数据增强。我们知道，机器翻译是一个从序列到序列（sequence to sequence，seq2seq）的任务。这里希望训练一个神经网络模型，它能够以一种语言的文本（一个序列）为输入，输出另一种语言的文本（另一个序列），使两个文本的意思一致。在文献[108]中，Liu 等人提出了神经网络机器翻译这项任务的两大挑战：

- 神经网络机器翻译模型依赖于海量的平行语料库（parallel copora）来对模型进行监督学习。比如，在文献[109]中，Zoph 等人发现，对稀缺资源语言（low resource language）而言，因为难以搜集到海量的平行语料库，神经网络机器翻译模型的表现在这一类语言的数据集上有显著下降。
- 神经网络机器翻译模型的表现容易受到噪声影响。比如，文本中出现语法错误的时候，神经网络机器翻译模型的准确度会显著下降[110-111]。

这两大挑战也体现了 Liu 等人想要提出基于模型的反事实数据增强方法来改进神经网络机器翻译模型的动机。

第一，对稀缺资源语言而言，反事实数据增强可以基于样本数量有限的平行语料库生成更多的数据样本，通过提高样本数量来改善神经网络机器翻译模型在这些数据集上的表现。

第二，正是因为神经网络机器翻译模型对噪声很敏感，所以需要注意在生成反事实样本的时候，要保证它是符合原来的数据分布的。这正是基于模型的反事实数据增强的优势。

在机器视觉的各类任务中，研究发现简单的基于规则的数据增强对提高机器学习模型，尤其是深度神经网络的泛化性能是十分有效的。因为在机器视觉中，人类的先验知识告诉我们，对图像的一系列操作（如翻转、旋转、染色、裁剪和拼接）都不会影响到图像的标签（对一张手写数字的图片染色不会改变图片中的数字是几）[112]。

与机器视觉不同，在自然语言处理任务中，假如把干预的对象设定为文本中的词，那么直接对文本特征（词或者短语）进行修改来完成反事实数据增强就要回答以下几个问题：

- 第一，修改文本中的哪个词或哪几个词才能创造出对提高机器学习模型泛化性能有帮助的新样本？

- 第二，要把选定的词修改成什么词才能使修改后的文本更符合真实的数据分布？
- 第三，修改这些词之后的文本对应的标签应该怎么变化？

在机器翻译中，因为存在神经网络机器翻译模型对噪声敏感这一挑战，我们不但要回答以上问题，还要在回答第二个问题的同时考虑整个文本的语境（即除那些被修改的词之外的其他词）。比如，在这些词被修改之后，文本中其他没有被修改的词是否能与修改后的词组成一个语法正确、语义合理的文本？如果不能，又该如何修改它们以使生成的反事实样本更像是服从真实数据分布的样本？除此之外，我们还需要考虑的一个问题是机器翻译任务的标签是比较特殊的。机器翻译是一个从序列到序列（Seq Zsea）的任务，机器翻译的标签同输入一样，也是以序列的形式呈现的（如一个句子）。因此，机器翻译一般需要平行语料库作为监督学习的训练集。在平行语料库中，保证源序列（输入的文本）和目标序列（输入的文本的正确翻译）对齐也是很重要的。所以，在生成反事实样本的时候，如果改变了源序列中的词，同时必须保证目标序列中那些与这些被修改的词比对的词也应该做出相应的修改，这样才能保证反事实样本的源序列和目标序列的比对不受影响。在文献[108]中，Liu 等人提出了将机器翻译模型看作是因果模型的想法。因为翻译语言模型（translation language model）其实可以看作是对数据生成过程建模的一个因果模型，如图 3.3 所示。详细地说，给定一对源序列和目标序列，一个翻译语言模型其实是对生成目标序列中的某一个词条件概率 $P(Y_j|X, Y_{-j})$ 建模，其中 Y_j 代表目标序列中第 j 个词对应的随机变量，X 和 Y 分别是源序列和目标序列中的词对应的随机变量的集合，Y_{-j} 则代表除第 j 个词外其他词对应的随机变量的集合。有了这样的模型给出的目标序列中每一个词的条件分布，就可以尝试回答关于生成反事实样本的一个重要问题：如果源序列中的一个词被修改，那么它对应的那个词应该如何修改，才能使生成的反事实样本更符合原数据的数据分布？

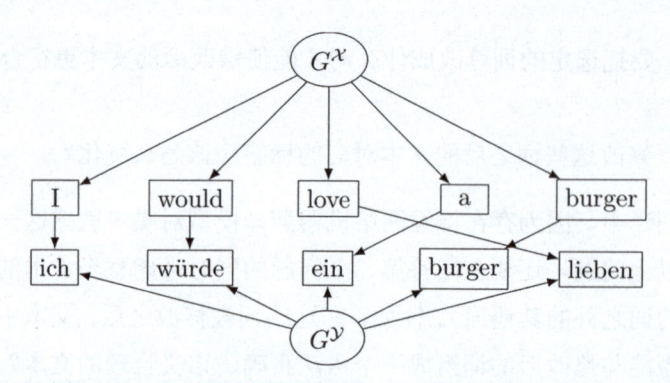

图 3.3 文献[108]中提出的把翻译语言模型看作是一个因果模型的因果图。源序列中的每一个词都对应目标序列中的一个词，如英文的 love 对应德语的 lieben。G^x 和 G^y 代表外生的噪声变量。我们可以认为一个翻译语言模型是对生成源序列和目标序列的数据生成过程进行建模。其中源序列的词由噪声生成，而目标序列中的词由它对应的源序列的词和噪声项生成。翻译语言模型是对后者进行了建模

2. 基于模型的反事实数据增强方法

在文献[108]中提出了三个步骤来为机器翻译的平行语料库，尤其是那些稀缺资源语言的数据集做反事实数据增强。注意，前面提到的特征单位是词，在文献[108]中，Liu 等人采用了以短语为特征创造反事实样本的方法。而以词还是短语为单位对文本进行修改往往是由实际采用的生成模型决定的。

下面详细介绍文献[108]提出的基于模型生成反事实样本的方法的三个步骤。

步骤 1：为了得到源序列和目标序列中短语与短语之间的对应关系，文献[108]中使用了如文献[113-114]中提出的无监督短语对齐（unsupervised phrasal alignment）方法。

步骤 2：挑选源序列中的一个短语，并用一个预训练的语言模型（如 BERT[81] 和 T5[115]）来替换这个短语。关于挑选源序列中的一个短语，Liu 等人遍历了源序列中所有的短语，并以一个预设的概率（在实验中为 0.2）决定当前的短语是否会被替换。利用本节介绍的符号，可以说预训练语言模型对条件分布 $P(X_j|X_{-j})$ 进行了建模，所以只需要利用这些预训练语言模型，就可以推断出一系列短语来替代源序列中的短语 X_j，并保证修改后的序列仍符合原数据分布。换句话说，用到了预训练语言模型中语境和短语之间的关系，可以确保修改后的文本不但在语法上

正确，而且在语义上也合理。

步骤 3：利用一个训练过的翻译语言模型（如文献[116]中提出的翻译语言模型）来进行反事实推断，即根据修改后的源序列生成对应的目标序列以完成反事实数据增强。更具体地讲，利用本节介绍过的将翻译语言模型作为因果模型的方法，可以利用翻译语言模型提供的条件分布 $P(Y_j|X',Y_{-j})$ 来推断哪些短语应该出现在与源序列中被修改的短语相对应的目标序列中的位置上，其中 X' 代表修改后的源序列对应的随机变量集合。利用训练过的翻译语言模型与步骤 2 中利用预训练的语言模型的道理相似，因为对原数据的数据分布进行建模后，就可以利用它来保证修改后的文本更符合原数据的数据分布，或者说令修改后的文本语法正确、语义合理。

为了验证这种反事实数据增强方法的效果，文献[108]中用神经网络机器翻译模型在一系列基准数据集中做了验证。数据集包括 WMT18 英语到土耳其语（稀缺资源语言）、IWSLT15 英语到越南语（稀缺资源语言）和 WMT17 英语到德语的机器翻译数据集。在实验中发现，使用这种反事实数据增强之后，神经网络机器翻译模型的 SacreBLEU 分数[117]（相关信息见"链接 5"）比一系列没有考虑源序列和目标序列间的因果关系的词替换（word replacement）或者还原翻译（back translation）的数据增强方法更优。这组实验结果表明：这种基于模型的反事实数据增强方法提高了神经网络机器翻译模型在稀缺资源语言上的表现。我们也可以说它提高了该类机器翻译模型的泛化能力。为了进一步验证这种基于模型的反事实数据增强方法是否能够提高神经网络机器翻译模型的泛化能力，文献[108]的作者还在 WMT19 的英语到法语鲁棒性数据集上进行了实验。这个数据集中包含的成对的源序列和目标序列是比较罕见的，适合用来验证机器翻译模型的泛化能力。结果进一步表明：这种基于模型的反事实数据增强更有利于提高机器翻译模型的泛化能力。

上面讨论了几类反事实数据增强的方法，它们的核心思想都是通过直接修改原数据中的样本得到新的反事实样本，以便让机器学习模型更容易学到那些与目标变量有直接因果关系的特征，从而提高模型泛化到不同数据分布的能力。反事实数据增强的局限性包括两点：第一，一种方法常常只对一种特定的数据或任务起作用。第二，生成反事实样本的方法依赖于人类的先验知识或者在大规模数据上预训练过的生成模型。

怎样避免上述两个问题？下面介绍几类直接通过设计归纳偏置来提高机器学习模型的泛化能力的方法。

3.2 提高模型泛化能力的归纳偏置

归纳偏置（inductive bias）是指机器学习模型中在人类先验知识的指导下设计出来的损失函数或者模型结构。在提高机器学习模型的泛化能力的研究中，除了研究如何对数据本身做反事实数据增强，另一个重要的分支就是研究如何设计能够提高模型泛化能力的归纳偏置。

下面介绍在因果机器学习社区内的最新研究，特别是利用学习跨数据分布不变的关系来提高模型的泛化能力的一系列工作。

3.2.1 使用不变预测的因果推理

和后面将会介绍的不变风险最小化（invariant risk minimization，IRM）[85]类似，Jonas Peters 等人于 2016 年提出的不变因果预测（invariant causal prediction）[118]也希望从异质的大规模数据中学到稳健的因果关系，并且类似地，其假设数据来自多个不同的环境。直观地说，不变因果预测主要基于如下信息，因果的结构对于不同的分组数据应该保持不变。

具体地说，不变因果推断考虑这样一个任务，基于从 $e \in \mathcal{E}$ 个不同的环境中搜集到的 (X,Y) 数据，考虑从特征 $X \in \mathbb{R}^p$ 中对目标变量 Y 进行预测，令 X^e 代表环境 e 中的特征。如果对于一个子集 $S^* \subseteq \{1,...,p\}$，满足如式（3.3）所示的性质。

对所有的 $e \in \mathcal{E}: X^e$ 的分布任意且有

$$Y^e = g(X_{S^*}^e, \varepsilon^e), \quad \varepsilon^e \sim F_\varepsilon \text{ 和 } \varepsilon^e \perp\!\!\!\perp X_{S^*}^e \tag{3.3}$$

这里的 g 是合适的函数类里一个实数值的函数，X_S 是选择了集合 S 中元素的特征，函数 g 和误差分布对于各个不同的环境均保持不变。如果这样的性质可以满足，那么就说特征的子集S可以因果地对目标变量Y进行预测。

如图 3.4 所示，可知，在这样一个数据生成系统中，$\{X_2, X_4\}$是目标函数Y的因果特征（causal feature），而非直接的因变量集合，例如$\{X_2, X_5\}$，或者不完整的直接因变量集合，例如$\{X_2\}$，都不能满足式（3.3）中所述的因果地对目标变量Y进行预测的要求。

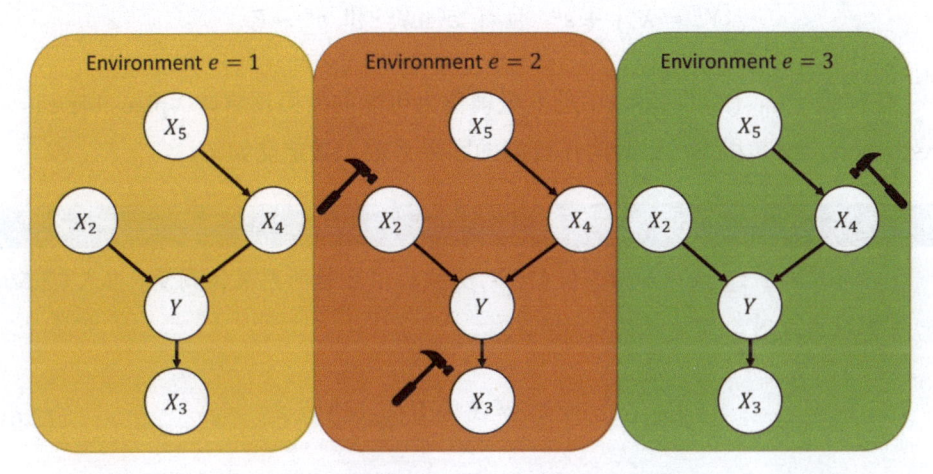

图 3.4　在无干预和不同干预中产生的三种不同环境下的数据生成系统

不变因果预测原文中的主要结果展示在线性高斯模型上，但是在更加通用的模型上实际也适用。对于线性模型，有如下一个不变预测假设。

假设　不变预测假设。

存在一组系数向量$\gamma^* = (\gamma_1^*, \cdots, \gamma_p^*)^t$，其支撑集$S^* := \{k : \gamma_k^* \neq 0\} \subseteq \{1, \cdots, p\}$，满足式（3.4）：

对于所有的$e \in \mathcal{E}$：X^e的分布任意且有

$$Y^e = \mu + X^e \gamma^* + \varepsilon^e, \quad \varepsilon^e \sim F_\varepsilon \text{ 和 } \varepsilon^e \perp\!\!\!\perp X_{S^*}^e \tag{3.4}$$

其中，$\mu \in \mathbb{R}$是截距项，ε^e是均值为 0、方差有限且对所有的$e \in \mathcal{E}$有相同分布F_ε的随机噪声。

同时，对于线性因果图模型来说，Y的父结点满足这样一个假设。

不变因果预测通过假设检验的方法来寻找 X 的子集作为因果特征。通常来说，(γ^*, S^*) 不是唯一的满足不变性假设的配对。对于 $\gamma \in \mathbb{R}^p$ 和 $S \subseteq \{1, \cdots, p\}$，定义空假设（null hypothesis）如式（3.5）所示：

$$H_{0,\gamma,S}(\mathcal{E}): \gamma_k = 0 \text{ 如果 } k \notin S$$

$$\text{且} \begin{cases} \exists F_\varepsilon & \text{使得对于所有的 } e \in \mathcal{E} \\ Y^e = X^e \gamma + \varepsilon^e, \text{ 且有 } \varepsilon^e \perp\!\!\!\perp X_S^e \text{ 和 } \varepsilon^e \sim F_\varepsilon \end{cases} \quad (3.5)$$

任何满足 $H_{0,S}(\mathcal{E})$ 的集合 S 中的变量被称为可能的因果预测量（plausible causal predictors），与其相关的系数叫作可能的因果系数。其定义如下。

定义 3.1　可能的因果预测量。

在环境集 $\mathcal{E}$ 下，变量集合 $S \subseteq \{1, \cdots, p\}$ 被称为可能的因果预测量，当式（3.5）的空假设成立时，意味着：

$$H_{0,S}(\mathcal{E}): \exists \gamma \in \mathbb{R}^p \text{ 使得 } H_{0,\gamma,S}(\mathcal{E}) \text{ 成立} \quad (3.6)$$

定义 3.2　可能的因果系数。

我们定义对于集合 $S \subseteq \{1, \cdots, p\}$ 的可能的因果系数集合 $\Gamma_S(\mathcal{E})$，以及在环境集 $\mathcal{E}$ 下的可能的因果系数的全局集合 $\Gamma(\mathcal{E})$ 如式（3.7）和式（3.8）所示：

$$\Gamma_S(\mathcal{E}) := \{\gamma \in \mathbb{R}^p: H_{0,\gamma,S}(\mathcal{E}) \text{ 成立}\} \quad (3.7)$$

$$\Gamma(\mathcal{E}) := \bigcup_{S \subseteq \{1, \cdots, p\}} \Gamma_S(\mathcal{E}) \quad (3.8)$$

在线性情况下，这一空假设可以被进一步简化，定义在实验设置 $e \in \mathcal{E}$ 中，用 S 中的变量对目标变量进行最小平方回归的系数 $\beta^{\text{pred},e}(S)$ 如式（3.9）所示：

$$\beta^{\text{pred},e}(S) := \arg\min_{\beta \in \mathbb{R}^p: \beta_k = 0, k \notin S} E(Y^e - X^e \beta)^2 \quad (3.9)$$

那么对于集合 $S \subseteq \{1, \cdots, p\}$，上文空假设的等价表述如式（3.10）所示：

$$H_{0,S}(\mathcal{E}): \begin{cases} \exists \beta \in \mathbb{R}^p \text{ 且 } \exists F_\varepsilon \text{ 使得对于所有的 } e \in \mathcal{E} \text{ 有} \\ \beta^{\text{pred},e}(S) \equiv \beta \text{ 和 } Y^e = X^e \beta + \varepsilon^e, \text{ 同时 } \varepsilon^e \perp\!\!\!\perp X_S^e \text{ 和 } \varepsilon^e \sim F_\varepsilon \end{cases} \quad (3.10)$$

同时有式（3.11）：

$$\Gamma_S(\mathcal{E}) = \begin{cases} \emptyset & \text{如果 } H_{0,S}(\mathcal{E}) \text{ 不成立} \\ \beta^{\text{pred},e}(S) & \text{其他} \end{cases} \quad (3.11)$$

不变因果预测算法最后输出结果为所有可能的称为可识别的因果预测量（identifiable causal predictors），定义如下。

> **定义 3.3** 可识别的因果预测量。
>
> 在环境集 $\mathcal{E}$ 下，可识别的因果预测量被定义为可能的因果预测量集合的交集，如式（3.12）所示：
>
> $$S(\mathcal{E}) := \bigcap_{S: H_{0,S}(\mathcal{E}) \text{ 为真}} S = \bigcap_{\gamma \in \Gamma(\mathcal{E})} \{k: \gamma_k \neq 0\} \quad (3.12)$$

整个不变因果预测的算法流程如下：

1）对于所有的子集 $S \subseteq \{1, \cdots, p\}$，检验 $H_{0,S}(\mathcal{E})$ 是否在 α 的显著水平上成立。

2）将 $\hat{S}(\mathcal{E})$ 设为式（3.13）：

$$\hat{S}(\mathcal{E}) := \bigcap_{S: H_{0,S}(\mathcal{E}) \text{ 没有被拒绝}} S \quad (3.13)$$

3）对于置信集，定义如式（3.14）所示：

$$\hat{\Gamma}(\mathcal{E}) := \bigcup_{S \subseteq \{1, \cdots, p\}} \hat{\Gamma}_S(\mathcal{E}) \quad (3.14)$$

此时有式（3.15）：

$$\hat{\Gamma}_S(\mathcal{E}) := \begin{cases} \emptyset & H_{0,S}(\mathcal{E}) \text{ 能被 } \alpha \text{ 的显著水平所拒绝} \\ \hat{C}(S) & \text{其他} \end{cases} \quad (3.15)$$

此时，$\hat{C}(S)$是关于通过集中所有环境的数据得到的回归向量$\beta^{\text{pred}}(S)$的$(1-\alpha)$显著水平置信集合。

> **定理 3.1　不变因果预测。**
>
> 假设估计量$\hat{S}(\mathcal{E})$是被通过对于所有的集合$S \subseteq \{1,\cdots,p\}$，执行对于假设$H_{0,S}(\mathcal{E})$的显著水平为$\alpha$的有效检验构建出的，使得$\sup_{P:H_{0,S}(\mathcal{E})\text{成立}} P\left[H_{0,S}(\mathcal{E})\text{被拒绝}\right] \leqslant \alpha$。考虑变量$(Y,X)$的一个概率分布$P$，并且考虑任何满足不变因果预测假设的$\gamma^*$和$S^*$，那么有$\hat{S}(\mathcal{E})$满足
>
> $$P[\hat{S}(\mathcal{E}) \subseteq S^*] \geqslant 1-\alpha$$
>
> 如果对于所有的满足不变因果预测假设的(γ,S)，其置信集$\hat{C}(S)$满足$P[\gamma \in \hat{C}(S)] \geqslant 1-\alpha$，那么$\hat{\Gamma}(\mathcal{E})$（见式（3.14））满足：
>
> $$P[\gamma^* \in \hat{\Gamma}(\mathcal{E})] \geqslant 1-2\alpha$$

从更多的环境搜集到数据将对不变因果预测有帮助，对于可识别的因果预测量，有如下性质：

$$S(\mathcal{E}_1) \subseteq S(\mathcal{E}_2) \quad \text{对于两组环境集合 } \mathcal{E}_1, \mathcal{E}_2 \text{ 且有} \mathcal{E}_1 \subseteq \mathcal{E}_2$$

关于如何对空假设进行检验，下面给出一种方法。

（1）对于$\{1,\cdots,p\}$的任一子集S和环境$e \in \mathcal{E}$：

1）使用所有的数据去拟合一个线性回归模型，得到对于使用集合S中的变量进行线性回归预测的最优系数的一个估计$\hat{\beta}^{\text{pred}}(S)$。令$R = Y - X\hat{\beta}^{\text{pred}}(S)$表示残差。

2）对空假设进行检验，检验是否对于每个I_e和$e \in \mathcal{E}$，残差R的均值都相同，对内部I_e的残差和外部I_{-e}的残差进行两样本t检验，并将所有的$e \in \mathcal{E}$结果使用邦费罗尼校正结合。此外，使用F检验，检验是否对于每个对内部I_e的残差和外部I_{-e}的残差R的方差都相同，并将所有$e \in \mathcal{E}$的结果使用邦费罗尼校正结合。将均值检验的p值和方差检验的p值取最小值，并乘以2。如果p值小于显著水平α，就拒绝集合S。

（2）如果拒绝了一个集合S，将其系数集合设为空集，$\hat{\Gamma}_S(\mathcal{E}) = \emptyset$，否则，将$\hat{\Gamma}_S(\mathcal{E})$设为惯例，同时使用所有的数据进行回归，可得到系数$\beta^{\text{pred}}(S)$的$(1-\alpha)$显著水平的置信区间。

最后，可以通过文献[118]给出的表 3.1 中的例子对不变因果预测的流程进行直观的理解。

表 3.1 集合和相应的不变预测假设检验结果

集合	{3,5}	{3,7}	{1,3,6}	{2}	{3,8}	……
不变预测假设检验	接受假设	拒绝假设	接受假设	拒绝假设	接受假设	……

在上面的例子中，可识别的因果预测量$\hat{S}(\mathcal{E}) := \bigcap_{S:H_{0,S}(\mathcal{E})\text{ 没有被拒绝}} S = \{3\}$。

不变因果预测首次提出了通过在来自不同环境的子数据集上寻找某种不变量的方式，来发现因果特征。它启发了后续的包括不变风险最小化等方法的提出，具有深远的影响。

3.2.2 独立机制原则

给定一个因果有向无环图，可以对其进行马尔可夫因子化，如式（3.16）所示：

$$P(x_1,\cdots,x_d) = \prod_{i=1}^{d} P\left(x_i | x_{\text{pa}(x_i)}\right) \tag{3.16}$$

这里用$x_1,\cdots,x_d$表示图中的各个结点，用$\text{pa}(x)$表示结点x的父结点。条件概率$P(x_i|\text{pa}(x))$可以被认为是数据生成的各个机制。由 Bernhard Schölkopf 等人提出的独立因果机制（principle of independent mechanisms）[119]由因果图得到启发，认为各个机制$P(x_1|x_{\text{pa}(i)}),\cdots,P(x_d|x_{\text{pa}(j)})$之间互相独立。一个直接的推论是，当考虑的情形只有因（cause）和果（effect）两个变量时，那么产生因的生成机制$P(\text{cause})$和基于因产生果的生成机制$P(\text{effect}|\text{cause})$之间互相独立。从信息的角度来说，独立指两个机制不包含对方的信息；从模块的角度来说，独立指两个概率分布可以在不同的数据集上分别独立变化。

3.2.3 因果学习和反因果学习

在因果图中只有因和果两个变量时，机器学习问题按照方向不同可以被分为两类。如果从因变量中预测果变量，那么称这类问题是因果的。如果从果变量中预测因变量，那么称这类问题是反因果的[119-120]。

比如，核糖体通过生物学中的翻译机制将 mRNA 信息 X 翻译为蛋白质链 Y，那么从 mRNA 信息中预测蛋白质就是一个因果学习的问题，因果预测的方向和因果的方向是一致的。而对于手写数字识别问题来说，通常情况下，数据的产生方式为先有想写的数字是什么，然后产生写下的数字的图片。而预测的方向是从图片中得出书写者的意图，即数字是什么。这个方向与数据生成的方向相反，因此，这是一个反因果的任务。

关注问题的因果方向对机器学习任务会起到帮助。比如，对于训练数据特征的分布P_X和测试数据特征的分布P'_X发生改变的机器学习预测任务来说，如果任务是因果的，即X为原因，Y为结果，由独立因果机制假设可得P_X和$P_{Y|X}$将独立变化，所以可以假设对于测试数据$P_{Y|X}$也很有可能将保持不变（哪怕知道它可能发生改变，因为无法得到额外的信息，我们仍然可以使用训练数据上的$P_{Y|X}$）。而这类问题在机器学习中被称为"协变量偏移"（covariate shift）问题，有大量的研究。对于反因果的任务，P_Y和$P_{X|Y}$分别独立变化，而在已知P_X发生变化的前提下，有可能$P_{Y|X}$也发生了变化，因此不能使用"协变量偏移"问题中P_X变化而$P_{Y|X}$保持不变的假设。

半监督学习（semi-supervised learning）和任务的因果方向也有着很大的联系。在半监督学习任务中，既有标注数据，也有未标注数据，模型需要使用未标注的特征数据来帮助进行从X预测Y的任务。对于因果任务来说，因为未标注数据主要可以帮助更好地估计分布P_X，而分布P_X不会告诉我们任何关于$P_{Y|X}$的信息，所以半监督学习需要更加微妙的场合才能够真正起效。对于反因果任务来说，更好地估计P_X可以给我们带来更多的关于$P_{Y|X}$的信息，所以从独立因果机制的理论来说，半监督学习应该在反因果的任务上起到更好的效果。实际上，大多数半监督学习的方法往往对P_X与$P_{Y|X}$之间的关系进行了一些假设，比如：聚类假设（cluster assumption）认为在同一个P_X分布的聚类中的数据有着相同的标签Y；低密度分离

假设（low density separation assumption）认为，在P_X的值比较小的区域，$P_{Y|X}$的值应该刚好越过 0.5；半监督光滑性假设认为在P_X的值比较大的地方，$E(Y|X)$应该光滑，等等。

Bernhard Schölkopf 等人用实验对这一假设进行了验证。首先对大量不同的数据集是因果还是反因果任务进行了标注，然后测试了半监督学习在这些数据集上的表现效果。结果发现，与因果任务的数据集相比，半监督学习方法在反因果任务的数据集上带来的性能提升要更加明显。这与独立机制原则导出的结论相符。

独立机制原则由因果图的模块化的特点得到启发，向对机器学习预测模型的泛化能力的研究中引入了一种新的视角。

3.2.4 半同胞回归

半同胞回归[119,121]利用一个已知的因果结构来降低预测任务中的系统噪声。著名计算机科学家、德国马普所教授 Berhard Scholkopf 等人将其应用于寻找太阳系外行星。如图 3.5 所示，在使用如开普勒空间望远镜这样的设备来寻找太阳系外行星的任务时，望远镜将对准银河系来监测大量恒星的亮度，如果这些恒星被合适的轨道的行星所环绕，它们的光强将因为行星的遮挡导致显示周期性的下降，如图 3.6 所示，展示了其对应的因果图。但是这些天文望远镜的测量数据被望远镜本身的系统噪声所影响，从而导致难以探测到潜在的行星。

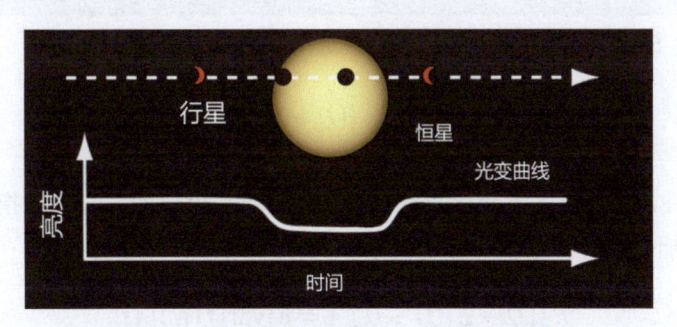

图 3.5　半同胞回归的例子：测量恒星亮度

由于望远镜在同一时刻测量了很多恒星，这些恒星都相隔很多光年，可以被认为互不影响，在因果和统计上互相独立。因此，可以用如图 3.6 所示的因果图来表示这一任务中数据生成的过程。

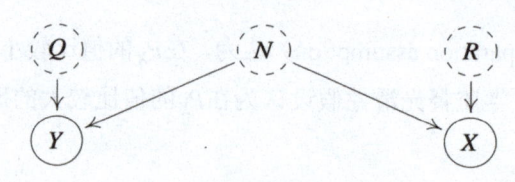

图 3.6 半同胞回归因果图

图 3.6 中，Q 表示真实信号；N 表示系统噪声；R 表示其他信号；Y 表示对有关信号的测量；X 表示对其他信号的测量，其中 Q、N、R 为未观测变量，Y 和 X 为观测变量。

半同胞回归基于如下一个观察，即当 X 和 Y 被同一噪声所影响时，可以通过把 Y 中所有可以被 X 解释的信息去除，来对 Y 进行降噪。直观地说，在这样的因果图所代表的数据生成机制中，所有 Y 中可以被 X 所解释的信息都是因为系统噪声 N 的影响。因此，与其用 $Y - E[Y]$ 作为真实信号 Q 的估计，还不如使用式（3.17）：

$$\hat{Q} := Y - E[Y|X] \tag{3.17}$$

来作为 Q 的估计量。其中，$E[Y|X]$ 是用 X 对 Y 进行回归得到的。变量 X 和 Y 共享父结点系统噪声 N，半同胞因此而得名。

关于半同胞回归，有如下定理。

> **定理 3.2　半同胞回归。**
> 对于任意的随机变量 Q、X 和 Y，满足 $Q \perp\!\!\!\perp X$，则存在
> $$E\left[(Q - E[Q] - \hat{Q})^2\right] \leqslant E\left[(Q - E[Q] - (Y - E[Y]))^2\right]$$

因此，使用 $\hat{Q}$ 将永远不会比直接使用测量值 Y 来得更差。文中还指出，如果系统噪声满足加性假设，即 $Y = Q + f(N)$，那么有

$$E\left[(Q - E[Q] - \hat{Q})^2\right] = E[\text{var}[f(N)|X]]$$

其中，var 表示方差量。

半同胞回归体现了在已知系统的部分因果结构下，应该如何对变量进行更好的估计，对其他的更加广阔的应用场景也很有启发意义。

3.2.5 不变风险最小化

1. 域外泛化问题

机器学习模型，尤其是深度神经网络在非独立同分布数据上表现明显下降。为了缓解这个问题，我们想要回答这样一个问题：能不能设计一种归纳偏置，使机器学习模型能够自动学到那些能够泛化到不同数据分布的因果关系？不变风险最小化（IRM）[85]便是一种尝试让机器学习模型自动从多个域（domain）或者环境（environment）的训练集中学到那些与标签之间有着能泛化到不同域的因果关系的表征的方法。其中，一个域是由特征和标签的联合概率分布$P(X,Y)$定义的。每个域都有一个自己的特征和标签（目标变量）的联合分布。非独立同分布的训练集就可以被理解为训练集是从多个域中搜集的。在一系列研究中，因果机器学习社区把"从非独立同分布的数据中学习能泛化到不同数据分布（域）的因果关系"这个问题称为域外泛化（out-of-distribution generalization，OOD Generalization）。"域外"代表在这个领域对机器学习模型泛化能力的研究中，通常会假设测试集来自一个训练集中没有见过的新域，或者说新的联合分布。熟悉域适应（domain adaptation）[58]和协变量偏移[122]的读者可能会问：域外泛化这个问题与这两个问题又有什么区别呢？表 3.2 对这三个问题进行了对比。可以发现，域外泛化跟域适应相比需要的假设更少，它不要求在训练和模型选择的阶段能够观察到测试集域的无标签样本，也不要求表征分布$P(\Phi(X))$是不随域变化的。而在泛化的目标方面，域适应只要求泛化到给定的测试集的域即可。域外泛化的目标则是要泛化到所有有效的域上。那么什么是一个有效的域呢？我们会在介绍域外泛化的因果模型的时候讲解。而与协变量偏移相比，域外泛化与标签具有不变关系的特征不要求必须是原始特征X，可以是一个原始特征X的表征，即$\Phi(X)$。

表 3.2 域外泛化、无监督域适应和协变量偏移的比较

问题	泛化目标	测试集域	不变的关系
域外泛化	任意有效的域	未知	$\mathbb{E}[Y\|\Phi(X)]$
无监督域适应	给定的测试域	无标签的测试样本	$\mathbb{E}[Y\|\Phi(X)], P(\Phi(X))$
协变量偏移	任意有效的域	未知	$\mathbb{E}[Y\|X]$

从因果机器学习的角度来看待域泛化的问题时，我们会问：非独立同分布的

数据是如何产生的？为什么不同域之间的联合分布$P(X,Y)$会不一样？如何从数据生成过程或因果模型的角度来分析这个问题？

下面用图 3.7 中的因果图来回答为什么不同的域联合分布$P(X,Y)$不同。图 3.7 描述了一个普遍适用于一系列数据集或任务的因果图[123]。其中考虑了四种不同的特征（这里的特征可以指表征，或者原始特征X的函数，如$\Phi(X)$）：

- 既是域变量的后裔，又是目标变量的因的特征X^{c1}。
- 不是域变量的后裔，却是目标变量的因的特征X^{c2}。
- 既是域变量的后裔，又是目标变量的后裔特征X^s。
- 不是域变量的后裔，却是目标变量的后裔特征X^{ac}。

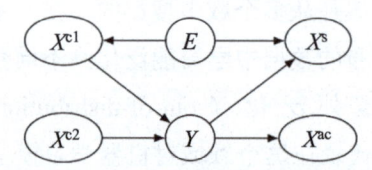

图 3.7　描述了特征X^c、X^s、X^{ac}，域变量E和目标变量Y之间关系的一个因果图。目标变量的因的特征是$X^c = \{X^{c1}, X^{c2}\}$，包括域变量的后裔的特征X^{c1}和外生特征X^{c2}，它们都与目标变量Y保持着不随域变化而变化的关系。而那些既是域变量的后裔，又是目标变量后裔的特征X^s则与目标变量有着伪相关，它们之间的关系会随着域变化而变化。还有一类特征是目标变量的果，但与域变量没有直接因果关系，即X^{ac}

在此基础上可以回答"为什么不同域之间的联合分布$P(X,Y)$会不一样？"这个问题。我们可以认为每个有效的域的联合概率分布$P(X,Y)$都是由干预域变量E得到的。由于域变量是一个外生变量，对它的干预不会改变因果模型，只会造成它本身和它的后裔变量的分布发生改变。这样就可以干预域标签E的值来得到不同的域，并使各个域有不同的联合概率分布$P(X,Y)$。那么为什么是目标变量的因的特征与目标变量间的因果关系，即$P(Y|X^c)$随域的变化而不变？这是因为干预域变量E并不会引起目标变量Y和它的因，即X^{c1}、X^{c2}之间的关系发生改变。可以用如式（3.18）所示的结构方程来考虑这个问题：

$$\begin{cases} X^{c1} = f_{X^{c1}}(E) \\ X^s = f_{X^s}(Y, E) \\ Y = f_Y(X^{c1}, X^{c2}) \end{cases} \quad (3.18)$$

从式（3.18）中可以发现，虽然干预E会改变E的概率分布，从而影响X^{c1}的概率分布，但是这并不会影响Y和X^{c1}、X^{c2}之间的关系，即函数f_Y。这说明了干预域变量不会影响目标变量的因的特征与目标变量之间的关系。

而要回答"为什么与目标变量有伪相关的特征与目标变量的关系$P(Y|X^s)$会随着域的变化而变化？"，需要考虑那些既是域变量的后裔，又是目标变量的后裔的特征，如图 3.7 中的X^s。我们可以发现，在干预了域变量E之后，虽然函数f_{X^s}没有改变，但是由于域变量E的概率分布或者取值的改变，如果把$f_{X^s}(Y,E)$改写成$f_{X^s,E}(Y)$，就会发现X^s和Y之间的关系实际上可以用函数$f_{X^s,E}$来代表，而它随着E值的变化而发生改变。这就解释了为什么那些是域变量的后裔同时也是目标变量后裔的特征与目标变量间的关系是伪相关。举个例子，有色的手写数字识别（Colored MNIST[85]）数据集是最早被用来验证机器学习模型的域外泛化能力的基准。它的数据生成过程可以用图 3.7 中的因果图来描述。从该图中可以发现，在有色的手写数字识别这个数据集中，每个域的原始特征的分布$P(X|E)$是随着域变化的，这是因为手写数字的颜色的概率分布会随着域变化。但是，手写数字的形状X^c是目标变量的因，因此它与手写数字的标签Y之间的关系不会随域改变。

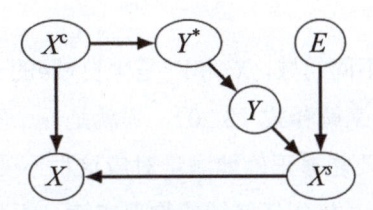

图 3.8　一个描述域外泛化问题中常见的数据集有色的手写数字识别各个变量间因果关系的因果图。其中X^c是手写数字的形状，即目标变量的因的特征。X^s是手写数字的颜色，与目标变量有伪相关的特征。X是观察到的原始特征，即彩色手写数字图片。E是域的标签，Y是有噪声的手写数字的标签（目标变量），Y^*是无噪声的标签。在这个因果图中有以下结论：因果关系$P(Y|X^c)$在各域间保持不变，但伪相关$P(Y|X^s)$则可能改变

2. 不变风险最小化：理论与模型

介绍完域外泛化的问题后，接下来会详细介绍不变风险最小化[85]这个基于因果推断的提升机器学习模型域外泛化能力的方法。这里把一个神经网络模型分成两部分：表征函数$\Phi: \mathcal{X} \to \mathcal{H}$是将原始特征映射到数据表征的函数；而预测器$w: \mathcal{H} \to \mathcal{Y}$将数据表征映射到目标变量，其中$\mathcal{H}$是表征的空间，$\mathcal{X}$是原始特征的空

间，$\mathcal{Y}$是目标变量（标签）的空间。我们可以将不变风险最小化原则视为一个同时对表征函数和预测器进行约束的原则。它首先定义了什么是一个（跨域）不变的预测器和引出这样的预测器的表征。

> **定义 3.4　引出不变的预测器的表征。**
> 我们说一个表征函数Φ对一个域的集合$\mathcal{E}$引出不变的预测器，当且仅当给定Φ，存在这样的预测器w同时在所有$\mathcal{E}$中的域上达到最优，如式（3.19）所示：
> $$w \in \underset{w:\mathcal{H}\to\mathcal{Y}}{\arg\min}\ R^e(w' \cdot \Phi),\ \forall e \in \mathcal{E} \tag{3.19}$$
> 其中，R^e是域e上的损失函数的值，$w' \cdot \Phi$等价于$w(\Phi(X))$，即通过神经网络模型用原始特征X预测标签Y。

文献[85]指出，如果一个表征引出了不变的预测器，当且仅当对于所有处于各域表征$\Phi(X^e)$分布的支撑的交叉（in the intersection of the support of $\Phi(X^e)$）的表征h，总是有式（3.20）所示的情况：

$$\mathbb{E}[Y^e|\Phi(X^e)=h] = \mathbb{E}[Y^{e'}|\Phi(X^{e'})=h] \tag{3.20}$$

其中，$e \neq e'$是两个不同的域，X^e和Y^e是来自域e的一个样本的原始特征和基准真相标签。用一个例子来解释式（3.20），那就是一个物理定律无论在什么时空（域）下总是成立的，只要能够正确地测量对应这种不变性的物理量$\Phi(X)$，或者说之所以我们能得到能够泛化到任何域的物理定律，正是因为物理学家找到了这样的物理量。而在机器学习问题中，这种表征一般不是直接出现在原始特征中的。因为原始特征一般都是高维的方便测量的变量，如图像、文本。而我们需要学习一个函数来得到这种低维的能够引出不变预测器的表征。

为了从经验数据中直接学习到这种引出不变的预测器的特征，Arjovsky 等人[85]提出了一个二阶段优化问题来实现不变风险最小化原则，如式（3.21）所示：

$$\begin{cases} \underset{\theta_\Phi,\theta_w}{\arg\min}\ \sum_{e\in\mathcal{E}_{\text{tr}}} \mathbb{E}_{(x,y)\sim D_e}\left[R^e(w(\Phi(X)),y)\right] \\ \text{s.t.}\quad \theta_w \in \underset{\theta'_w}{\arg\min}\ R^e(w(\Phi(X);\theta'_w),y), \forall e \in \mathcal{E}_{\text{tr}} \end{cases} \tag{3.21}$$

其中，D_e是域e对应的数据集。$\boldsymbol{\theta}_w$和$\boldsymbol{\theta}_\Phi$分别代表预测器和表征函数的参数，$\mathcal{E}_{tr}$是训练集的域的集合。Arjovsky等人把这个二阶段问题称为不变风险最小化。但我们知道二阶段优化问题是比较难解的，尤其对于深度神经网络模型而言。所以Arjovsky等人进一步提出了一个适合深度神经网络模型的简化后的优化问题，被命名为IRMv1，如式（3.22）所示：

$$\begin{cases} \underset{\boldsymbol{\theta}_\Phi}{\arg\min} \sum_{e \in \mathcal{E}_{tr}} \mathcal{L}_{IRM}^e \\ \mathcal{L}_{IRM}^e = \frac{1}{n_e}\sum_{i=1}^{n_e} R^e(\Phi(x_i^e), y_i^e) + \alpha \parallel \nabla_{w|w=1.0} R^e(w\Phi(x_i^e), y_i^e) \parallel^2 \end{cases} \quad (3.22)$$

其中，预测器被简化成一个标量$w = 1.0$，而IRMv1优化的参数就仅仅是表征函数$\Phi(X)$。它相当于把不变风险最小化〔见式（3.21）〕中对预测器的约束变成了一个正则项。这个正则项其实是在最小化每个训练集中域的损失函数对预测器的导数的L2范数（L2 Norm）。要明白为什么这个正则项可以起到学习引出不变的预测器的表征的功能，需要理解IRMv1是怎么来的，它比起不变风险最小化需要哪些多出来的假设？

如何从不变风险最小化〔见式（3.21）〕推导出IRMv1〔见式（3.22）〕呢？Arjovsky等人的目标是找到一个正则项来代替式（3.21）中的约束。首先考虑一个线性的预测器——线性回归。在此前提下，可以认为w是一个维度为$d \times 1$的矢量。这是一个比较合理的假设，因为在深度学习中可以用非线性的表征函数最终得到与目标变量有线性关系的表征。那么根据线性回归的解析解（closed-form solution），如果假设矩阵$\Phi(X^e)\Phi(X^e)^T$可逆，给定表征函数$\Phi(X)$，可以得到每个域的最优线性回归函数w_Φ^e，如式（3.23）所示：

$$w_\Phi^e = \mathbb{E}_{X^e}[\Phi(X^e)\Phi(X^e)^T]^{-1}\mathbb{E}_{X^e,Y^e}[\Phi(X^e)Y^e] \quad (3.23)$$

可是我们的目标是得到不变的预测器，即想要学习表征函数$\Phi(X)$来使每个域的w_Φ^e与彼此相近，或者说用当前的预测器w去逼近每个域上的最优解w_Φ^e。对此，Arjovsky等人讨论了两种测量w和w_Φ^e之间差异的指标，第一种是两个预测器的参数的差的 L2 范数，如式（3.24）所示：

$$D_{\text{dist}}(w,\Phi,e) = \| w - w_{\Phi}^e \|^2 \tag{3.24}$$

然而这种描述两个预测器的差异的方式会面临一个挑战，那就是它会导致损失函数变得不连续（对表征函数的参数而言）。为了解决这个问题，Arjovsky 等人又提出了一种能使损失函数对于表征函数的参数连续可导的测量两个预测器差异的指标，如式（3.25）所示：

$$D_{\text{lin}}(w,\Phi,e) = \| \mathbb{E}_{X^e}[\Phi(X^e)\Phi(X^e)^{\text{T}}]w - \mathbb{E}_{X^e,Y^e}[\Phi(X^e)Y^e] \|^2 \tag{3.25}$$

其中，$D_{\text{lin}}(w,\Phi,e)$ 测量了当前预测器 w 违背其在域 e 上的最优解 w_{Φ}^e 的程度。而 $D_{\text{lin}}(w,\Phi,e)$ 的优势在于它不会有 $D_{\text{dist}}(w,\Phi,e)$ 面临的损失函数对于表征函数的参数不连续的问题。接着，Arjovsky 等人发现 $w(\Phi(X))$ 是一种过参数化（over-parameterized）的模型，这是因为对于任意可逆函数 Ψ，总是有式（3.26）的形式：

$$w(\Phi(X)) = \tilde{w}\left(\tilde{\Phi}(X)\right) \tag{3.26}$$

这意味着可以让预测器的参数 w 取任意非零的值 $\tilde{w}$，然后总是可以找到相应的表征函数 $\tilde{\Phi}$ 使式（3.26）成立。这样，Arjovsky 等人提出了把不变风险最小化〔见式（3.21）〕成以下问题：找到一个表征函数使得在所有训练集的域上不变的最优预测器的参数为一个指定的矢量 $\tilde{w}$。这样就可以把不变风险最小化的二阶段优化问题简化为仅优化表征函数的问题，而把对预测器的约束变成一个正则项 $D_{\text{lin}}(w,\Phi,e)$，即得到 IRMv1 的一个雏形，如式（3.27）所示：

$$\begin{cases} \underset{\theta_\Phi}{\text{argmin}} \sum_{e \in \mathcal{E}_{\text{tr}}} \mathcal{L}_{\text{IRM}}^e \\ \mathcal{L}_{\text{IRM}}^e = \dfrac{1}{n_e} \sum_{i=1}^{n_e} R^e\left(\Phi(x_i^e), y_i^e\right) + \alpha D_{\text{lin}}(w,\Phi,e) \end{cases} \tag{3.27}$$

因为在式（3.26）中，可以令$\tilde{w}$为任意非零矢量，那么一种情况就是令$\tilde{w} =$ [1,0,0,⋯,0]，即一个只有第一维不为0的矢量。这意味着只有表征$\Phi(X)$的第一个维度会影响预测的标签和损失函数的值。因此，Arjovsky等人提出了以下定理，使得我们可以把深度神经网络的输出当成数据的表征。这意味着，在分类问题中，认为最终的一个全连接层的输出（logits）是数据的表征。而回归问题中则直接利用预测的目标变量的值作为数据的表征。这样可以使预测器被简化成一个非零的常数标量。下面给出这个理论（即定理3.3）。

> **定理 3.3**
>
> 对于所有的域$e \in \mathcal{E}$，让$R^e: \mathbb{R}^d \to \mathbb{R}$，表示一个可导的凹函数（损失函数）。一个矢量$v$可以表示成数据表征$\Phi \in \mathbb{R}^{p \times d}$和预测器参数$w \in \mathbb{R}^p$的积，即$v = \Phi^\mathrm{T} w$。一个这样的矢量$v$同时最小化$R^e(w(\Phi))$，当且仅当$v^\mathrm{T} R^e(v) = 0$对于所有的域$e \in \mathcal{E}$都成立。更进一步地说，如果这样一种分解对于数据表征矩阵Φ存在，那么表征矩阵Φ一定满足以下两点：
> - 表征矩阵Φ的零空间（null space）与矢量v正交。
> - 表征矩阵Φ的零空间包含所有的导数$\nabla R^e(v)$。

根据定理3.3和之前的分析，可以考虑$\tilde{w} = [1,0,0,\cdots,0]$的情况。那么这实际上等价于令定理3.3中数据表征矩阵Φ的行数$p = 1$。这样，预测器的参数w就变成了一个标量。Arjovsky等人令其取值为常数1。最后，Arjovsky等人发现正则项$D_{\mathrm{lin}}(w = 1.0, \Phi, e)$可以写成各域的损失函数对预测器参数的导数的L2范数，如式（3.28）所示：

$$D_{\mathrm{lin}}(w = 1.0, \Phi, e) = \| \nabla_{w|w=1.0} R^e(w\Phi(x_i^e), y_i^e) \|^2 \tag{3.28}$$

这样就完成了从原来的不变风险最小化，即二阶段的优化问题〔见式（3.21）〕到便于优化和训练非线性的深度神经网络模型的IRMv1。

3. 用实验验证 IRMv1 的域外泛化能力

为了验证IRMv1能否提高深度神经网络的域外泛化能力，Arjovsky等人对著名的手写数字识别数据集 MNIST[125]进行了修改，得到了有色的手写数字识别数

据集。我们知道，在这个问题中，手写数字图像的颜色与目标变量之间的相关性是伪相关。Arjovsky 等人把数据分成三个域，其中两个训练域相互之间有相似的颜色分布$P(X^s|Y)$，而测试域则与训练域有着非常不同的颜色分布$P(X^s|Y)$。为了使这个任务比较有挑战性，Arjovsky 等人把每个样本的标签变成了二值的，并且对随机抽取的 25%的样本的标签进行了翻转。这样做是为了保证颜色和标签之间的伪相关要强于数字形状和标签之间的不变关系，使得经验风险最小化会更难学到目标变量的因的特征。而手写数字形状（目标变量的因的特征）与目标变量的关系是不随着域改变而改变的。我们的目标就是测试 IRMv1 模型是否可以学到数字形状与目标变量的关系不随域改变的特征。根据实验结果得出了以下结论：

- 经验风险最小化在 Colored MNIST 的测试集上表现很差，因为它学到了在训练集中跟标签相关性最高的颜色。这一点不仅仅由模型在测试集上的准确性说明。Arjovsky 等人也研究了数据表征和标签的相关性，并发现经验风险最小化学到的数据表征与标签之间的相关性随着域的变化而变化。这间接反映了经验风险最小化学到的特征是与目标变量有伪相关的特征，即色彩。

- 不变风险最小化在 Colored MNIST 的测试集上的表现与训练集几乎一样好，但准确率都明显低于 75%。这说明由 IRMv1 训练的深度神经网络模型有能力辨认出与目标变量拥有稳定的因果关系的特征，即手写数字的形状。准确率低于 75%，说明 IRMv1 没有利用颜色作为特征。在数据表征和标签的相关性分析中，Arjovsky 等人发现，IRMv1 训练出的模型学到的数据表征在各域上与目标变量的相关性十分类似。这也间接说明了 IRMv1 能让深度神经网络学到是目标变量的因的特征。

IRMv1 的实现（相关信息见"链接 6"）十分简单，而且与深度神经网络模型的选择无关。但它要求事先能够准确地知道每个样本来自哪个域，并且测试集与训练集的不同必须是由目标变量与部分特征之间的伪相关的变化造成的。另外，它在对原来的不变风险最小化的二阶段优化问题的简化过程中，假设了数据表征是深度神经网络模型最后一层的输出，而预测器只是一个常数。

3.2.6 不变合理化

1. 合理化与伪相关问题

合理化（rationalization）是一种使神经网络模型可解释的方法[126]，它的目的是寻找高维特征（如文字特征）的子集来解释模型的预测。这个特征的子集被称为理由（rationale）。理由需要满足一个条件：当理由的值不变时，改变其特征的值，不会改变机器学习模型的预测结果。从因果推断的角度来分析，理由就是包含了目标变量的因的特征的集合[127]。或者说，合理化这个问题的目标与域外泛化是十分相似的，也是让神经网络模型通过学习能够自动区分与目标变量有因果关系的特征和与目标变量具有伪相关的特征。合理化比较独特，其目的是在原始特征空间找到这样的特征，它要求利用与特定任务相关的先验知识去发现理由，即那些目标变量的因的特征，或者说将理由与那些与目标变量具有伪相关的特征区别开。例如，在情感分析这个常见的自然语言处理文本分类任务中，根据先验知识知道某些词（如"好"、"坏"这样的形容词）是决定情感标签的因，而其他词（如电影类型）则只是与目标变量具有伪相关。因此，理由是词袋模型（bag of words）或者 tf-idf 模型这样高维的原始特征的子集。

在合理化的文献中，最常见的用来量化一组特征是否是理由的标准就是最大化互信息（maximizing mutual information）。最大化互信息是机器学习，特别是自监督学习中常见的一个目标函数[128]。它常常被用来最大化学到的数据表征和目标变量，或者是数据表征之间的相关性。在 3.1.1 节中介绍的自然语言处理任务（如情感分析）中，这意味着传统的合理化方法将利用最大化互信息这一目标函数去寻找那些可能是标签的因的原始特征。详细地说，这类方法会最大化被选择的特征（即理由）与模型输出（即预测的标签）之间的互信息，从而保证学到的理由与样本的标签之间有很高的相关性。或者说，如果用 X 表示原始特征的随机变量，用 $Z(X)$ 表示理由，而 Y 表示目标变量，那么基于最大化互信息的方法就会使 $Z(X)$ 和 Y 之间的相关性得到最大化。但是，当训练集来自同一数据分布时，根据最大化互信息学习到的理由 $Z(X)$ 可能会包含伪相关特征。因为在这样的数据集中，伪相关特征和标签的相关性也有可能非常高，这样将会导致神经网络模型会用这些与目标变量有伪相关的来做预测。正如在不变风险最小化中介绍的那样，这样的特征与目标变量的关系会随着数据分布的变化而变化，从而导致利用伪相关的神经网络模型在与训练集分布不同的测试集上表现显著下降。也就是说，基于最大化互信息的模型虽然能够正确解释利用了伪相关的神经网络模型的预测，却不能抓住数据生成过程中真正影响目标变量的特征，即理由。例如，在一个细粒度情感分析（aspect based sentiment analysis）任务中[129]，对一个文本（如一条啤酒的评论）的每个方面（如啤酒的气味、外观、口感和总体）都会标注一个情感的分数。所以关于其中一方面的情感分数应当仅受到那些描述这方面文本的影响。可是一种啤酒的各个方面可能是高度相关的。如果一种啤酒的总体评价较高，那么可能它的气味、外观、口感都会得到正面的评价。这一事实使得对于某个方面的情感分数的合理化任务变得更加具有挑战性。例如，要对预测啤酒气味的神经网络模型做合理化，发现即便利用了最大化互信息原则，神经网络模型仍然可以通过学到其他方面的特征来满足最大化互信息的目标。这正是因为一款总体评价好的（坏的）啤酒可能在每个方面的评价都好（坏）。所以模型只要能学到任何一个方面的文本特征，无论是评价气味的文本特征，还是其他与气味有伪相关的文本特征（评价其他方面的文本特征），都可以达到最大化互信息的目的。

为了解决这个问题，Chang 等人[127]提出了不变合理化。不变合理化除了利用最大化互信息这一原则，还考虑了理由与标签之间的因果关系。基于与不变风险最小化[85]相似的思想，不变合理化也是基于目标变量的因的特征，即合理化问题中的理由，与目标变量之间的因果关系不随着数据分布改变的假说。与不变风险最小化的实现不同，不变合理化设计了一种基于博弈论的目标函数来使学到的理由与目标变量之间的关系不随数据分布（域）的改变而改变。不变合理化的模型包括以下三个主要的元素。

第一，一个理由生成器将原始特征映射到理由，即一个原始特征的子集，可以用式（3.29）描述这一过程：

$$Z = m \odot X \tag{3.29}$$

其中，$m \in \{0,1\}^d$ 是一个二值的 d 维矢量（假设特征维度也为 d），它的一个元素为1，代表对应的特征被认为是一个理由，而元素为0则意味着对应的特征不被认为是一个理由。⊙表示逐元素的矩阵（矢量）乘法。

第二，一个域无偏（domain-agnostic）的预测器，它将理由生成器学到的理由映射到预测的标签。

第三，一个对域敏感（domain-aware）的预测器，它将理由生成器学到的理由和该文本对应的域映射到预测的标签。而不变合理化的目的是让理由生成器学到的理由不会随域的变化而变化。这是通过令上述两种预测器做出的预测尽量相似来实现的。传统的基于互信息最大化的合理化模型的目标函数可以用式（3.30）来表示：

$$\arg\max_{m} I(Y;Z) \quad \text{s.t.} \quad Z = m \odot X \tag{3.30}$$

其中，$I(Y;Z)$代表目标变量Y与模型学到的理由Z之间的互信息，如式（3.31）所示：

$$I(Y;Z) = \mathbb{E}_{P_{ZY}}\left[\log\frac{P_{ZY}}{P_Z P_Y}\right] \tag{3.31}$$

其中，P_{ZY}代表Z和Y的联合分布，P_Z和P_Y则分别代表Z和Y的边缘分布。互信息$I(Y;Z)$的含义在概率论和信息论里被解释为观察到一个随机变量所获得的另一个随机变量的信息量[130]。这里可以把互信息简单理解为一种相关性的度量。

不变合理化使两个预测器的输出相似的设计基于式（3.32）所示的事实：

$$Y \perp\!\!\!\perp E | Z \leftrightarrow H(Y|Z,E) = H(Y|Z) \tag{3.32}$$

其中，条件独立$Y \perp\!\!\!\perp E|Z$反映了理由Z与目标变量Y的因果关系不应随着域的改变而改变。理由的基准真相Z与目标变量Y的条件分布不应当随着域的改变而改变。这个条件独立也是不变风险最小化的一个必要条件[85]。式（3.32）右边的等式是这一条件独立的等价形式，它为不变合理化的两个预测器的设计和最终的损失函数提供了理论基础。用$f_i(Z)$表示域无偏的预测器，$f_e(Z,E)$表示对域敏感的预测器。令$\mathcal{L}(Y;f)$表示交叉熵损失函数，那么这两个预测器分类的交叉熵损失函数

可以分别表示为式（3.33）和式（3.34）：

$$\mathcal{L}_i^* = \min_{f_i \in \mathcal{F}} \mathcal{L}(Y; f_i(\mathbf{Z})) \tag{3.33}$$

$$\mathcal{L}_e^* = \min_{f_e \in \mathcal{F}} \mathcal{L}(Y; f_e(\mathbf{Z}, E)) \tag{3.34}$$

其中，$\mathcal{F}$代表预测器的函数空间，由参数化模型的超参数（如神经网络的结构）决定。那么不变合理化在一个样本上的损失函数可以表示为式（3.35）：

$$\min_g \mathcal{L}_i^* + \lambda h(\mathcal{L}_i^* - \mathcal{L}_e^*) \tag{3.35}$$

其中，第一项是经验风险最小化的损失函数。最小化$\mathcal{L}_i^*$的目的是优化模型f_i在训练集上的预测能力。第二项则是近似了式（3.32）中右边等式这个约束条件。其中，g函数就是一个将特征$\boldsymbol{X}$映射到$\boldsymbol{Z}$的理由生成器。而λ是一个超参数，它控制了第一项和第二项之间的权衡。λ越大，代表模型把更大的权重放在了优化学到的理由的不变性上。h代表relu激活函数或者恒等函数$h(X) = X$。

2. 不变合理化的收敛性质

当考虑表示力（representation power）足够的神经网络时，我们认为交叉熵损失函数可以取到它的熵的下界，如式（3.36）所示：

$$\mathcal{L}_i^* = H(Y|Z), \ \mathcal{L}_e^* = H(Y|Z, E) \tag{3.36}$$

由于对域敏感的预测器比域无偏的预测器多了一个域的标签作为输入，我们认为它拥有更大的信息量，所以它对应的熵应该更小，即$H(Y|Z) \geqslant H(Y|Z, E)$。把这个不等式与式（3.32）中右边的等式相对比，可以发现式（3.32）中右边的等式是这个不等式的一种特殊情况。根据互信息和熵之间的关系，如式（3.37）所示：

$$I(Y; Z) = H(Y) - H(Y|Z) \tag{3.37}$$

可以把不变合理化的损失函数〔见式（3.35）〕看作是不变合理化对应的约束的优化问题的拉格朗日形式（Lagrange form），如式（3.38）所示：

$$\underset{m}{\arg\max}\ I(Y;Z) \quad \text{s.t.}\ Z = m \odot X,\ Y \perp\!\!\!\perp E | Z \tag{3.38}$$

由于在实践中无法总是学习到表示力足够的预测器，因此无法直接计算$\mathcal{L}_i^*$和$\mathcal{L}_e^*$这两个最小值。Chang 等人提出了基于对抗学习的最大最小博弈（minimax game）来实现不变合理化的损失函数，如式（3.39）所示：

$$\min_{g, f_i} \max_{f_e} \mathcal{L}_i(g, f_i) + \lambda h\big(\mathcal{L}_i(g, f_i) - \mathcal{L}_e(g, f_e)\big) \tag{3.39}$$

其中，损失函数的项$\mathcal{L}_i(g, f_i)$和$\mathcal{L}_e(g, f_e)$分别是域无偏和对域敏感的预测器对应的交叉熵在整个训练集上的期望。在最大化问题中，优化对域敏感的预测器，使其能够最大化利用域的信息去准确地预测目标变量。而在最小化问题中，同时优化理由生成器和域无偏的预测器，使得域无偏的预测器在准确预测目标变量的同时，还能缩小与对域敏感的预测器的预测的差距。通过这个最大最小博弈，Chang 等人近似地实现了式（3.38）中有约束的优化问题。

3. 验证不变合理化有效性的实验

在实验中，Chang 等人考虑了两个情感分析数据集：IMDB 电影评论数据集[94]和多方面啤酒评论数据集（multi-aspect beer review）[131]。由于 IMDB 数据集中本没有域的信息和伪相关，Chang 等人采用了一种半合成的设定，对原 IMDB 数据集做了一些修改。每个评论文本都会被随机分配到一个域中，然后根据分配的域对文本进行特定的修改。在这里，为了使修改的文本与目标变量（情感）之间出现伪相关，域会被用来决定修改文本时添加的标点符号。具体地讲，Chang 等人会根据样本的域的标签来决定在文本的结尾处添加一个逗号","或者添加一个句号"。"的概率。我们可以用条件概率$P(X^s|Y, E)$来描述根据域和目标变量添加伪相关特征的概率。其中X^s表示那些与目标变量有伪相关的原始特征，即添加的两种标点符号。注意，这里以域为条件保证了伪相关随域的变化而变化，而以目标变量为条件则保证了添加的标点符号和目标变量之间有着强的伪相关。这样制造半合成数据集的方法在域外泛化的文献中比较常见[132-133]，那么在最终的合理化任务中，就可以利用模型是否认为这些添加上去的标点符号是理由作为评价一个模型合理化的准确度的一个指标。

多方面啤酒评论数据集是一个在合理化任务中常见的数据集。每条啤酒评论都对应五个方面的属性，即外观、香味、气味、口感和综合，每方面会有一个在[0,1]范围内的评分。正如前文提到的，一款啤酒各方面的评价是高度相关的，这会造成在合理化任务中的困难，即神经网络模型可能会使用某方面的文本特征去预测另一方面的文本的情感。为了制造域，Chang 等人利用了每个啤酒评论文本中不同方面的相关性作为决定域的标签的变量。这是因为之前的合理化的工作中，常见的处理是只用那些各方面标签相关度低的文本作为训练和测试样本[126]。而现实世界的数据集中，肯定存在各方面情感标签高度相关的样本。制造域的方法便可以作为解决这个问题的一个思路。如果能得到一个不错的域外泛化能力的模型，就可以在有任意的不同方面的情感相关度的测试样本上保持不错的表现。

在 IMDB 电影评论的实验结果中，Chang 等人发现不变合理化比传统的基于最大化互信息的合理化方法 RNP[126]有着更好的测试集表现。这是因为 RNP 比起不变性合理化更容易利用与标签有伪相关的特征。为了进一步展现这一点，他们分析了模型预测的理由中是否包含添加的标点符号。结果显示 RNP 在 78.24%的测试样本中都选择了添加的标点符号作为理由，而不变合理化模型则完全没有利用这些与目标变量有伪相关的特征去完成对电影评论的情感分析。在啤酒评论数据集上进行的对模型的评价分为客观的和主观的。首先，比较了模型自动预测的理由和人工标注的理由，并利用分类问题中常见的评价指标，即召回率（recall）、准确率（precision）和 F1 值（F1 score）。在这些评价指标下，不变合理化与基于最大化互信息的方法 RNP[126]和 3PLAYER[134]相比，在大多数情况下都要在域外的测试集上比上面提到的两种基线模型表现更好。然后，利用众包平台对模型学到的理由进行主观评价。具体地讲，利用训练后的合理化模型，搜集了在一组预留的样本上（既不属于训练集，也不属于测试集）所预测的理由，然后让众包平台的工作人员标注这条理由是描述之前提到的五种中的哪一种。结果表明，与两种基线模型相比，不变合理化得到的理由更能被众包平台的工作人员正确理解。这体现为工作人员能准确地预测出不变合理化得到的理由是描述啤酒的哪个方面的。

总的来说，不变合理化提出了一个新的合理化模型。该模型设计了一个基于互信息和条件独立的损失函数。这个损失函数基于最大化互信息的合理化模型。

另外，它还加上了一个约束，即：理由与标签之间的关系不应当受域的影响。在数据的训练集和测试集具有不同分布的时候，实验证明，不变合理化能使神经网络模型的预测变得更准确。除此之外，不变合理化使模型的域外泛化能力得到了提升，这是因为不变合理化能够更精确地定位文本数据中作为标签的理由的词或短语。

第 4 章

可解释性、公平性和因果机器学习

如今，人工智能正以空前的速度发展：人脸识别、自动驾驶、智能音箱，以及手术机器人等。无疑，作为新一轮科技革命和产业变革的核心驱动力，人工智能已经渗透到了社会的方方面面，给我们的生活带来了巨大的便利。与此同时，其也带来了可信性、安全性和社会冷漠性问题。2016 年，一份基于美国食品和药物管理局（U.S. Food and Drug Administration，FDA）数据的调查显示，达芬奇手术机器人在 14 年间一共造成了 144 起死亡医疗事故，1391 名患者受伤，8061 起系统事故[135]；2018 年 3 月，美国优步的一辆自动驾驶汽车在进行路况测试时撞倒一名正推着自行车横穿马路的行人，致其死亡。关于人工智能的负面报道在传统新闻媒体、杂志，以及新型社交媒体上越来越频繁地出现。随着人工智能逐渐被应用到安全、敏感和高风险的任务中（例如，医疗和司法[136]），"伦理人工智能"、"可信人工智能"和"负责任的人工智能"的概念也被引入到人工智能领域。它们主要强调人工智能系统的社会价值，如公平性、透明性、问责制、可靠性和安全性等[137]。

本章主要从因果的角度讨论两个在机器学习领域得到广泛关注的研究方向，即机器学习的公平性和可解释性。关于因果机器学习在其他负责任的人工智能领域应用的介绍可见文献[138]。公平性描述算法必须对不同个体或者群体具有相似的性能表现，或者算法的决策不应该依赖于个体或者群体的人口统计学信息（demographic information）。常见的人口统计学信息包括但不限于性别、种族[①]、年龄、国籍和宗教信仰。可解释性则旨在理解模型在特定任务中做出某种决策的原因，比如为什么银行的预测系统会拒绝某位申请人的贷款。目前大多数关于公平性和可解释性的研究都是基于相关性（correlation）的。而基于相关性的机器学习算法仅限于对观测数据的学习，无法知道观测数据以外的干预和反事实世界。

因此，将相关性错误地诠释为因果关系是造成人工智能系统做出具有偏见决策的一个重要原因[137,139]。基于相关性的公平和可解释性模型缺乏对因果关系的理解，即这些方法不是在数据生成过程（DGP）层面探讨公平性和可解释性。本章的主要内容涉及公平性和可解释性的定义、研究的重要性、基于相关性和基于因果关系的公平性和可解释性的区别，以及基于因果推断的几种主流方法。

4.1 可解释性

在机器学习领域中，目前还不存在一个对可解释性统一或规范的定义。可解释性取决于机器学习模型的应用场景，例如，目标任务、目标用户、参与的工程师以及研究人员的需求。这里给出一个在学术界较为常用的定义：可解释性指在机器学习模型做出决策或者表现某种行为时，对模型的内部机制和结果给出人类可理解的解释。换言之，一个可解释性的模型旨在回答以下三方面问题：

- 是什么驱动了模型的预测？这要求找出潜在的特征交互以了解不同特征对模型决策的重要性。这可以检验模型的公平性。
- 为什么模型会做出某个决定？这要求验证为什么模型会利用某些关键特征做决策。这可以增加模型的可靠性。
- 我们如何信任模型？这要求评估模型是如何对给定的数据点进行决策，并且答案是易于理解的。这有助于提高模型的透明性。

[①] 在主流的英文文献中，一般按美国传统的五类种族划分为（顺序不分先后）：亚裔（包括夏威夷原住民和太平洋岛民）、非裔、印第安人和阿拉斯加原住民、拉丁裔、白人。由于该分类本身可能就带有偏见性，它不一定适合中国和其他国家。

那么，可解释性为何对机器学习模型如此重要呢？Caruana 等人在研究[140]中描述过这样一个真实的案例：在 20 世纪 90 年代中期，多个研究机构开始对用于预测肺炎病人死亡率的模型进行评估。评估结果发现该模型会反常地将哮喘患者预测为低死亡风险，一个重要原因是曾经得过肺炎的哮喘患者会被转移至重症监护病房以得到更好的治疗，所以他们的病情都有了极大的好转。可想而知，如果继续使用该模型预测病人死亡率，从而决定是否将其转移到重症监护病房，那么曾经得过肺炎的哮喘患者将可能得不到足够的医疗治疗，死亡率会随之上升，使现有模型失效。

不可解释性的模型也可能会做出不公平的决策。例如，一个不可解释性的简历筛选系统可能会利用申请人的性别或者年龄，而非与工作相关的技能去判定她（他）是否满足条件。所以，对比传统的黑盒子（black-box）机器学习模型，具有可解释性的模型能提高模型公平性、可信度和透明度，从而增强人工智能与人类之间的信任。

另一个值得思考的问题是模型预测的准确性和可解释性之间的权衡：提高可解释性可能以降低准确性为代价。例如，线性回归模型往往具有强可解释性，但是其准确性较于其他更复杂的模型（比如 support vector machine，SVM）可能会差很多。因此，需要明确的是可解释性并不是在所有的机器学习任务中都是至关重要的，对一些低风险任务（例如，电影推荐系统），我们会更强调模型预测的准确性。但是在涉及安全、高敏感、高风险的任务里，准确性和可解释性是共存的。有时候我们甚至会为了可解释性而牺牲部分预测的准确性。

4.1.1 可解释性的属性

本节将介绍判断一个模型是否具有可解释性的一些属性（指标），这些指标可以指导我们去评估两类提升模型可解释性的方法，即可解释性方法（explanation method）和生成的解释（explanation）[141]。接下来将介绍主流的可解释性评估属性。

1. 可解释性方法的属性

（1）表达力（expressive power）：描述模型用于生成解释的"语言"或者结构，

例如，特定的规则、决策树（decision tree）或者自然语言。

（2）透明性（translucency）：指可解释性方法是否需要调查机器学习模型内部（如模型参数）。例如，线性回归属于内置可解释性模型，所以是透明的，而事件后可解释性模型则不具有透明性，因为需要对机器学习模型的输入和输出进行干扰来达到可解释性。

（3）可移植性（portability）：度量可解释性方法对机器学习模型的普适性。总的来说，由于低透明性的可解释性方法的目标通常是黑盒模型，其可移植性往往较高。

（4）算法复杂度（algorithmic complexity）：指的是可解释性方法实现过程中的计算复杂度。

2. 生成的解释的属性

（1）准确性（accuracy）：关注生成的解释是否能准确地预测新样本。该属性在对预测结果要求很高的任务中十分重要。

（2）保真度（fidelity）：是最重要的属性之一。它度量生成的解释能否精准还原目标黑盒模型的预测结果。一般准确性越高的解释，保真度也会越高。

（3）一致性（consistency）：顾名思义，描述的是当两个机器学习模型在相同任务中做出相同决策时，两者给出的解释的差异性。例如，用相同的数据训练线性回归模型和决策树后，它们对新样本做出了一致的预测结果。这时，如果两者给出的解释高度一致，就可以判定生成的解释是一致的。

（4）可理解性（comprehensibility）：关注生成的解释能否被用户理解。该属性与目标用户的理解能力紧密相关。

（5）代表性（representativeness）：描述这个解释能覆盖多少当前数据里的样本。一个具有高代表性的典型是线性回归模型因为其学习的权重可以用于解释整个数据集。

4.1.2 基于相关性的可解释性模型

目前学术界对可解释性的大部分研究都是基于相关性的（也可以叫基于统计或者基于关联的）。本书称这类可解释性为传统可解释性。为了更好地区分基于相关性和基于因果的可解释性的差异，本节回顾传统可解释性的研究。对这类方法感兴趣的读者可以参考更加详尽的文献和相关书籍，例如文献[142-143]。在实际的机器学习任务中，可解释性模型可分为内置可解释性模型和事后可解释性模型。前者实现可解释性的方法是采用结构简单、本身可解释的模型，例如线性模型、决策树模型，后者采用分析特征输入和输出、与模型相独立的解释方法，例如特征重要性。所以，内置可解释性发生在模型训练阶段（又称事前可解释性），而事后可解释性则发生在训练之后。

1. 内置可解释性模型

常见的内置可解释性模型包括决策树、基于规则的模型、线性回归和注意力机制。在决策树模型中，每一棵树由表示特征的内部结点以及表示标签的叶子结点组成，树的每个分支则表示一种可能的决策结果。做决策时，模型从根结点出发，根据输入数据的特征大小选择不同的内部结点，最终到达叶子结点。因此，这条根结点和叶子结点之间的路径就是由一条 if-then 形式的决策规则产生的。对新的观测样本，只需从上至下对内部结点进行条件测试来判断样本选择左分支还是右分支，从而遍历决策树，最终做出预测。与决策树模型的可解释性原理类似的方法还有基于规则的模型。它也是通过一系列 if-then 规则来指导决策过程的，所以也可以把它看作是基于文本的决策树。基于规则的模型和决策树模型的不同之处主要有以下几点：

（1）基于规则的模型允许规则之间不是互斥的，所以多个规则可能被同一个记录（样本）同时激发。然而，在决策树中，有且只有一条规则（左分支或者右分支）被激发。

（2）基于规则的模型中的规则未必是穷举的（exhaustive），即一条记录可能不会触发任何规则。

（3）基于规则的模型中的规则是按照优先顺序进行排列的，而决策树模型的规则是无序的。

线性回归模型也是常见的一类内置可解释性模型，因为我们可以通过观察特征的系数大小来解释模型做出的决策。一般系数越大，相对应的特征对结果的影响就越大，这个特征也越重要。然而，不同特征的测量尺度不同，所以不同的特征系数之间并无可比性。常见的解决方案有 t-检验或者卡方检验。

前面介绍的这三种内置可解释性模型，即决策树、基于规则的模型和线性回归的可解释性原理十分简单，而且生成的解释易于被人类理解。但是它们只能用于较为简单的任务，例如，输入数据的特征是低维的。一旦特征维数达到一定高度，这三种方法就会失去它们原本的优势。例如，一个很深的决策树的 if-then 规则可能会相当复杂，以至于给出的解释无法被人类理解。因此，为了能够在复杂的机器学习任务中既保证较高的预测性，又实现可解释性，可以使用基于注意力机制（attention mechanism）的深度模型。注意力机制的提出主要是为了更精准地捕捉环境信息，从而提高模型表现。例如，在情感分类任务中，不同的字或短语给模型提供的信息是不同的，表示情感的形容词，例如，"高兴"比量词"一个"对预测结果更加重要。注意力机制就是通过给予不同字（或者字的表示）不同的注意力大小来辨别它们的重要性，即注意力越大的字越重要。

2. **事后可解释性模型**

事后可解释性模型是针对黑盒模型设计的一类方法，所以它不依赖于机器学习模型本身。因为黑盒模型广泛运用于现实生活，所以目前大部分研究集中在这类方法中。下面介绍主流的事后可解释性模型。

首先介绍的是一种与模型无关的局部可解释模型（local interpretable model-agnostic explanations，LIME）[144]。它的主要思想是利用内置可解释性模型，例如，线性模型局部近似目标黑盒模型的预测。对于某个目标样本，LIME 首先对它进行轻微扰动（比如去掉部分像素或者把某些特征用零表示），从而得到一个与目标样本相似的新数据集。然后使用黑盒模型在新样本上进行预测。接下来，LIME 计算每一个新样本和目标样本之间的相似性（例如欧氏距离），该相似度将作为权重和所有与目标点相关的数据（包括标注后的新数据集和目标点）一起输入到简单模型中。最后，可以用训练后的简单模型对目标点进行解释。

另一种主流的方法是显著图（saliency map）[145]，它常用于对图像的解释。它的主要思想是通过在整个神经网络进行反向传播，计算输入的梯度，梯度大小决定某个像素点对分类器分类某张图片的影响大小。

接下来要介绍的另外两种方法，即生成对抗样本和基于影响函数（influence function，IF）的方法，都是利用数据中具体的样本来解释机器学习模型或者数据分布，所以又被称为基于样本的解释。显然，这类方法要求样本的形式本身是人类可理解的，比如图片或者文字。

第一种基于样本的可解释性方法是生成对抗样本，通常被定义为对输入样本人为地加入一些人类无法察觉的干扰，从而实现模型以高置信度给出一个错误的预测。有研究表明，我们甚至只需要对图像中的一个像素进行干扰，就可以让一个图片分类器给出错误输出[146]，如图 4.1 所示。

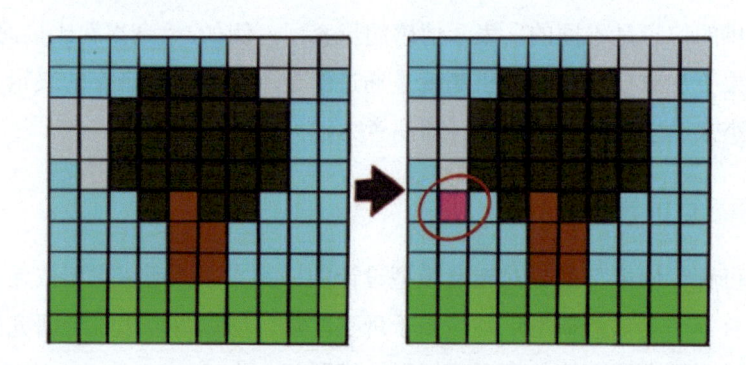

图 4.1　人为改变一个像素可以让一个在 ImageNet [150]上训练的神经网络将原本正确的预测改成错误的预测。图片来源于文献[142]

尽管对抗性样本的目的是为了愚弄机器学习模型，从而提高模型鲁棒性，但是它和模型的可解释性有着密切的关系。首先，机器学习模型利用的特征分为鲁棒性和非鲁棒性的特征[147]，前者是人类可理解的特征，后者是不易被人类理解的特征。生成对抗性样本的过程也就是我们在寻找非鲁棒性，同时对模型的决策十分重要的特征的过程。所以，对抗性样本和可解释性都与特征的重要性相关。不同于对抗性样本，原型和驳斥生成的用于解释的样本总是来源于训练数据本身。

原型表示具有代表性的数据点，相反，驳斥则是不具代表性的数据点。原型和驳斥相结合则可以建立一个可解释性的模型或者让一个黑盒模型具有可解释性。这类方法的核心是度量原型和训练数据分布的差异。其中一种主流方法是最大化平均差异评估（maximum mean discrepancy - critic，MMD-critic）[148]，它的目标是选择那些能够最小化原型分布和训练数据分布的数据点为原型。因此，好的原型往往来自数据分布中高密度的区域，而且它们应该来自多个不同的"数据集群"。相应地，来自不能被原型很好地解释的区域的数据点就是驳斥样本。

第二种基于样本可解释性方法的核心思想是通过简单地改变或者删除某个样本来观察它对模型结果的影响。尽管该类方法的动机简单明了，但是因为每次改变一个样本就要重新训练整个模型，所以这类方法的计算复杂度相当高。目前一个广泛接受的解决方案是利用影响函数（IF）。IF 是鲁棒统计学（robust statistics）中的一个重要函数，给 IF 输入一个样本时，它会输出一个对应的影响值。所以我们对样本进行扰动后，重新计算影响值，两个影响值的差即为样本扰动对模型参数的影响。这种方法的优势在于它不仅可以解释模型，还可以用于评估训练样本集的价值，找出被错误标记的样本。感兴趣的读者可以参考 ICML 2017 最佳文献[149]。

4.1.3　基于因果机器学习的可解释性模型

与基于相关性的可解释性模型相比，基于因果机器学习的可解释性模型的优势在哪里？是否有必要在传统的可解释性模型中引入因果机制？通过第 1 章对因果推断基础知识的学习，我们知道，因果关系和相关性一个最主要的区别在于前者旨在学习数据生成过程。这就意味着因果分析是根据观测到的数据，结合合理的因果知识，从而推断出观测数据里不包含的信息；相关性则是在观测数据上推测变量之间的关联性。Pearl 提出的因果阶梯[151]很好地总结了相关性和因果关系的区别。该因果阶梯从下（低级）至上（高级）依次是关联、干预和反事实。相应地，机器学习的可解释性也可以分为基于相关性的可解释性、基于干预的可解释性（causal interventional interpretability）和基于反事实的可解释性（counterfactual interpretability）。后两者属于因果机器学习的可解释性。表 4.1 列出了这三类可解释性的差异。通过对比可以发现，基于因果机器学习的可解释性的优势在于它可以通过学习数据生成过程改变已观测的数据，从而寻找隐藏的作用机制和挖掘关于"假如"的世界。它给出的解释是导致预测结果真正的"原因",而非"关联因子"。

表 4.1　三种基于因果机器学习的可解释性的差异对比

可解释性种类	主要差异
基于相关性的	通过观测数据寻找解释,它回答的典型问题是"模型观察到某个特征后对它的预测有什么影响"
基于干预的	通过主动改变观测数据得到解释,它回答的典型问题是"如果改变某个特征,将会对模型预测带来什么影响",也就是"what-if"。例如,如果申请者 A 将考试成绩提高 20 分,A 是否就能被计算机学院录取
基于反事实的	通过想象改变过去已经发生的寻找解释,它回答的典型问题是"假如当时某个特征改变了,模型预测会有什么变化",也就是"why"。例如,假如女性申请者 A 当时将表中的性别改成"男",她是否就能拿到计算机学院的录取通知书

1. 基于干预的可解释性模型

这是一类针对黑盒模型内部结构设计的可解释性模型。它通过因果干预计算每一个特征对最后预测结果的因果影响。下面以解释深度神经网络为例进行介绍,首先将介绍由 Chattopadhyay 等人提出的基于干预的可解释性模型[152]。该研究讨论的问题是如何度量前一层的神经元对该层神经元的因果影响。然后介绍利用因果中介效应分析对神经语言模型中产生性别偏差现象的原因进行解释的工作[153]。

（1）基于干预的可解释前馈神经网络

因果图对于明确因果机制通常是不可或缺的,那么,神经网络该如何用因果图来表示呢？其实,在设计神经网络的过程中已经获得了部分"参考答案"。如图 4.2 所示,在一个简单的前馈神经网络（feedforward neural network）中,信息总是由低层向高层传播,即低层的输出会对高一层神经元的输出产生影响,所以它是一个有向无环图,其中,低层结点和高层结点之间的交互用有向边表示。所以,该神经网络中的神经元可以看作是因果图中的结点,神经元之间的交互为结点间的因果关系。

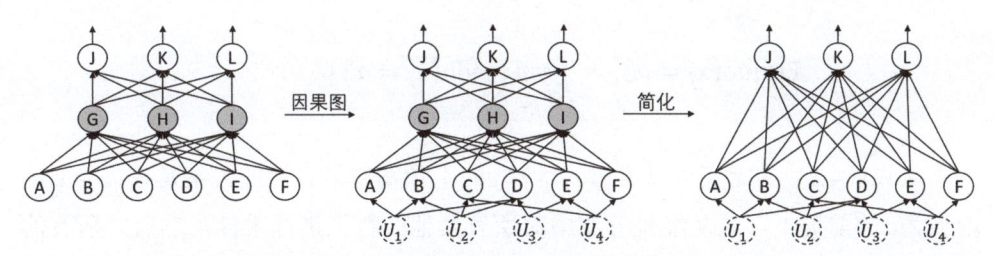

图 4.2 一个三层前馈神经网络（左）向结构因果模型（中）的转化。其中，虚线结点代表外生变量，可作为输入特征{A, B, ···, F}的共同原因；加底纹的结点是隐藏神经元。可以进一步将该结构因果模型简化成只包含输入/输出层的结构因果模型（右）

命题 4.1

给定一个n层的前馈神经网络$N(l_1, l_2, \cdots, l_n)$，其中l_i是第i层的一组神经元，l_1是输入层，l_n是输出层。它所对应的结构因果模型可以表示为 SCM $M([l_1, l_2, \cdots, l_n], U, [f_1, f_2, \cdots, f_n], P_U)$，$f_i$是第$i$层神经元的因果方程。$U$表示外生变量，可用作输入层的共同原因，即混淆因子。P_U表示其概率分布。

通常，我们在训练数据中只能观测到神经网络的输入和输出层。因此，通过边缘化隐藏神经元，上述结构因果模型可以进一步被简化为 SCM $M([l_1, l_n], U, f', P_U)$。

在建立好因果图后，接下来要探讨的是如何测量某个输入神经元对某个输出神经元的因果影响，即"归因问题"[154]。在传统的因果影响估计问题中，干预通常是一个二元变量，但是神经网络的输入可能是连续变量。因此，需要一个参照基准。假设$x_j \in l_1$以及$y \in l_n$，神经网络的归因问题可以用式（4.1）表示[152]：

$$\text{ATE}_{do(x_j=\alpha)}^{y} = \mathbb{E}[y|do(x_j = \alpha)] - \text{baseline}_{x_j} \tag{4.1}$$

该公式表示输入特征x_j对输出结果的平均因果效应（ATE）是将x_j赋值为α后的输出与参照基准输出的差值。一个理想的基准是位于决策边界上的任何一个点，这是因为黑盒模型在这些点的预测都是中性的。在实际应用中，可以定义基准点为$\text{baseline}_{x_j} = \mathbb{E}_{x_j}\big[\mathbb{E}_y[y|do(x_j = \alpha)]\big]$ [152]，然后对x_j进行扰动。具体的扰动方式为在x_j的阈值范围内以固定间隔均匀取值，计算相应的干预期望，最后求平均。$\mathbb{E}[y|do(x_j = \alpha)]$是输出$y$的干预期望，其数学定义为式（4.2）：

$$\mathbb{E}[y|do(x_j = \alpha)] = \int_y y\, p\left(y|do(x_j = \alpha)\right) \tag{4.2}$$

从式（4.2）的定义可以看出，计算y的干预期望最直接的方案是在固定x_j的取值为α的前提下，先从经验分布中对所有其他的特征进行采样，然后对所有的输出值求平均。需要注意的是，在这个方案里，我们假设输入特征之间是没有因果关系的，但是这个假设在实际应用中几乎是不可行的。首先，维度灾难（curse of dimensionality）告诉我们这个方案得到的结果会有很高的方差。其次，由于每一次干预都要求遍历训练数据中的样本，这个方案的计算量相当大。目前提出的一种解决方案是利用泰勒展开和因果归因，感兴趣的读者可以参阅文献 [152]。

基于干预的可解释性方法依赖于共同原因准则，即任何两个输入特征之间的因果关系只能由这两个输入特征的共同原因U（或者隐藏混淆因子）导致。因此，可得到下列命题和推论。

> **命题 4.2**
>
> 给定一个n层的前馈神经网络$N(l_1, l_2, \cdots, l_n)$，其中l_i是第i层的一组神经元，l_1是输入层，l_n是输出层。它所对应的简化结构因果模型为 SCM $M\left([l_1, l_n], U, f', P_U\right)$。那么，被干预的输入神经元与所有其他输入神经元是 D-分离的。

> **推论 4.1**
>
> 给定一个n层的前馈神经网络$N(l_1, l_2, \cdots, l_n)$，其中l_i是第i层的一组神经元。对神经元x_j进行干预后，其他所有神经元的概率分布是不变的，如式（4.3）所示：
>
> $$P\left(x_k|do(x_j = \alpha)\right) = P(x_k), \quad \forall x_k \in l_1, x_k \neq x_j \tag{4.3}$$

需要注意的是，命题 4.2 和推论 4.1 只适用于基础的前馈神经网络，在涉及时序数据和顺序数据的神经网络中（例如循环神经网络），该假设就不再成立。

（2）利用干预解释神经语言模型中的性别偏差

在文献[153]中，Vig 等人利用中介效应分析来研究在神经语言模型（neural

language models）中的性别偏差。一个单向的语言模型可以用一个条件概率分布 $P(x_t|x_1,\cdots,x_{t-1})$ 来描述。即给定上下文的情况下，语言模型对一个文本序列中第 t 个位置上的符号进行建模，并预测每个位置上某个符号出现的条件概率。双向的语言模型则会考虑位置 t 之后的下文。这里为了使符号简洁，仅考虑单向的语言模型。而语言模型中的性别偏差可以描述为，当输入的上下文中有一些与性别本应无关，却会引发偏见的符号。举个例子，在预测与职业有关的词汇时，$P(x_t = \text{He}|x_1,\cdots,x_{t-1})$ 与 $P(x_t = \text{She}|x_1,\cdots,x_{t-1})$ 取值有显著差别。这里用文献[153]中的例子来说明神经语言模型中的性别偏差问题。如果令上下文为序列："the nurse said that__"，其中，符号"__"代表需要预测的符号 x_t，实验表明，在经过海量文本数据预训练后的神经语言模型，如 BERT[81]，都会输出 $P(x_t = \text{He}|x_1,\cdots,x_{t-1}) < P(x_t = \text{She}|x_1,\cdots,x_{t-1})$。即由于训练数据中存在的偏差，使得神经语言模型认为一个护士是女性的可能性比是男性的可能性更大。类似的现象也可能在不同的上下文中被观察到，如在对"the docotor said that __"中缺失的符号进行预测的时候，神经语言模型会输出 $P(x_t = \text{He}|x_1,\cdots,x_{t-1}) > P(x_t = \text{She}|x_1,\cdots,x_{t-1})$。而在一个男女平等的理想情况下，希望神经语言模型输出 $P(x_t = \text{He}|x_1,\cdots,x_{t-1}) = P(x_t = \text{She}|x_1,\cdots,x_{t-1})$。

文献[153]关心的问题是，神经语言模型这种复杂的神经网络模型中，哪些元素（如哪些隐藏神经元）会引起观察到的性别偏差。可以用图 4.3 中的因果图来描述神经语言模型中的上下文 $X_{\neg t}$，某个模型元素 H 和模型预测的符号 X_t 之间的关系。要做因果中介效应分析，就需要定义总因果效应，这里的个体级别的总因果效应（TE）定义如式（4.4）所示：

$$\text{TE}(\text{set-gender}, \text{null}; y, i) = \frac{y_{\text{set-gender}}(i) - y_{\text{null}}(i)}{y_{\text{null}}(i)} = \frac{y_{\text{set-gender}}(i)}{y_{\text{null}}(i)} - 1 \tag{4.4}$$

其中，y_{null} 代表没有干预时语言模型的预测，$y_{\text{set-gender}}(i)$ 则代表输入中表示职业的名词受到干预被表示性别的词替换时语言模型的预测。对于示例"the nurse said that __"，其个体级别的总因果效应定义如式（4.5）所示：

$$\frac{P_\theta(\text{he}|\text{the nurse said that \_})}{P_\theta(\text{she}|\text{the nurse said that \_})} \Big/ \frac{P_\theta(\text{he}|\text{the nurse said that \_})}{P_\theta(\text{she}|\text{the nurse said that \_})} - 1 \tag{4.5}$$

其中，P_θ代表神经语言模型输出的对符号she和he的条件概率。而式（4.4）中的结果变量y就代表神经语言模型预测he和与预测she的条件概率之比。我们可以通过设置性别（set-gender）进行干预，从而达到研究神经语言模型中的性别偏差。读者可以发现，这里的set-gender干预便是指将文本中的中性词（即nurse这个代表职业的词）替换成一个带有性别的词汇（man）。这是利用了我们可以自由对神经语言模型的输入进行干预并观测它的预测（结果变量）这一特点。然后可以通过对所有的文本/句子求期望得到总体级别的平均总因果效应，如式（4.6）所示：

$$\text{TE}(\text{set-gender}, \text{null}; \boldsymbol{y}) = \mathbb{E}_i\left[\frac{\boldsymbol{y}_{\text{set-gender}}(i)}{\boldsymbol{y}_{\text{null}}(i)} - 1\right] \tag{4.6}$$

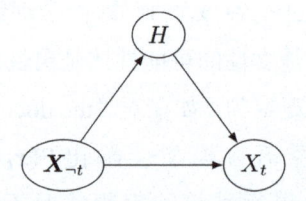

图4.3 利用因果中介效应分析研究神经语言模型中性别偏差的因果图。这里把神经语言模型看作生成数据的模型。处理变量$X_{\neg t}$代表上下文中与性别相关的符号，中介变量H代表隐藏神经元或注意力头的取值，结果变量X_t代表神经语言模型预测的符号

接下来，Vig等人定义了这个问题中的自然直接效应（NDE）（读者可以参考在第1.2.6节中对因果中介效应分析相关概念的介绍），如式（4.7）所示：

$$\text{NDE}(\text{set-gender}, \text{null}; \boldsymbol{y}) = \mathbb{E}_i[\boldsymbol{y}_{\text{set-gender}, \boldsymbol{z}_{\text{null}}(i)}(i)/\boldsymbol{y}_{\text{null}}(i) - 1] \tag{4.7}$$

在式（4.7）中，$\boldsymbol{y}_{\text{set-gender}, \boldsymbol{z}_{\text{null}}(i)}$是一个比较复杂的量，它代表的是不干预中介变量$\boldsymbol{z}$，而仅仅对输入的文本进行干预的情况下结果变量的值。其实在实际应用中，它很容易被做到。注意，在神经语言模型中，中介变量$\boldsymbol{z}$可以代表模型的各个元素，如一个隐藏神经元或者是一个注意力机制中的权重。我们只需要人为地把该元素的值固定为干预输入文本前观测到的值，即$\boldsymbol{z}_{\text{null}}(i)$即可。类似地，可以定义自然非直接效应（natural indirect effect，NIE），与自然直接效应相反，它代表不干预输入文本，而仅仅干预中介变量$\boldsymbol{z}$得到的结果，如式（4.8）所示：

$$\text{NIE}(\text{set-gender}, \text{null}; \boldsymbol{y}) = \mathbb{E}_i \left[\boldsymbol{y}_{\text{null}, \boldsymbol{z}_{\text{set-gender}}(i)}(i) / \boldsymbol{y}_{\text{null}}(i) - 1 \right] \tag{4.8}$$

以式（4.8）为例，要计算 $\boldsymbol{y}_{\text{null},\boldsymbol{z}_{\text{set-gender}}(i)}(i)$ 这个量，就要对神经语言模型输入两种文本，一种是原来的文本"the nurse said that __"，另一种是受到干预的文本，即"the man said that __"。由受到 set-gender 干预的输入，可以计算出中介变量在干预情况下的值，即 $\boldsymbol{z}_{\text{set-gender}}$。然后将其值固定，再使用未受干预的文本作为神经语言模型的输入，这样就可以得到 $\boldsymbol{y}_{\text{null},\boldsymbol{z}_{\text{set-gender}}(i)}(i)$。

Vig 等人还介绍了另一种干预，即 swap-gender。例如，上下文"The nurse examined the farmer for injuries because she __"。这里考虑两种神经语言模型的输出："was caring"和"was screaming"。其中，"was caring"指神经语言模型默认该句子中代表女性的代词"she"指的是护士（nurse）的情况，其中含有认为护士一定是女性的带有性别偏差的刻板印象（stereotype）。而"was screaming"则代表神经语言模型默认该句子中的代词"she"指的是农民（farmer），因为认为农民通常为男性是一种带有性别偏差的刻板印象。因此，这里神经语言模型认为农民是女性被 Vig 等人认为是反对性别偏差的反刻板印象（anti-stereotype）。那么与式（4.4）类似，干预 swap-gender 对应的总因果效应可以用式（4.9）计算：

$$\text{TE}(\text{swap-gender}, \text{null}; \boldsymbol{y}) = \boldsymbol{y}_{\text{swap-gender}}(i) / \boldsymbol{y}_{\text{null}} - 1 \tag{4.9}$$

在实验中，Vig 等人对多种神经语言模型进行了对比研究，包括五种大小的 GPT-2[155-156]、XLNet[157]、TransformerXL[158]，以及三种基于 mask 的神经语言模型 BERT[81]、DistilBERT[156]和 RoBERTa[159]。对于隐藏神经元作为中介变量的情况，Vig 等人考虑了文献[160]中的 17 个文本模板和 169 个职业词汇创造了一系列上下文，Vig 等人称之为 professions 数据集。而对于注意力机制作为中介变量的情况，Vig 等人利用了在自然语言处理性别偏差研究中非常有名的 Winobias[161]和 Winogender[162]数据集。在实验中，Vig 等人通过计算上文提到了两种干预相对应的三种因果效应发现了以下现象。

第一，更大的模型对性别偏差会更敏感。这意味着更大的神经语言模型中，这两种干预的总因果效应更大。

第二，部分因果效应和外部数据中与性别相关的统计量具有相关性。如在 professions 数据集中，Vig 等人观察到外部数据中的性别偏差与总因果效应的对数呈现出较高的正相关性。

第三，性别中立词汇"they"有一致且较低的总因果效应。Vig 等人还发现，性别偏差的中介效应的分布是稀疏的，即只有少部分隐藏神经元和注意力机制元件有显著的中介效应。

文献[163]是另一个利用因果效应分析对神经语言模型进行可解释性研究的工作。与文献[153]不同的是，前者专注于研究一些比较难以直接对给定文本进行干预的情况，即考虑一些比较抽象的处理变量（如写作风格）对神经语言模型预测结果的因果效应。Feder 等人直接在一段文本的表征上做干预，认为如果一段文本本来具有某个写作风格，那么就通过对抗训练（adversarial training）使该文本的表征无法预测该风格，从而完成干预。之后再对比未受干预的预测结果和干预后的预测结果的差，得到写作风格对神经语言模型预测结果的因果效应。

该领域还包含有文献[164-166]在内的其他基于干预的可解释性模型。其中，Harradon 等人提出了一种旨在提高解释多样性的基于干预的可解释性模型，因为多样的解释更利于人类理解。例如，在图片分类任务中，这类解释可以是动物的眼睛和耳朵；Zhao 和 Hastie[165]提出的基于干预的可解释性方法要求目标黑盒模型要有较好的预测能力，有以因果图表示的领域知识，以及合适的视觉化工具。基于干预的可解释性也被用于解释生成对抗网络是如何以及为什么生成某个图像的[166]。

2. 基于反事实的可解释性模型

下面先来看一个案例：张三准备向某银行申请房屋贷款。该银行采集了张三的个人信息，包括年收入、信用值、受教育程度和年龄，然后通过某黑盒二分类模型预测张三未来还款的概率大小。最终该银行拒绝了张三的贷款申请，理由是模型预测其还款概率较小。理想状况下，银行需要进一步答复张三以下两个问题。

- 问题一：为什么贷款被拒绝？
- 问题二：他至少要做出哪些改变才能通过该次房屋贷款申请？

第一个问题的回答可能是张三信用值较低，第二个问题的回答进一步解释"假如张三信用值提高 10%，这次的贷款申请就能通过"。问题二要求反事实思考。顾名思义，反事实即在一个想象的虚拟世界中，输入与实际观测不同的特征值，观察相应的结果。所以，基于反事实的可解释性是已知现实中需要解释的单个样本的特征和预定义输出（例如，通过贷款申请），明确该样本需要改变的特征（例如，信用值），从而生成相应的可解释性样本。

基于反事实的可解释性是基于单个样本的可解释性。由于传统的可解释性模型只能回答问题一，而无法给出问题二的答案，因此它位于因果阶梯中最低的层级。而基于反事实的可解释性则属于最高层级的可解释性[151]。基于反事实的可解释性的另一个主要优势是它可以针对一个样本产生多种反事实，例如，问题二的回答还可以是"假如张三年收入提高 10%，本次贷款申请就能通过"。这里的隐形假设是当张三再次申请房屋贷款时，银行用于预测的二分类器必须与上次张三申请被拒绝时的相同。

与基于干预的可解释性相比，基于反事实的可解释性的因果图（见图 4.4）相对简单。它表示个体特征的值"导致"了预测结果。该图同时也说明了生成反事实数据的过程：改变某个样本的某些特征的值，从而达到预定义的输出。预定义的输出可以是二元分类器中对标签的翻转（例如，贷款申请的拒绝→通过），或者预测到达某个阈值（例如疫苗有效率到达 70%）。基于干预的可解释性和基于反事实的可解释性之间另一个重要的区别在于前者旨在对模型内部状态或者算法的逻辑如何影响决策进行解释，后者旨在描述模型或算法如何利用外部事实做出决策。由于模型内部和算法逻辑可能包含上百万个相互连接的变量（例如神经元），所以基于反事实的可解释性更利于用户理解，对用户更加友好。该优点同时也体现在它描述了某个样本要达到预定义输出需要做出的最小的特征值的改变。

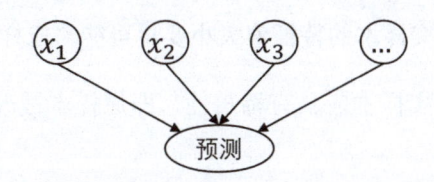

图 4.4　在基于反事实的可解释性中，机器学习模型的输入和输出的因果关系图。x_i 表示样本的某个特征。值得关注的是，这里的因果关系并非代表真正意义上的因果关系

（1）与相关概念的区别。

基于反事实的可解释性与之前介绍的原型和驳斥以及对抗性样本相似。它们主要有以下区别：

- 原型和驳斥必须来源于实际训练的数据，而反事实数据点可以是任何特征的值的相互组合。
- 原型和驳斥属于全局解释，即其用于解释整个模型的行为。基于反事实的可解释性则属于局部解释，因为它用于解释单个个体。
- 对抗性样本主要用于提高模型的鲁棒性，反事实则旨在提高模型的可解释性。
- 对抗性样本是通过对原样本进行人类无法觉察的扰动生成的，这通常与基于反事实的可解释性所要求的稀疏性（sparsity，即需要改变的特征数量尽量小）不一致。
- 对抗性样本中不存在对因果关系的探讨。

（2）反事实解释的评判准则。

反事实解释往往不具有唯一性，那么如何判定生成的反事实解释是否合适？下面简述几种主流的评判标准[142]。

评判标准 1：模型对反事实的样本的预测结果应该和预定义的输出尽可能相似。"尽可能"是因为有的情形下是很难达到预定义的输出的。例如，在二分类问题中，两类标签的样本大小十分不均衡，这可能导致无论如何扰动特征值，都无法达到样本数量小的那一类标签。此时可通过设定阈值达到尽可能相似，例如，模型预测该反事实样本的标签为少数标签的概率由 5%增加到 20%。

评判标准 2：反事实样本的特征值大小要尽可能与原样本的相近。

评判标准 3：反事实样本应具有稀疏性，即原样本被改变的特征的数量尽量少。

评判标准 4：反事实样本特征的值在现实世界中是可能存在的。例如，以下反事实解释是无效的：假如张三的年龄是 200 岁，则本次贷款能申请成功。显然，这个反事实样本在实际中是不可能存在的。一个更严格的要求是反事实样本的产生是符合数据的联合分布的。举例说明，如果某反事实解释告知 30 岁的张三，假如他的年龄减小 10 岁，同时收入增加 30%，则本次贷款能通过，那么这个反事实解释是不符合数据联合分布的。一般情况下，年轻人的收入会随着年龄增长而增加。

评叛标准 5：生成的反事实解释需要具有多样性来保证它更易被人类理解，并且增加改变决策对象自身特征大小的可能性。例如，在前述张三房屋贷款的案例中，对张三来说，将年收入提高 10%可能比其提高信用值更容易实现。

（3）两个经典的基于反事实的可解释性模型。

从上述对基于反事实的可解释性的描述可以看出，目标函数的输入包括需要解释的样本以及预定义输出。目标优化的结果则是反事实样本。所以，目前对反事实解释的研究集中在目标函数和优化方法上。下面着重介绍两类主流方法。

第一种要介绍的方法[167]是最早提出基于反事实的可解释性的研究之一。假设原数据点为 x，反事实数据点为 x'，预定义输出为 $y' \in \mathcal{Y}$，$\mathcal{Y}$ 表示输出变量的空间，Wachter 等人提出用式（4.10）所示的目标函数计算得到反事实解释：

$$\underset{x'}{\operatorname{argmin}} d(x, x') \quad \text{s.t.} \quad f(x') = y' \tag{4.10}$$

其中，$d(x, x')$ 是度量 x 和 x' 距离的函数，例如 $L1$ 或 $L2$ 距离。该目标函数强调反事实数据点应该是在原数据点上做出的"微小"改变。为了保证式（4.10）可微分，我们可以进一步将它转化成式（4.11）：

$$\underset{x'}{\operatorname{argmin}} \lambda(f(x') - y')^2 + d(x, x') \tag{4.11}$$

式（4.11）的第一项计算模型对反事实样本 x' 的预测和预定义输出的二次距离。在文献[167]中，$d(x, x')$ 被定义为对每一个特征加权的曼哈顿距离的加和，如式（4.12）所示：

$$d(x,x') = \sum_{j=1}^{p} \frac{x_j - x_j'}{\text{MAD}_j} \tag{4.12}$$

其中，p为特征数量，MAD_j（median absolute deviation，中值绝对偏差）是对x和x'在特征$j \in \{1,2,\cdots,p\}$上的距离度量，定义为式（4.13）：

$$\text{MAD}_j = \text{median}_{i \in \{1,\cdots,n\}}(|x_{i,j} - \text{median}_{l \in \{1,\cdots,n\}}(x_{l,j})|) \tag{4.13}$$

上述对$d(x,x')$的定义优于常用的欧氏距离，因为它对异常值的表现更加稳定。另外，利用MAD的倒数可以保证不同特征的阈值在同一比例上。λ是调节预测准确性和特征大小相似性的参数：λ越大，表示模型更加侧重生成反事实解释预测的准确性；相反，λ越小，模型则更侧重反事实样本跟原数据点的相似性。为了避免人为地选择λ的大小，Wachter等人建议选择一个公差（tolerance）ϵ来定义预测准确性的容忍度，即$|f(x') - y'| \leqslant \epsilon$。因此，目标函数式（4.11）可以重新被定义为式（4.14）：

$$\arg\min_{x'} \arg\max_{\lambda} \lambda(f(x') - y')^2 + d(x,x') \tag{4.14}$$

该式表示在最小化x和x'距离的同时逐渐增大λ，从而使$f(x')$与y'的差异在容忍度范围内。

然而，上述方法有两个明显的缺陷。其一，该方法生成的反事实解释只考虑了上述评判标准1和评判标准2，即与原样本相近，以及对反事实的预测结果与预定义输出相近；其二，当特征是分类变量且取值可以有多个类别时，该方法的计算复杂度会呈指数增加。

第二种基于反事实解释性的方法[168]可以同时解决这两个缺陷。该方法的目标函数由四部分组成，如式（4.15）所示：

$$\arg\min_{x'} \left(o_1(f(x'), y'), o_2(x, x'), o_3(x, x'), o_4(x', X^{\text{obs}}) \right) \tag{4.15}$$

其中，X^{obs}表示可观测到的数据（例如训练数据或者其他相关数据），$o_1 \sim o_4$分别对应评判标准 1~评判标准 4。具体地说，o_1 要求模型对反事实样本的预测与预定义输出相近，它被定义为：

$$o_1(f(x'), y') = \begin{cases} 0, & f(x') \in \mathcal{Y} \\ \inf_{y' \in \mathcal{Y}} |f(x') - y'|, & \text{其他} \end{cases}$$

o_2 要求原样本和反事实样本类似，其数学定义如式（4.16）所示：

$$o_2(x, x') = \frac{1}{p} \sum_{j=1}^{p} \sigma_G(x_j, x_j') \tag{4.16}$$

其中，$\sigma_G(x_j, x_j')$ 为两者的 Gower 距离，定义为：

$$\sigma_G(x_j, x_j') = \begin{cases} \dfrac{1}{\hat{R}_j |x_j - x_j'|}, & x_j \text{是数值型变量} \\ \mathbb{I}_{x_j \neq x_j'}, & x_j \text{是类别型变量} \end{cases}$$

$\hat{R}_j$ 表示观测数据中特征 j 的阈值范围，把它放在分母中的目的是为了保证所有特征的 Gower 距离都在 0~1 范围内。$\mathbb{I}$ 为指示函数（indicator function），即当 $x_j \neq x_j'$ 时，$\mathbb{I}$ 输出为 1，否则输出为 0。Gower 距离的优势在于，它的输入同时包含了数值变量和类别变量，但是它无法记录被改变的特征的数量，即评判标准 3。o_3 则弥补了这一缺陷，它的数学定义如式（4.17）所示：

$$o_3(x, x') = \| x - x' \|_0 = \sum_{j=1}^{p} \mathbb{I}_{x_j \neq x_j'} \tag{4.17}$$

实现评判标准 4 的关键在于度量反事实样本的"可能性"，即不同特征大小的组合是符合现实的。Dandl 等人[168]提出，首先在训练数据或者其他相关数据中找到与反事实样本最相近的数据点 $x^{[1]} \in X^{\text{obs}}$，然后计算该反事实样本和 $x^{[1]}$ 的相似性。我们同样用 Gower 距离定义 o_4，如式（4.18）所示：

$$o_4(x, x') = \frac{1}{p} \sum_{j=1}^{p} \sigma_G\left(x_j', x_j^{[1]}\right) \tag{4.18}$$

显然，式（4.15）是一个多目标优化问题。为了同时对四个目标进行优化，Dandl 等人采用了在多目标寻优领域中主流的非支配排序遗传算法（non-dominated sorting genetic algorithm，NSGA）[169]。具体优化原理和步骤不在此赘述，感兴趣的读者请参阅文献[168]。然而，该方法依然没有实现反事实解释的多样性。

（4）基于反事实的可解释性的优劣。

基于反事实的可解释性主要有以下几点优势：

- 给定一个数据点，它的反事实解释可以是多样的。这不仅更有利于用户理解黑盒模型的决策行为，而且用户还可以选择可行性更高的方案来达到预期结果。
- 基于反事实的可解释性方法只涉及模型决策函数，而无须访问数据或者模型。这点对公司的发展是十分重要的。例如，为了保护商业机密和数据，公司有权不公开模型和用户数据。在这种情况下，基于反事实的可解释性方法可以在保护隐私的同时，对黑盒模型给出对用户友好的解释。
- 基于反事实的可解释性的适用范围不限于机器学习领域。对任何一个包含输入和输出的系统，都可以用基于反事实的可解释性的概念来对系统做出解释。例如，如果银行改用特定规则对贷款申请进行评估，其仍然可以对决策结果给出反事实解释。
- 基于反事实的可解释性模型的实现相对容易，其中的关键步骤是设定目标函数。目前，优化目标函数的算法已相当成熟，实际操作中只需调用相应的优化包即可。

基于反事实的可解释性的一个主要劣势是"罗生门效应"（Rashomon effect）。它描述的是，模型可能会对某个目标数据点给出非常多的反事实解释。在实际应用中，冗余的解释反而使问题复杂化。例如，在基于反事实的可解释性模型对机器学习模型的决策做出 30 种解释后，该如何向用户汇报这些解释呢？是汇报基于某种评价指标而言最好的解释，还是汇报相对较好但具有多样性的几种解释呢？这就要求读者根据具体案例进行具体分析。

3. 评估指标

对基于因果的可解释性模型的评估包括两方面：生成的解释是否可以被用户理解，生成的解释是否满足因果关系。

（1）可解释性评估指标。

判断一个解释是否能被用户理解，最直接的方式是将它呈现给用户，通过问卷调查的方式得到评估结果。通常，问卷中涉及的问题有以下内容：

- 向用户呈现两个不同的模型和对应的解释，用户是否能更好地判断哪个模型的普适性更优。这个问题有助于调查哪个解释对结果预测的准确性更高。
- 向用户呈现对某个实例产生的解释，用户是否能正确地预测这个实例的输出。这个问题有助于验证生成的解释是否能成功定义预设的输出。
- 根据提供的解释，用户是否能放心地将该黑盒模型投入到实际应用中。评估信任的方式可以是让用户对模型的可靠性进行打分（例如，1~5 个等级，5 表示可靠性最高）。例如，在文献[170]中，为了对比两个黑盒模型 A 和 B 的可依赖性，Selvaraju 等人首先挑选出两个模型都做出正确预测的数据点，然后向 54 个用户同时呈现这些数据点在不同模型下生成的解释。最后，这些用户根据生成的解释给两个模型的可靠性打分。例如，A 比 B 的可靠性稍高或者明显高。
- 上述生成的解释是否符合人类的直觉和常识。例如，可以向用户详细介绍目标黑盒模型，然后让他们对模型的行为做出解释。最后，对比模型生成的解释和人为的解释，并做出评估。理想状况下，这两类解释应达成一致。
- 向用户呈现两种可解释性模型生成的不同解释，并询问哪一个生成的解释质量更高。这也被称为"二元强迫选择"（binary forced choice）评估指标[171]。

以人为主体的评估方式的缺陷有成本高、人易疲劳、每个人固有的一些思想偏见，以及不适宜的用户培训等因素。所以常用的评估指标为非人为的，具体可分为以下三类：

- 第一类指标是评估在给定的预测任务中，某可解释性方法能覆盖多少对黑盒模型决策起重要作用的特征。该前提是要已知哪些特征对黑盒模型的决策是具有重要作用的。一种方案是利用内置可解释性模型（如线性模型）来产生这些特征。
- 第二类指标判断某可解释性方法对原模型是否是局部忠诚的，即生成解释的保真度。保真度高的解释应该能准确地预测黑盒模型的输出结果。例如，在图像分类任务中，高保真度的解释（通常为像素）应该能体现该分类器输出结果的概率大小。所以，保真度与黑盒模型的准确性高度相关。
- 第三类指标是对具有相同标签的相似数据点，可解释性方法应该能生成一致的解释。一个合格的可解释性方法不应对这些数据点产生差异明显的解释。理论上，导致解释的不稳定性的原因可以是高方差或者可解释方法本身的非确定性。

（2）因果评估指标。

在实际应用中，由于缺乏因果解释的基准真相，我们通常采用预定义的代理指标来定量评估基于因果的可解释性模型。下面将对基于干预的可解释性和基于反事实的可解释性的因果评估指标分别进行说明。

基于干预的可解释性模型的输出是黑盒模型内部某个组件（如参数）对预测结果的因果影响。这类影响的基准真相显然是无法从现实世界中获得的。因此，如何对基于干预的可解释性模型进行评估，仍然是可解释机器学习领域的难点。目前的解决方案包括以下两种：

- 通过基于干预的可解释性模型，计算黑盒模型内每一个组件对预测的影响，然后输出对结果影响最大的组件[164]。
- 利用显著图视觉化每一个神经元的因果归因[152]。

相比之下，针对基于反事实的可解释性模型提出的因果评估指标更加完善。如表 4.2 所示，首先结合之前提到的五种反事实解释评判标准总结出五点反事实解释的特性，然后针对每一个特性给出相应的评估指标[172]。对于稀疏性，除了记录被改变的特征数量的度量方法，还可以利用弹性网络（elastic network，EN）损失[173]，定义为 $EN(\delta) = \beta \cdot \| \delta \|_1 + \| \delta \|_2^2$。其中，$\delta$ 表示原样本和反事实解释之

间的距离，β 为参数。弹性网络是一种由 $L1$ 和 $L2$ 正则化矩阵组成的线性回归模型，常用于稀疏模型。表 4.2 中对可解释性的两种评估指标是由 Looveren 和 Klaise [173] 提出的。他们首先拓展了可解释性的定义，即反事实解释 x' 与反事实损失的数据流形（data manifold）足够接近。然后，可解释性可以通过下列方式度量。

在反事实标签上训练得到的反事实数据生成器的重构错误与在原标签上训练得到的反事实生成器的重构错误的比。其数学定义为式（4.19）：

$$\text{IM1}(\text{AE}_i, \text{AE}_{t_0}, x') = \frac{\| x_0 + \delta - \text{AE}_i(x_0 + \delta) \|_2^2}{\| x_0 + \delta - \text{AE}_{t_0}(x_0 + \delta) \|_2^2 + \epsilon} \tag{4.19}$$

其中，$x' = x_0 + \delta$，δ 表示原样本和反事实解释之间的距离；AE_i 和 AE_{t_0} 表示两种自编码器（autoencoder，AE），前者用来生成在反事实标签（标签 i）训练后得到的反事实解释，后者用来生成在原标签（标签 t_0）训练后得到的反事实解释。IM1 的值越小，表示用反标签训练后得到的自编码器能更精确地重构反事实解释，即生成的反事实解释更接近反事实损失的数据流形。类似的量化方法还有式（4.20）：

$$\text{IM2}(\text{AE}_i, \text{AE}, x') = \frac{\| \text{AE}_i(x_0 + \delta) - \text{AE}(x_0 + \delta) \|_2^2}{\| x_0 + \delta \|_1 + \epsilon} \tag{4.20}$$

其中，AE 表示在所有标签上训练得到的自编码器。IM2 越小，表示两列自编码器生成的反事实解释越相似，即生成的反事实解释的分布和所有标签的分布越相似。多样性的定义也需要度量两个样本所有特征的距离。表 4.2 中 C_k 表示由原始输入生成的反事实解释的集。$|C_k|$ 则表示集的大小。

表 4.2 常用的基于反事实的可解释性评估指标[172]

反事实解释特性	特性的描述	评价指标
稀疏性（sparsity）	由原始数据点 x 生成反事实数据点 x' 所需改变的特征的数量尽量小	弹性网络损失项：$\text{EN}(\delta) = \beta \cdot \| \delta \|_1 + \| \delta \|_2^2$ [173] 人为记录改变特征的数量 [174]
可解释性（interpretability）	反事实解释 x' 应位于数据流形附近	在反事实标签上训练得到的反事实数据生成器的重构错误与在原标签上训练得到的反事实生成器的重构错误的比 [173]

续表

反事实解释特性	特性的描述	评价指标
		在反事实标签上训练得到的反事实数据生成器的重构错误与在所有标签上训练得到的反事实生成器的重构错误的比[173]
接近度（proximity）	x 与对应的反事实解释 x' 的距离尽量小	$\frac{1}{p}\sum_{j=1}^{p}\text{dist}(x_j', x_j)$ [168,175]
速度（speed）	生成反事实数据的速度应该足够快，从而满足实际应用的需要	测量梯度更新的时间和次数[173]
多样性（diversity）	给定一个具体案例，生成的反事实解释是多样的	$\frac{1}{|C_k|^2}\sum_{i=1}^{k-1}\sum_{j=i+1}^{k}\text{dist}(x_i', x_j')$ [175]

4.2 公平性

机器学习的公平性是近年来负责任的人工智能和可信任机器学习的另一个热门研究领域。在如今大数据盛行的时代，"数据即财富"已经成为许多人的共识。但是，数据是一把"双刃剑"。它既让机器学习（尤其是深度学习）成为可能，同时也导致了算法在训练过程中吸收、学习，甚至放大数据中隐藏的人类主观偏见和刻板印象。带有有害"偏见"的人工智能系统会做出有偏见的、不公平的决策。这些决策往往会损害弱势和少数群体的利益，甚至威胁到他们的生命安全。当带有"偏见"的人工智能系统用于人类生活的方方面面时，会更进一步加强社会对弱势和少数群体的偏见和不公平性。这就形成了如图 4.5 所示的一个恶性反馈循环。在决策领域，公平性指的是不基于个体或群体任何固有或者外部获得的属性而对该个体或群体表现出偏见（prejudice）或偏向（favoritism）。在该定义下，对任何个体或群体做出具有偏向性决策的算法都是不公平的。

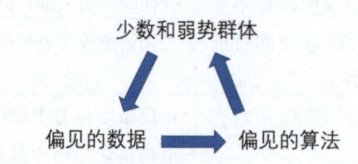

图 4.5 机器学习算法的有害偏见和不公平性的恶性循环

4.2.1 不公平机器学习的典型实例

为了更好地说明机器学习的公平性在人类生活中扮演的重要角色,本节列举部分典型案例,并讨论不公平机器学习对弱势和少数群体造成的危害。

1. 再犯预判

美国法院通常采用替代性制裁犯罪矫正管理剖析软件(correctional offender management profiling for alternative sanctions,简称为 COMPAS)评估被告的再犯风险,以协助法官做出保释决定。COMPAS 的输入信息包含被告的犯罪记录、犯罪类型、与社区的联系记录、未能出庭的历史记录,以及被告人的其他档案信息(例如,种族和年龄等)。然而,据 ProPublica 组织在 2016 年的调查结果显示(相关信息见"链接 7"),当两名被告人的档案信息几乎相同时,非裔美国被告人被 COMPAS 标记为高风险,但实际没有再次犯罪的概率几乎是欧裔美国被告人的两倍;而欧裔美国被告人被标记为低风险,但实际再次犯罪的概率比黑人更高。因为利用被告人的种族信息评估被告人再犯的风险,COMPAS 的预测算法是不公平的,剥夺了非裔美国被告人的平等机会和资源。ProPublica 这篇十分具有影响力的报告无疑将 COMPAS 推向了风口浪尖。

2. 谷歌和脸书的不公平推荐算法

美国卡内基梅隆大学的 Annupam Datta 教授及其同事曾开发了一款名为 Ad Fisher 的软件,用于记录用户在谷歌浏览器的行为如何影响谷歌的个性化推荐结果[176]。其中一个实验是创建多个虚假"求职者"的账号,并跟踪记录这些"求职者"在浏览同一工作申请网站后,谷歌为他们推荐的工作。除性别外,这些求职者拥有完全相同的网络浏览行为及其他信息。然而,Ad Fisher 软件开发团队发现,谷歌推荐系统为男性求职者推荐高薪工作的概率远高于女性申请者。无独有偶,南加州大学的学者在研究中也发现脸书的广告推荐系统会根据职业工作者中的主流性别而向该性别的求职者以更高的概率推荐该工作(相关信息见"链接 8")。在该案例中,谷歌和脸书的推荐算法通过偏见定向(biased targeting)对女性求职者表现出不公平的决策行为。

3. 保险定价

汽车保险公司常用的事故理赔评估模型主要通过预测车主的事故发生率进行保险定价[177]。一个奇怪的现象是，保险公司通常会对红色汽车有较高的保险定价，尽管车主并无任何事故记录。有报告（相关信息见"链接 9"）显示其主要原因是喜欢红色汽车的人通常具有攻击性更强的驾驶习惯。所以，攻击性的驾驶习惯同时导致该车主选择红色汽车和被收取高额保险（此时，攻击性行为是不可见的混淆因子）。那么，假设某一种族的车主偏爱红色汽车，事故理赔评估模型会预测该种族的车主有较高的事故发生率，即使该种族的车主并没有比其他种族的车主有更多的交通事故。该案例可由因果图 4.6 说明。混淆因子（即本例中的攻击性行为）导致了机器学习模型对某一种族车主有不公平的保险定价。

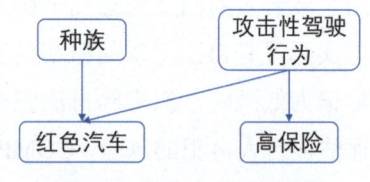

图 4.6　保险定价的因果图

其他类似的案例在日常生活中并不少见。例如，人工智能系统在预测选美大赛冠军时更偏向选择浅色皮肤的参赛选手（相关信息见"链接 10"）；尼康数码相机里的人脸识别软件经常会将微笑的亚洲人预测为在眨眼睛（相关信息见"链接 11"）；在美国新冠疫苗研制完成初期，斯坦福大学开发的疫苗分配算法预测高龄人应优于新冠一线工作者接受第一批疫苗的接种（相关信息见"链接 12"）；在金融领域，美国消费者金融保护局在 2015 年的报告（相关信息见"链接 13"）中显示，有近 20%的美国成人的信用记录是空白的，而且大多数来自少数群体，例如非裔和拉丁美裔美国人。训练数据的极度不平衡导致银行自动借贷系统对少数族裔申请者的信用值做出不公平的评估。2019 年，一项基于 320 万美元的按揭申请和 1 千万美元的再融资申请的研究曾轰动一时。该报告显示，非裔和拉丁美裔美国人不仅会有更高的借贷拒绝率，而且同时被要求以更高的按揭利率偿还贷款[178]。

上述典型案例清晰地显示了不公平机器学习对人类社会造成的危害和负面影响。所以对可信机器学习和负责任的人工智能的研究任重道远。

4.2.2　机器学习不公平的原因

造成机器学习不公平的原因存在于机器学习生命周期的各个方面，如数据处理、模型建立、模型评估、模型部署和生产应用等。本章引言中着重讨论了数据中的偏差主要来自人类历史偏差。在再犯预判案例中，量刑、假释，以及审前释放等决策都有可能受到个人偏见的影响。机器学习算法学习到存在有害偏差的规律后会做出不公平的决策。

本节将进一步对造成不公平的机器学习的主要原因进行讨论。针对机器学习公平性研究和偏差来源的详细阐述可阅读文献[139]。

1. 形式化

机器学习算法主要包含四大组成部分：数据、标签、损失函数和评估标准。

首先，在对每个部分进行形式化处理（即将数据、标签等转化成机器可以理解的输入）的过程中，可能会遗漏它们所处的环境和历史背景。例如，在将原始数据转化为数值属性向量时，通常会忽略这些数据产生的环境，比如，是谁产生的数据、在哪里产生的、主要用途有哪些。所以，预处理后的数据往往不包含任何重要的背景信息。其次，数据的标注也是引入偏见的重要来源之一。例如，不同的标注工作者对标注种类的定义可能会不同。一项针对网络霸凌标记的研究表明，受害者和第三方标注工作者对同一组数据标注的结果大相径庭，其中正标签（也就是霸凌）在受害者标注的结果中所占比例远高于第三方工作者[179]。除了个人偏见，对标注标准的不同定义也会产生不同的标注结果；即使存在一套清晰明确的标准，我们也无法保证标注者严格遵循或者准确理解这些标准。所以，模型训练中用到的标签并不是理想的基准标签，而是近似的代理标签。损失函数的形式化处理则可能会存在过度简化的问题：几乎所有的损失函数都是以最大化利益或者最小化损失为（唯一）目标的。优化结果则有可能是满足既定目标但带有偏见的解。类似的问题也存在于评估标准的形式化处理过程中，比如不合理地使用基准评估数据和指标会在决策中引入偏见。

2. 数据偏差

造成机器学习不公平最重要的原因是数据的偏差，而造成数据偏差的主要原因是人类历史偏差。

第一，输入数据可能是有偏的（skewed），随着时间流逝，这些偏差会逐渐积累和放大。例如，警察会更频繁地巡视犯罪率高的地区，导致记录中该地区的犯罪率高于其他实际犯罪率很高但被警察巡视较少的地区。所以，用这种有偏数据训练的预测系统对被警察关注较少的地区会产生"有利"偏见。

第二，数据中存在带有人类固有偏见的样本。比如，一个基于管理者雇佣标准的自动简历筛选系统会筛选出符合该管理者标准的岗位申请者而非有能力的申请者。一篇词向量偏见研究的里程碑工作[180]曾指出，在谷歌新闻数据上训练的词向量存在性别歧视。例如，程序员的词向量更靠近男性词向量（比如"他"和"男人"），而家庭主妇（夫）更靠近女性词向量（比如"她"和"女人"）。

第三个造成数据偏差的原因为有限的特征，尤其是少数群体的特征。由于搜集少数群体的数据相对多数群体更加困难，导致数据中少数群体的样本数量小、可提取的特征数量少，已有特征的信息也不一定完整。另外，现实世界的数据往往是不均衡的，主要体现为大部分的样本来源于多数群体，只有很小一部分来源于少数群体。

最后，不同特征之间是相关的，即使将敏感属性（例如性别和种族）从特征中排除，训练数据中依然可能存在与这些敏感属性高度相关的代理特征。一个典型的例子是居住地区一般和种族信息紧密相关。

3. 自动化和算法偏见

自动化偏见指人类更依赖于人工智能系统预测的结果做出决策，尽管这些结果和先验知识相互矛盾。这种偏见是人工智能系统的不公平性的传播器和放大器。算法偏见则是由算法本身额外引入的偏见。通过对带有偏见的输入数据（例如样本数量不均衡的数据）的学习，算法首先可能会捕捉到一些在数据中常见但带有偏见的规律，然后利用这些规律做出决策，从而成为带有偏见的预测系统。例如，由于现存数据中大部分雇佣的软件工程师为男性，则在预测某位女性申请者是否为适合软件工程师的职位时，自动化人工智能雇佣系统可能会利用性别信息而非相关特征，比如"工作经历"、"编程技能"、"学位"和"参与过的项目"进行决策。算法偏见是人工智能系统中一类系统的、可重复性的错误，它会放大、操作化甚至合法化机构偏见（也被称为系统偏见）[137]。

4. 因果偏差

当机器学习算法将相关关系误用为因果关系或者对因果关系建立不合理时，则会产生因果偏差。在保险定价的案例中，司机的攻击性驾驶行为是红色汽车和高额保险的共同原因，导致红色汽车和高额保险之间存在虚假的相关关系。由于种族信息也会部分影响汽车颜色的选择，事故理赔评估模型则会预判该种族的车主属于高风险人群，保险公司则会向其收取高额汽车保险。正是因为保险公司忽视了种族、汽车颜色和攻击性驾驶行为之间的因果关系，其在构建机器学习模型时才会引入因果偏差。

需要注意的是，不同的偏差并不是孤立存在的，它们可以是相关的，甚至进一步产生交叉性偏差（intersectional bias）。例如，黑人女性面临的某些歧视可能既不是因其种族差异（假如没有歧视黑人的现象），也不是因其性别差异（假如没有歧视白人妇女的行为），而是由两个因素相结合产生的。因此，在机器学习的整个生命周期中，需要同时重视某一类偏差以及偏差之间的相互影响和交叉性，从而提供有针对性的解决方案。

4.2.3 基于相关关系的公平性定义

本节介绍传统的机器学习领域对公平性的定义。这里"传统的"公平性是基于相关关系的。该领域当前最具挑战的问题之一是如何使用数学表达式准确地定义公平性，其背后的主要原因是公平性是一个具有社会性的概念，与人类文化、背景，以及社会环境紧密相连。任何脱离了对环境考虑的公平性的研究都是无意义的。因此，目前学术界对公平性的定义随着机器学习算法任务的不同而不同，很难确定一种广泛适用的定义。

目前常用的公平性定义大致可分为三类[181]：意识公平性、统计公平性和因果公平性。美国联邦法令定义的敏感属性包括种族、宗教、国籍、年龄、性别、怀孕、家庭状况、残障人身份、退伍军人身份和遗传信息。根据算法是否使用敏感属性，可进一步将意识公平性分为有意识公平性（fairness through awareness）和无意识公平性（fairness through unawareness）。当敏感属性被用于条件概率时，可将公平性分为以频率统计为基础的统计公平和以贝叶斯统计为基础的因果公平。下面讨论意识公平性和统计公平性。

1. 意识公平性

意识公平性的考量在于是否显式地使用敏感属性以实现机器学习的公平性，即是否将敏感属性用于模型的训练和预测过程。

首先定义 $\mathcal{Y}$ 为输出空间，$\hat{Y}$ 为预测输出，$\mathcal{X}$ 为非敏感属性集合，$\mathcal{A}$ 为敏感属性集合，$f(\cdot)$ 为机器学习算法。无意识公平性算法在决策过程中隐式地使用任何敏感属性，即 $\hat{y} = f(x,a) = f(x)$。这类公平性定义的问题在于它忽略了非敏感属性中可能存在与敏感属性高度关联的特征（如与种族居住地区高度相关）。当这些非敏感属性被用于训练模型时，模型的输出仍然可能带有偏见。有意识公平性[182]（也称为个体公平性，individual fairness）算法要求相似的个体得到相似的决策结果，即如果两个个体在某种相似性指标下距离相近，那么算法对这两者做出的预测应该相似。其数学表达如式（4.21）所示：

$$D\big(f(x,a), f(x',a')\big) \leqslant d\big((x,a),(x',a')\big) \tag{4.21}$$

其中，$D(\cdot)$ 和 $d(\cdot)$ 分别表示在输入和输出空间的距离度量。有意识公平性的主要难点在于如何在特定任务下选择合适的距离度量标准。

2. 统计公平性

统计公平性要求弱势、少数群体受到的待遇与非弱势群体或者整个群体相似，所以，它属于群体公平性（group fairness）。在再犯预判案例中，ProPublica 对比了 COMPAS 对非裔美国人被告群体和欧裔美国人被告群体的预判结果，结果显示这两者的假阳率和假阴率差别较大，即非裔美国人被告群体实际不再犯罪，却被预测为高风险的概率明显高于欧裔美国人被告群体，而后者再犯，却被预测为低风险的概率明显高于前者。统计公平性的优势在于对数据无额外假设，而且易于验证。现有的基于相关性的公平性的研究可分为基本率统计公平、精度统计公平和校准统计公平[183]。

(1) 基本率统计公平。

假定一个二元的敏感属性变量$a \in \{0,1\}$（例如性别），基本率统计公平要求不同群体输出的分布差异满足式（4.22）：

$$|\ln\frac{P(Y=\hat{y}|a=0)}{P(Y=\hat{y}|a=1)}| \leqslant \delta \tag{4.22}$$

其中，$\delta \geqslant 0$表示对差异的容忍度。一个主流的基本率统计公平的指标为统计均等（statistical parity 或 demographic parity）[182]，其数学定义为$P(\hat{y}|a=0) = P(\hat{y}|a=1)$，表示预测结果$\hat{y}$在任何情况下均独立于敏感属性，即弱势群体（例如非裔美国人群体）中的个体获得相同输出预测结果的概率应该和其他群体相同。在实际应用中，绝对相等几乎是不可能达到的。常用的两种近似形式如式（4.23）和式（4.24）所示：

$$\frac{P(Y=\hat{y}|a=0)}{P(Y=\hat{y}|a=1)} \geqslant 1-\epsilon_1, \quad \epsilon_1 \in [0,1] \tag{4.23}$$

$$|P(\hat{y}|a=0) - P(\hat{y}|a=1)| \leqslant \epsilon_2, \quad \epsilon_2 \in [0,1] \tag{4.23}$$

其中，ϵ_1和ϵ_2代表近似控制参数。统计均等是最简单的公平性指标，该定义的主要缺陷有以下两点。

第一，统计均等并不能保证公平性。如果模型预测一个群体为合格的概率高于另一个群体，统计均等则会要求模型偏向选择该群体中不合格的个体而遗漏另一个群体中合格的个体，以达到算法公平性。我们称之为统计均等的惰性。

第二，统计均等会降低模型预测的准确性，尤其是在敏感属性对预测的准确性十分重要的情况下。例如，性别是对预测人们有购买意向的产品非常有价值的信息，然而受限于统计均等的定义，模型无法将性别信息用于预测。所以，统计均等和机器学习的根本目标在本质上是相互冲突的。一个公平且准确性高的模型不一定满足统计公平。

(2) 精度统计公平。

该公平性的定义取决于模型对每个群体输出结果的错误率和正确率的差异，并且对任意y，该差异需要满足式（4.25）：

$$|\ln \frac{P(Y=\hat{y}|a=0,Y=y)}{P(Y=\hat{y}|a=1,Y=y)}|\leqslant \delta \quad \forall y \tag{4.25}$$

几种主流的精度统计公平指标有概率均等（equalized odds/positive rate parity）、机会均等（equal opportunity/true positive rate parity）和待遇均等（treatment equality）。

在给定标签y时，如果预测结果$\hat{y}$和敏感属性a条件独立，那么$\hat{y}$满足关于a和y的概率均等[184]，如式（4.26）所示：

$$P(\hat{y}=1|a=0,y)=P(\hat{y}=1|a=1,y) \quad \forall y \tag{4.26}$$

概率均等要求模型对不同群体输出结果的假阳率和真阳率（true positive rate，TPR）相等。它的弱化形式为准确性均等（accuracy parity），其数学定义如式（2.27）所示：

$$P(\hat{y}=y|a=0)=P(\hat{y}=y|a=1) \quad \forall y \tag{4.27}$$

准确性均等能很好地克服统计均等的两点缺陷，但是它会鼓励模型通过选择非弱势群体中的不合格个体忽略弱势群体中的合格个体，以达到公平性，即通过增加弱势群体的假阴性提高非弱势群体的假阳性。

机会均等要求模型对不同群体的真阳率是相等的。其数学定义如式（4.28）所示：

$$P(\hat{y}=1|a=0,y=1)=P(\hat{y}=1|a=1,y=1) \tag{4.28}$$

它适用于以真阳率为重心的应用。例如，当机器学习模型用于招聘，一个机会均等模型的预测结果中实际合格的申请者在不同群体中的占比应相同。该公平性定义的缺陷在于它会不断地扩大不同群体间的差异。

与机会均等的分析思路类似，待遇均等要求模型对不同群体输出结果的假阴率和假阳率相等。其数学定义如式（4.29）所示：

$$\begin{cases} P(\hat{y}=0|a=0,y=1) = P(\hat{y}=0|a=1,y=1) \\ P(\hat{y}=1|a=0,y=0) = P(\hat{y}=1|a=1,y=0) \end{cases} \tag{4.29}$$

（3）校准统计公平。

该公平性定义度量模型对每个群体输出结果的置信度的差异。该差异应满足式（4.30）：

$$|\ln \frac{P(Y=\hat{y}|a=0,Y=\hat{y})}{P(Y=\hat{y}|a=1,Y=\hat{y})}| \leqslant \delta \tag{4.30}$$

校准统计公平的主流指标为测试均等（test fairness/predictive rate parity）[185]。它要求对于任何模型输出的概率值来说，不同的群体被正确地分类到正标签的概率必须相同。如果标签 y 和敏感属性 a 在给定预测结果 $\hat{y}$ 时条件独立，如式（4.31）所示：

$$P(y=1|a=0,\hat{y}) = P(y=1|a=1,\hat{y}) \tag{4.31}$$

那么，y 满足关于 a 和 $\hat{y}$ 的测试均等。

4.2.4 因果推断对公平性研究的重要性

因果公平性和统计公平性的不同源于相关关系和因果关系的差别，即两个完全不同的结构因果图（因果关系）可能会对应相同的联合分布（相关关系）。这就可能导致面对两个不同的数据生成方式，其中一个是公平的，另一个是带有歧视的，基于相关关系的公平性（例如统计公平）将无法区分这两个场景。所以，基于相关性标准的公平性的核心问题在于它无法确保机器学习的决策是公平的。那么，因果推断对公平性研究的重要性具体体现在哪里呢？

1. 辛普森悖论（Simpson's Paradox）

下面回顾一下伯克利大学录取中性别歧视的案例。1973 年，伯克利商学院和法学院秋季的招生统计数据汇总如表 4.3 所示，结果表明，男性录取率高于女性录取率。但是，这是否表明伯克利大学在录取过程中存在对女性申请者的歧视呢？我们再来看另外两组数据[186]，如表 4.4 和表 4.5 所示。出乎意料的是，当我们对每个学院的录取率进行分析时，女性申请者的录取率反而均高于男性申请者。这就是著名的辛普森悖论，由英国统计学家 E.H.辛普森于 1951 年提出，即在某个条件下对数据进行分组，每组数据里呈现的趋势与分组前整体数据呈现的趋势相反。辛普森悖论的原因通常存在混淆因子，例如，上述实例中的学院类别。因此，如果使用上述基于相关关系的公平性定义来分析该案例，可能会得到与基于因果关系的公平性定义完全相反的结论。

表 4.3 伯克利大学 1973 年秋季商学院和法学院的招生统计数据汇总

性别	录取	拒收	综述	录取率
男性	209	95	304	68.8%
女性	143	110	253	56.5%

表 4.4 伯克利大学 1973 年秋季法学院的招生统计数据汇总

性别	录取	拒收	综述	录取率
男性	8	45	53	15.1%
女性	51	101	152	33.6%

表 4.5 伯克利大学 1973 年秋季商学院的招生统计数据汇总

性别	录取	拒收	综述	录取率
男性	201	50	251	80.1%
女性	92	9	101	91.1%

需要注意的是，我们并不能因此断定该学校在招生过程中完全不存在性别歧视。在该案例中，辛普森悖论的发生主要有以下两个原因。

第一，两个学院的录取率存在很大差距：法学院录取率低，商学院录取率高。另外，法学院的女性申请者更多，而商学院的男性申请者更多。

第二，存在其他因素的影响，比如申请者的入学成绩和教育背景。在人类社会长期存在的性别歧视可能导致更多女性选择申请竞争力更大的法学专业[186]。尽管在文献[186]的研究中并没有清晰地描述因果模型，但控制学院类别实际上是在控制因果关系中的混淆因子。对辛普森悖论详细的因果研究可参考文献[5]。

2. 选择偏差

机器学习的不公平性也源于数据搜集和采样过程中的选择偏差。例如，警察更频繁地巡视犯罪率高的地区，从而导致产生更多的有偏数据，最终形成不公平的反馈回路。该案例中数据的搜集是存在选择偏差的，即在资源有限的情况下，警察会选择犯罪率高的地区，导致数据中大部分样本来源于该地区。如果存在一个代表选择的变量Selected，那么所有的观测数据都满足"Selected = True"。地区R和犯罪率C的关系可表示为式（4.32）的形式：

$$P(C = \text{High}|R = r, \text{Selected} = \text{True}) > P(C = \text{High}|R = r', \text{Selected} = \text{True}) \tag{4.32}$$

然而，我们无法通过观测数据推测如式（4.33）所示的关系：

$$P(C = \text{High}|R = r, \text{do}(\text{Selected} = \text{False})) > P(C = \text{High}|R = r', \text{do}(\text{Selected} = \text{False})) \tag{4.33}$$

即无法知道警察选择犯罪率更低的地区后的结果。一种解决方案是利用因果推断中的干预模型。

3. 公平性需要干预

干预首先要求我们有明确的结构因果关系图（后面将会介绍基于因果图的公平性实例），然后对不同变量之间的因果关系进行建模。对机器学习算法附加公平性约束实际上也是在对输出结果$\hat{Y}$进行干预的过程。通过结构因果关系图，可以明确与$\hat{Y}$有因果关系的变量。这不仅有助于我们明确导致输出结果有偏差的变量，也能对该偏差的输出结果可能造成的影响进行分析。除了对输出结果的干预，我们也可以将"干预"应用于机器学习系统的任何一个环节，例如，数据搜集、模型训练、接收反馈、做决策等，因为这些环节都由设定的因果假设和结果驱动。需要说明的是，通过干预去破坏敏感属性与预测结果之间的因果联系只是针对公平性问题的其中一种解决方案，而且这种方案仍然是以预测为主要目标的。理想的公平性定义应该保证敏感属性A和结果Y之间不存在任何因果路径。因此，从预测的角度进行的因果干预是否能达到这种理想的公平性仍然是有待考证的。

4.2.5 因果公平性定义

与统计公平性相比，因果公平性不仅仅依赖于观测数据的分析，它还要求建立在因果假设和因果图的基础上，以便实现干预（intervening），以及展开反事实想象（imagining）。目前涉及因果公平性的主要方法为基于do操作的干预。

下面介绍主要的数学符号：模型在$do(a=0)$的干预下预测结果为$\hat{Y}_{a=0}$，在$do(a=1)$的干预下，结果为$\hat{Y}_{a=1}$；某个个体i的预测结果包括$\hat{Y}_{a=1}^i$和$\hat{Y}_{a=0}^i$；π表示指定的因果路径，R表示A的代理变量（proxies。例如，地区和名字可能是种族的代理变量），其取值空间为$\mathcal{R}$。本节介绍的因果公平性定义的总结如表 4.6 表示。

表 4.6　因果公平性定义的总结

定义	个体/群体	文献	公式	因果框架	优势	挑战
基于干预	纯干预公平	群体	[187]	$P(\hat{y}_{a=0}) = P(\hat{y}_{a=1})$	结构因果图	可解释	依赖因果图；无法保证个体公平
	无代理歧视	群体	[187]	$P(Y\|do(R=r)) = P(Y\|do(R=r'))$	结构因果图	可解释；可以保留受保护属性带来的合理差异	依赖因果图；无法保证个体公平
	FACE	群体	[188]	$\mathbb{E}[\hat{Y}_{a=1}^i - \hat{Y}_{a=0}^i] = 0$	潜在结果框架	可解释；无须证明可辨识性	无法保证个体公平
基于反事实	反事实公平	个体	[177]	$P(\hat{y}_{a=0}\|x,a) = P(\hat{y}_{a=1}\|x,a)$	结构因果图	可解释；适用于不同粒度的公平性	依赖因果图；不可辨识性（unidentification）
	基于特定路径的反事实公平	个体	[187]	$P(\hat{y}_{a=1}\|x,a,\pi) = P(\hat{y}_{a=0}\|x,a,\pi)$	结构因果图	可解释；可以保留受保护属性带来的合理差异	依赖因果图；不可辨识性
	自然直接效应	群体	[189]	$P(y_{a=1}, z_{a=0}) - P(y_{a=0}) = 0$	结构因果图	可解释	依赖因果图；无法保证个体公平
	自然间接效应	群体	[189]	$P(y_{a=0}, z_{a=1}) - P(y_{a=0}) = 0$	结构因果图	可解释	依赖因果图；无法保证个体公平
	基于特定路径效应	群体	[5]	$P(y_{a=1}\|\pi, y_{a=0}\|\overline{\pi}) - P(y_{a=0}) = 0$	结构因果图	可解释；可以保留受保护属性带来的合理差异	依赖因果图；无法保证个体公平
	FACT	群体	[188]	$\mathbb{E}[\hat{Y}_{a=1}^i - \hat{Y}_{a=0}^i \| A_i=1] = 0$	潜在结果框架	可解释；无须证明可辨识性	无法保证个体公平

续表

定义		个体/群体	文献	公式	因果框架	优势	挑战
仅基于因果图	无解决歧视	群体	[187]	-	结构因果图	可解释；可以保留受保护属性带来的合理差异	依赖因果图；无法保证个体公平；无数学定义

1. 反事实公平

基于反事实思维的公平性定义最早由 Kushner 等人[177]提出。如果模型输出结果 $\hat{y}$ 满足式（4.44）：

$$P(\hat{y}_{a=0}|\boldsymbol{x},a) = P(\hat{y}_{a=1}|\boldsymbol{x},a) \tag{4.44}$$

那么，该模型满足反事实公平。反事实公平的思想简单明了：在所有其他变量都相同的情况下，如果一个决策与一个在敏感属性值不同的反事实世界中所采取的决策一致，那么该决策对于个体是公平的。在实际应用中，这表明可以利用系统中观测到的任何不是由敏感属性导致的变量（也就是因果图中没有任何从敏感属性到该变量的路径）来预测结果。该定义要求同一个个体的输出结果在现实世界和反事实世界中分布的差异应满足式（4.45）：

$$\left|\ln\frac{P(Y=\hat{y}_{a=1}|\boldsymbol{x},a)}{P(Y=\hat{y}_{a=0}|\boldsymbol{x},a)}\right| \leqslant \delta \tag{4.45}$$

例如，前述被告人再犯案例中，反事实公平要求"如果某非裔美国被告人成为欧裔美国被告人，模型预测他（她）再犯风险应与之前相同"。反事实公平的优势在于可以对同一个个体比较模型对其在不同敏感属性值下的输出结果。其主要缺点在于需要明确的因果图，因果图的不唯一性导致反事实公平有不可证实性。

2. 基于特定路径的反事实公平（PSCF）

Kushner 等人提出的反事实公平性考虑的是敏感属性对输出结果的总体影响。这个定义在某些场景中是存在问题的。例如，伯克利大学录取案例中并不是学校做出的决策对女性有歧视，而是相比于男性申请者，女性申请者更多地选择竞争力更大的法学院。Kushner 等人定义的反事实公平则无法区分这一点。继而有学者提出了基于特定路径的反事实公平[187,190-192]。这里的路径指的是在因果图中，敏感属性A和输出Y之间可能存在公平路径和不公平路径。基于特定路径的反事实公平则要求个体在不公平路径上的预测结果与反事实中的预测结果相同。

如图 4.7 所示，假设 A 为性别变量，Y 为录取率，X_1为受性别影响的变量（例如，伯克利学院基金来源），X_2为学院选择，那么图 4.7 中有两条路径是不公平的，即$A \to X_1 \to \hat{Y}$和$A \to \hat{Y}$。前者为间接性别歧视（indirect gender discrimination），后者为直接性别歧视（direct gender discrimination）。$A \to X_2 \to \hat{Y}$是公平路径，因为它源于申请者的自由意愿。所以，在基于特定路径的反事实公平下，要求式（4.46）成立：

$$P(\hat{Y}(a', X_1(a', X_2(a)), X_2(a)|X_1 = x_1, X_2 = x_2, A = a) = \\ P(\hat{Y}(a, X_1(a, X_2(a)), X_2(a)|X_1 = x_1, X_2 = x_2, A = a) \quad (4.46)$$

该定义度量同一个个体在不同路径下的输出结果在现实世界和反事实世界中分布的差异，该差异应满足式（4.47）：

$$|\ln \frac{P(Y = \hat{y}_{a=1}|\boldsymbol{x}, a, \pi)}{P(Y = \hat{y}_{a=0}|\boldsymbol{x}, a, \pi)}| \leqslant \delta \quad (4.47)$$

其中，π代表保护属性A到结果Y的一条因果路径。

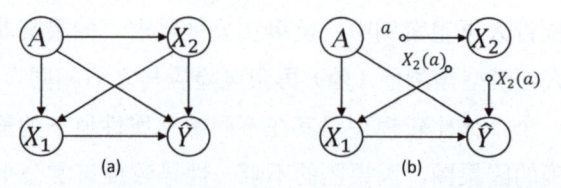

图 4.7 (a) 一个在敏感属性和预测结果之间存在不同路径的因果图；(b) $A \to X_2 \to \hat{Y}$是公平路径，$A \to X_1 \to \hat{Y}$和$A \to \hat{Y}$是不公平路径

3. 纯干预公平

基于反事实的公平性是定义在个体层面的，需要对个体的保护属性（例如性别）进行干预，这在实际应用中显然是很难实现的。因此，有研究提出在干

预分布（$P(\hat{Y}|\text{do}(A=a), \boldsymbol{X}=\boldsymbol{x})$）上定义公平约束，即纯干预公平[187]。该约束定义如式（4.48）所示：

$$P(\hat{y}_{a=0}) = P(\hat{y}_{a=1}) \tag{4.48}$$

对同一群体，纯干预公平要求干预前和干预后模型的输出结果分布的差异满足式（4.49）：

$$|\ln \frac{P(Y=\hat{y}_{a=1})}{P(Y=\hat{y}_{a=0})}| \leqslant \delta \tag{4.49}$$

纯干预公平通常比较简单、直观且容易实现。它的主要缺点在于它属于群体公平性定义，所以一个满足纯干预公平的模型可能在个体层面是带有歧视性的。

4. 直接歧视和间接歧视

直接歧视和间接歧视也存在于群体层面，我们可以通过因果中介效应来理解。在伯克利大学录取案例中，性别对录取率有直接和间接影响，分别导致直接和间接的性别歧视。如图 4.8 所示，$A \to X_1 \to \hat{Y}$ 代表性别通过中介因子对录取的间接影响，$A \to \hat{Y}$ 代表直接影响。变量 X_1 被称为敏感属性的代理属性（或红线属性）。$A \to X_2 \to \hat{Y}$ 表示不同性别的申请者对学院的选择不同，可被诠释为性别对录取率的可解释性影响。

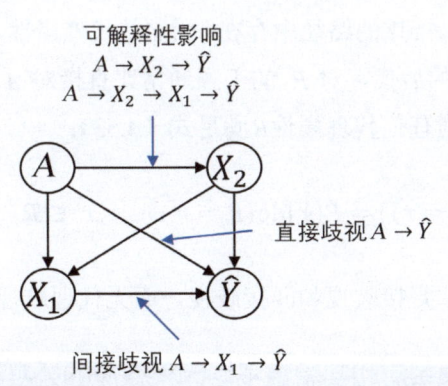

图 4.8 伯克利录取案例的因果图，其中 $A \to X_2 \to \hat{Y}$ 是性别通过学院选择对录取率的可解释性影响，$A \to X_1 \to \hat{Y}$ 代表间接歧视，$A \to \hat{Y}$ 代表直接歧视

自然直接效应（NDE）[189]通常用来度量直接歧视，其定义如式（4.50）所示：

$$\text{NDE}_{a=1,a=0}(y) = P(y_{a=1}, z_{a=0}) - P(y_{a=0}) \tag{4.50}$$

其中，Z表示中介变量的集合。也就是说，A在路径$A \to Y$上被赋值为 1，而在其他所有间接影响的路径上为 0。自然间接效应（NIE）[189]描述A对Y的间接效应，其定义如式（4.51）所示：

$$\text{NIE}_{a=1,a=0}(y) = P(y_{a=0}, z_{a=1}) - P(y_{a=0}) \tag{4.51}$$

由于 NIE 无法区分可解释性影响和间接歧视，所以需要用到更加详尽的基于特定路径的效应（path-specific effect，PSE）[5]。给定一个特定的路径π，基于π的效应可定义为式（4.52）：

$$\text{PSE}^{\pi}_{a=1,a=0}(y) = P\left(y_{a=1|\pi}, y_{a=0|\overline{\pi}}\right) - P(y_{a=0}) \tag{4.52}$$

其中，干预后的敏感属性对结果的影响通过π传播，而未干预的影响通过π以外的路径（即$\overline{\pi}$）传播。

基于直接歧视和间接歧视提出的其他公平性定义还包含尚未解决的歧视（no unresolved discrimination）和无代理歧视（no proxy discrimination）[187]。如果因果图中不存在任何A到Y的路径（可解释性影响的路径除外），那么满足尚未解决的歧视。代理歧视表示从A到Y的路径中存在一个A的代理属性，例如，图 4.8 中的X_1。代理属性是先验的 A 的后代。对 R 的干预通常比直接对 A 进行干预更加可行。所以无代理歧视要求对任何代理属性R满足式（4.53）：

$$P(Y|\text{do}(R = r)) = P(Y|\text{do}(R = r')) \quad r, r' \in \mathcal{R} \tag{4.53}$$

无未解决歧视关注直接歧视和间接歧视，而无代理歧视侧重间接歧视。

5. 基于平均因果效应和实验组平均因果效应的公平性

与上述基于结构因果图的因果公平性定义不同，下面介绍的因果公平性是基于潜在结果框架的。其关注的是敏感属性对预测结果在群体水平的总体影响，可分为基于平均因果效应的公平性（fairness on average causal effect，FACE）和基于实验组平均因果效应的公平性（fairness on average causal effect on the treated，FACT）[188]。类似于 ATE 和 ATT 的区别，FACE 关注的是整个群体（例如，伯克利大学的所有申请者），FACT 则侧重于某个子群体（例如，女性申请者）。FACE 的数学定义如式（4.54）所示：

$$\mathbb{E}\left[\hat{Y}_{a=1}^i - \hat{Y}_{a=0}^i\right] = 0 \tag{4.54}$$

其中，$\mathbb{E}$表示某个变量在所有的输入数据中的期望值。换言之，要满足 FACE，群体中所有个体的输出结果和反事实结果的差异的平均值应为零。FACT 的定义与 FACE 类似，但是只针对某个特定群体，如式（4.55）所示：

$$\mathbb{E}\left[\hat{Y}_{a=1}^i - \hat{Y}_{a=0}^i | A_i = 1\right] = 0 \tag{4.55}$$

即要满足 FACT，某个子群体中所有个体的输出结果和反事实结果的差异的平均值应为零。

综上所述，因果公平性与统计公平性的区别在于，前者考核的是变量之间的因果关系，后者则依赖于相关关系。所以因果公平性需要明确数据的生成过程。这在实际应用中需要克服以下两个难点。

第一，因果公平性依赖于因果假设和因果图。然而，我们既无法保证定义的因果图的准确性，也无法保证因果假设在当前应用中是被满足的。实际上，因果假设在大多数情况下是很难被满足的，例如，不存在任何隐形混淆因子。

第二，因果辨识一直是因果推断中的难点，这在机器学习公平性的应用中更是如此。当因果辨识不成立时，我们就无法通过观测到的数据推断干预和反事实的结果。在前述的因果公平性的定义中，除了定义在潜在结果框架下的 FACE 和 FACT 无须证明因果辨识，其他公平性定义都需要有相应的因果辨识，例如，干预可辨识性、反事实可辨识性和特定路径效应的可辨识性。对公平性因果辨识感兴趣的读者可以参阅文献[193]。

4.2.6 基于因果推断的公平机器学习

机器学习的公平性旨在既保证算法的准确性，又要求输出结果符合某种公平性定义。前面讨论的三类公平性则为公平性提升方法的设计提供了理论支撑。根据公平性处理机制（即预处理机制、处理中机制和后处理机制），本节主要从公平表征任务（fair representation task）、公平建模任务（fair modeling task）和公平决策任务（fair decision-making task）三方面归纳现有因果公平性算法[①]。其中公平表征任务旨在建立公平数据集；公平建模任务旨在建立公平机器学习模型；公平决策任务则利用机器学习模型对输出结果进行公平决策。表 4.7 总结了这三类任务的具体信息。

表 4.7　三类机器学习公平性任务的总结

任务	目标	输入	输出	偏差消除机制
公平表征任务	数据表征学习	与任务相关的训练样本	公平的合成数据集，公平的特征	预处理机制
公平建模任务	算法模型改进	与任务相关的训练样本	公平的机器学习算法模型	处理中机制
公平决策任务	决策结果调整	训练样本和决策结果	公平的决策结果	后处理机制

1. 公平表征任务

该任务的主要目标是通过对敏感属性 A 和 Y 进行特征变换，从而达到以下目标：提取的特征 Z 仅仅保留与 A 无关但同时能够准确预测 Y 的信息，即 $(X,A) \xrightarrow{g} Z \xrightarrow{f'} Y$。其中，$g$ 将输入 (X,A) 转换为特征 Z，f' 表示以特征 Z 为输入的预测模型。换言之，任何基于公平表征的算法应对两个具有相似特征 Z 的个体做出相似的决策。下面通过 CFGAN 模型[194]描述如何使用因果推断学习公平性表征。

CFGAN 在 Causal GAN[195]的基础上学习变量之间的因果关系，利用生成对抗网络（GAN）达到预测值与反事实世界的预测值相同，从而实现因果公平性。CFGAN 由两个生成器 (G_1, G_2) 和两个判别器 (D_1, D_2) 组成。G_1 的任务是促使生成的干预数据的分布和观测数据的分布足够接近；G_2 则确保其生成的干预数据满足因果公平性定义。这两个生成器通过共享输入的噪声和模型参数形成两个因果模型的相关性，同时使用不同的子神经网络来体现不同干预的效应。D_1 的目标在

---

① 每一类任务中都包含有统计公平性算法，本书主要讨论因果公平性算法。

于区分生成数据和真实数据；D_2则负责区分两个干预分布（假设敏感属性是一个二元变量）：$do(A=1)$和$do(A=0)$。(G_1, G_2)和(D_1, D_2)进行对抗博弈，从而生成公平表征数据。

2. 公平建模任务

公平建模任务有两个目标：保证预测的准确率和提高模型的公平性。给定某种公平性定义，公平建模旨在调整原有算法f，以获得f'。所以，它适用于决策者对模型有完全控制的情况。目前大多数研究讨论的是分类任务的公平建模，下面对一些主要成果进行探讨。

用于优化反事实公平性的算法是通过估计隐变量U（即无法观测的背景变量）的后验分布来减少敏感属性对预测结果的影响的。假设$\mathcal{M}$为定义的结构因果模型，$\hat{Y} = f_\theta(U, \boldsymbol{X}_{\nmid A})$表示参数为$\theta$的预测模型（例如逻辑回归），其中$\boldsymbol{X}_{\nmid A}$表示$\boldsymbol{X}$中所有不属于$A$后代的变量。对样本容量为$n$的输入数据，$\mathcal{D} = \{(A_i, \boldsymbol{X}_i, Y_i)\} \quad \forall i = 1, 2, \cdots, n\}$，则定义如式（4.56）所示的经验损失函数（empirical loss function）：

$$L(\theta) = \frac{1}{n} \sum_{i=1}^{n} \mathbb{E}\left[l(y_i, f_\theta(U, \boldsymbol{X}_{\nmid A})) | \boldsymbol{x}_i, a_i\right] \tag{4.56}$$

其中，$\mathbb{E}$为对每一个$U_i \sim P_\mathcal{M}(U|\boldsymbol{x}_i, a_i)$的期望。$P_\mathcal{M}(U|\boldsymbol{x}_i, a_i)$表示隐变量在结构因果模型$\mathcal{M}$下的条件分布。通常可以使用马尔可夫链蒙特卡洛（MCMC）来获得U的近似期望值。给定一个新样本$(a^*, \boldsymbol{x}^*)$，其反事实公平化的预测结果为$\tilde{Y} = \mathbb{E}[\hat{Y}(U^*, \boldsymbol{x}^*_{\nmid A})|a^*, \boldsymbol{x}^*]$。

对反事实公平性算法的改进有 PSCF 算法[192]（即修正敏感属性的后裔在不公平路径上的观测值，从而实现特定路径的反事实公平）、multi-world fairness 算法[196]（通过结合多个可能的因果模型做出近似公平的预测，从而解决反事实公平中难以度量和因果模型不唯一的问题），以及 PC-fairness 算法[197]（通过采用响应变量函数以衡量在因果不可辨识情况下的特定路径的反事实效应，进一步给出特定路径反事实效应的紧确界）。

3. 公平决策任务

在决策任务中，因果公平性的目标是确保机器学习算法输出结果对每个群体都是公平的，即 $(X, A, \hat{Y}) \xrightarrow{h} \tilde{Y}$。其中，$h$ 表示从输入到输出的变换方程，$\tilde{Y}$ 表示符合某种公平定义的输出结果。目前对公平决策的因果公平性研究主要集中在分类任务中，这里以 CF 算法[198]为例进行说明。

CF 算法是以解决反事实公平性算法[177]的不可辨识性问题为目标的一种后处理机制算法。反事实公平的难点在于计算 $P(\hat{y}_a | a', x)$，因为该反事实分布无法直接从现实世界中观测（相应地，$P(\hat{y}_a | a, x)$ 是可以通过观测数据得到的，因为我们并没有对其敏感属性进行人为干预）。CF 首先利用 C 成分分解算法[199]找到反事实公平度量中不可辨识的项，然后给出判定该反事实公平度量是否可辨识的基准。CF 进而推导适用于 $P(\hat{y}_a | a', x)$ 可辨识和不可辨识情形下的上下界。最后，CF 利用该上下界实现让任何分类器都能达到反事实公平，所以 CF 是后处理机制方法。该方法将反事实公平的原本定义拓展为 τ-反事实公平，即给定阈值 τ，如果满足条件式 (4.57)，则一个分类器 $f: X, A \to \hat{Y}$ 满足反事实公平：

$$|\text{DE}(\hat{y}_{a^+ \to a^-} | x)| \leqslant \tau \tag{4.57}$$

其中，$\text{DE}(\hat{y}_{a^+ \to a^-} | x) = P(\hat{y}_{a^+} | a^-, x) - P(\hat{y}_{a^-} | a^-, x)$ 这个因果效应能够度量分类器对某一特定群体（由 x 定义）的不公平性。其定义为分类器对该群体在反事实世界（即将 a^- 转换为 a^+）和现实世界（即 a^-）正决策率（positive decision rate）的差值。在 τ-反事实公平定义下，CF 旨在学习一个输出公平决策 $\tilde{Y}$ 的映射方程 $P(\tilde{Y} | \hat{y}, \text{pa}(\hat{Y})_{\mathcal{G}})$，其中 $\text{pa}(\hat{Y})_{\mathcal{G}}$ 表示已知因果图 $\mathcal{G}$ 中 $\hat{Y}$ 的父结点。给定数据集 $\mathcal{D}$ 和分类器的输出结果 $\hat{Y}$，可通过优化如式 (4.58) 所示的损失函数学习 $P(\tilde{Y} | \hat{y}, \text{pa}(\hat{Y})_{\mathcal{G}})$：

$$\begin{cases} \min \mathbb{E}[\ell(Y, \tilde{Y})] \\ \text{s.t. 对任意} x: \\ \text{ub}(\text{DE}(\hat{y}_{a^- \to a^+} | x)) \geqslant \tau, \quad \text{lb}(\text{DE}(\hat{y}_{a^+ \to a^-} | x)) \geqslant -\tau \\ \sum_{\tilde{y}} P(\tilde{y} | \hat{y}, \text{pa}(\hat{Y})_{\mathcal{G}}) = 1, \quad 0 \leqslant P(\tilde{y} | \hat{y}, \text{pa}(\hat{Y})_{\mathcal{G}}) \leqslant 1 \end{cases} \tag{4.58}$$

其中，$\ell(Y,\tilde{Y})$是 0-1 损失函数，ub和lb分别对应上界和下界。式（4.58）表示当不公平度量DE(·)约束于一定范围时，可以通过最小化公平预测和真实标签的误差实现分类器的τ-反事实公平。

综上所述，本节介绍了因果公平性在公平表征任务、公平建模任务和公平决策任务的相关工作。公平表征旨在学习与敏感属性不相关的表征的同时，保留对目标任务中有用的信息；公平建模任务的关键是调整目标函数，从而实现机器学习算法的公平性和准确性。现有工作主要集中在分类任务中；公平决策任务的目标是对已训练模型的输出结果进行调整，使其最终的输出结果满足公平性定义。目前对这类任务研究相对较少。

公平性是一个极具挑战和复杂性的社会问题，它涉及的领域有方方面面，例如，司法、社会学、政治等。因此，机器学习的公平性并不能简单地等同于定义一个目标函数，然后通过优化算法输出所谓"公平"的解决方案。

首先，公平性还没有一个统一的数学定义和度量方法，当我们使用某种公平指标时，可能正在违反其他定义下的公平指标。例如，在 ProbPublica 于 2016 年发表关于 COMPAS 存在对非裔美国被告人的不公平对待的报告后，COMPAS 的创始人回应 COMPAS 并没有种族歧视，因为在具有相同风险值的条件下，非裔美国被告人和欧裔美国被告人释放后的再犯率是相同的，即满足校准公平性（calibration）。

其次，对任何一个模型，要清楚它的"使用说明"，例如，它的用途、注意事项，以及使用范围等。COMPAS 被用于判刑而非再犯预判时，同样表现出不公平性，因此它也备受诟病。机器学习模型和公平性都是有局限性的，尤其是我们还无法准确地用数学表达式来定义这些目标时，一味地追求预测的准确性或者模型的公平性最终会造成目标和结果的错配，进而导致一致性问题（the alignment problem）[200]。因此，要从更高、更广的角度去看待机器学习和人类社会的关系。

4.3 因果推断在可信和负责任的人工智能中的其他应用

因果推断与可信和负责任的人工智能是紧密相关的，这一点在前面关于机器学习可解释性和公平性的介绍中就得以体现。不难发现，可解释性和公平性是相辅相成的：模型可解释性对公平性研究必不可少，模型公平性也促进了对可解释性更深层次的探讨。同时，从因果关系的层面，这两者又由相同或相似的因果理论支持。那么，因果推断是否还可以运用于负责任的人工智能的其他领域，比如隐私问题？有哪些因果理论和模型会在这些应用中担当重任呢？下面简要探讨因果推断在负责任的人工智能中其他领域的应用和未解决的问题。

1. 泛化能力

机器学习的泛化能力一直是该领域中十分重要和具有挑战性的研究课题。随着因果机器学习的兴起，对泛化能力在因果层面的讨论在近几年得到了广泛关注。其中一个主要原因是因果关系的本质是具有可迁移性。关于因果推断和泛化能力有代表性的研究包括不变因果预测（invariant causal prediction，ICP）[118]和不变风险最小化（invariant risk minimization，IRM）[85]。前者是基于因果图的，其主要思想为如果积极干预一些变量或者改变整个环境，因果模型的预测效果比非因果模型的预测效果更好。后者无须因果图，而依赖于多种训练数据分布。其主要思想是虚假相关关系（spurious correlation）在多个不同训练数据分布中是不稳定的。

2. 隐私保留

用户的隐私保护也是负责任的人工智能的一个重要研究方向。越来越多的学术成果表明人工智能算法能够学习和记住用户的隐私属性，比如年龄、医疗记录等[210]。然而目前学术界对如何利用因果推断提高隐私保护还知之甚少。考虑到隐私保留和公平性问题在一定程度上相似（例如，都与敏感属性相关），对此感兴趣的读者可以从因果公平性的研究出发，设计能保护用户隐私的因果模型。

3. 长期因果影响

目前大多数对可信和负责任的人工智能的研究探讨的是特定时间点或者短期的影响。例如，给定某一特定时间点（段）搜集的数据，现有的可解释性模型和公平性模型输出的是该时间点（段）哪些属性负责于模型的决策或者该模型是否公平。然而，人的认知和社会环境是在不断变化的。当前符合某公平性定义的模型可能在将来某个时刻不再满足该公平性定义，它甚至会损害弱势群体的长期利益。一个典型案例可参见 ICML 2018 最佳论文[202]。该论文以贷款申请为例，讨论了公平机器学习模型对弱势群体的长期影响，即当我们一味追求某公平性目标而降低对弱势群体的贷款申请门槛时，很可能会导致申请者无法按时还款，从而降低他们的信用值。所以，对长期因果影响的研究是负责任的人工智能的一个重要方向。

4. 社会公益

负责任的人工智能的最终目标是服务于人类：保护、告知，以及阻止或减少对人类的消极影响[137]。因果机器学习则是达成这一目标不可或缺的工具。目前已有学者将因果推断应用于对大规模社交媒体数据的研究，例如，社交媒体中的社会支持性语言是如何影响自杀倾向风险的[203]，以及虚假新闻是如何在社交媒体中传播的[204]。然而，对如何将因果机器学习应用于社会公益的研究仍处于早期阶段。

5. 因果工具包

推动因果机器学习在负责任的人工智能领域应用的一个有效方法是开发因果工具包。目前常用的因果工具包有 Causal ML[205]、DoWhy[206]和 TETRAD[207]等。我们可以将一些常用的因果公平性模型、可解释性模型和泛化模型加入这些工具包中，这对推动相关领域的学术研究和实际应用具有重大意义。

第 5 章

特定领域的机器学习

本书把推荐系统和信息检索中用到的机器学习模型叫作互动性的机器学习模型。这类模型的一个重要特点是它们通常需要利用用户产生的标签来完成训练。在这类算法中可以使用显式的（explicit）或隐式的（implicit）两种用户产生的标签。

显式的标签往往被认为是直接体现用户偏好的基准真相。例如，在推荐系统中，显式的标签一般指用户对商品的评分。而隐式的标签则更为常见，它可以是任何能反映用户偏好的用户行为。例如，在电商网站中，可以把点击、购买、加入购物车等用户行为都当作隐式的标签，它们归根结底都是用户偏好的一种体现。但这类标签体现的关于用户偏好的信息不如显式的标签那么直接和明确。在训练这一类模型的时候，由于实际应用中的种种限制，我们会发现选择模型使用的评估标准和训练时优化的目标虽然看上去一致，比如，对于信息检索，它们都会用 NDCG 或者 mAP 这样的标准来衡量模型的表现；但在离线训练和在线评估的时候，这些标准实际上是在不同的样本下计算的。我们常常把用于训练的数据称为离线数据或日志数据。这是因为搜集这些数据时，与用户互动时产生标签的推荐系统或信息检索模型并不是我们正在训练和评估的这个模型，而是一个已经上线的模型。这其实可以被看作一种强化学习中的离线策略评估（off-policy evaluation）

的问题，同时把用于评估的数据称为在线数据。这是因为用于评估的数据是通过把正在训练和评估的这个模型上线做 A/B 测试而搜集到的。

5.1 推荐系统与因果机器学习

推荐系统在当今的互联网和物联网应用中扮演着不可或缺的角色。推荐系统的目的是根据用户个人喜好，把还未被用户发现的物品（item）推荐给用户。根据具体应用的不同而推荐不同的内容，如网飞上的电影、京东或者淘宝上的商品、猫途鹰上的景点、链家或者 Zillow 上的房子、领英上的工作、网易云或者虾米音乐上的音乐、银行或者证券公司的理财产品、谷歌学术上的学术文章，以及社交网络上的好友等。例如，领英会把你可能感兴趣的工作或好友推荐给你。对于提供推荐服务的公司来讲，推荐系统既能在短期内让公司盈利，也能通过良好的用户体验增加用户黏性（customer stickiness），从而提高公司的长期盈利。下面首先介绍一下推荐系统的基础知识。然后，讲解传统的推荐系统中的偏差。正是这些偏差的存在，让我们更想利用因果推断的思想来改进推荐系统，修正这些偏差，以使推荐系统在真实世界的测试集（随机化 A/B 测试或是与训练集数据分布不同的测试集）上表现更佳。

5.1.1 推荐系统简介

在推荐系统中，我们总有一个用户的集合 $\mathcal{U} = \{u_1, \cdots, u_n\}$ 和物品的集合 $\mathcal{I} = \{i_1, \cdots, i_m\}$。推荐系统的目的就是根据每个用户的喜好，将其最可能会点击或购买的物品筛选出来，并排序，最终利用网页或者 App 中有限的交互界面将这些物品展示给用户，以期望得到用户的正反馈，如点击、购买或好评。下面根据推荐系统数据中的反馈类型，对其进行分类介绍。

1. 推荐系统分类

推荐系统一般可分为基于显式反馈的推荐系统和基于隐式反馈的推荐系统。

在基于显式反馈的推荐系统中，用户给物品的评分被当成标签[208-209]，我们可以用一个矩阵 $R \in \{0,1,2,3,4,5\}^{n \times m}$ 来表示观察到的评分。其中，评分 $r_{u,i} = 0$，表示用户u尚未与物品i有交互。基于显式反馈的推荐系统的目标是，训练能够准确预测用户对某个尚未有交互的物品的评分的机器学习模型，从而可以按预测的评分，从高到低地向用户推荐其可能感兴趣的物品。

另外，我们可以用对评分预测的准确性来评价一个推荐系统的表现。这里评分预测被当作一个回归问题，因此可以用常见的评价回归机器学习模型的指标，如均方差（mean squared error，MSE）和平均绝对误差（mean absolute error，MAE）来评价一个基于显式反馈的推荐系统的表现。它们的正式定义如式（5.1）和式（5.2）所示：

$$\text{MSE} = \frac{1}{|\mathcal{U}|} \sum_u \frac{1}{|\mathcal{I}_u|} \sum_{i \in \mathcal{I}_u} (r_{ui} - \hat{r}_{ui})^2 \tag{5.1}$$

$$\text{MAE} = \frac{1}{|\mathcal{U}|} \sum_u \frac{1}{|\mathcal{I}_u|} \sum_{i \in \mathcal{I}_u} |r_{ui} - \hat{r}_{ui}| \tag{5.2}$$

其中，$\hat{r}_{ui}$是推荐系统模型预测的用户u对物品i的评分，而$\mathcal{I}_u = \{i|r_{ui} > 0\}$是与用户$u$有过交互的物品的集合。

在基于隐式反馈的推荐系统中，没有详细的用户对某一件物品的评分，在这种情况下，可以利用用户的一些行为（如点击、加入收藏夹、购买等）来作为一对用户和物品的标签。这里用矩阵$Y \in \{0,1\}^{n \times m}$表示基于隐式反馈的标签矩阵。其中$y_{ui} = 1$和$y_{ui} = 0$，分别表示用户$u$与物品$i$有交互和没有交互。一般情况下，在推荐系统的文献中，基于隐式反馈的推荐系统被视作一种排序模型[210]。更详细地说，对于每一个用户，基于隐式反馈的推荐系统模型的输出是一个矢量，它的每个元素表示该用户对于一个物品的排序评分（ranking score）。原则上，我们认为一个好的基于隐式反馈的推荐系统应该把有交互的物品排在前面。这样就可以用推荐系统给出个性化的物品排序，以判断推荐系统的表现。具体地说，可以用以下几种排序模型的评价指标来评价一个基于隐式反馈的推荐系统的好坏。

（1）召回率@K（recall@K）：用户u在所有有交互的物品中被推荐系统模型推荐给他且为前K个物品的比例。用式（5.3）给出召回率@K的正式定义：

$$\text{recall@}K = \frac{\sum_u |\hat{\mathcal{I}}_u|}{\sum_u |\mathcal{I}_u|} \tag{5.3}$$

其中，K是推荐系统推荐的物品的个数，一般设为 20。它通常由用户可以浏览的物品数量和用户的注意力随位置上升而下降的程度决定。物品集合$\hat{\mathcal{I}}_u = \{i|y_{ui} = 1, \text{rank}(\hat{y}_{ui}) \leqslant K\}$，表示那些被推荐给用户$u$的排在前$K$个位置上的物品中实际与用户有交互的物品。我们也可以把它叫作对用户u而言，真阳性（true positive）的物品的集合。熟悉分类问题的读者可以把它与分类问题中被称为真阳性的样本的集合进行类比。

（2）准确率@K（precision@K）：推荐系统为用户u推荐的排在前K个位置的物品中，用户u与之有交互的比例。可以用式（5.4）给出它的正式定义：

$$\text{precision@}K = \frac{\sum_u |\hat{\mathcal{I}}_u|}{\sum_u K} \tag{5.4}$$

（3）F1 值@K（F1 score@K）：召回率和准确率的几何平均数。它综合了这两种评价指标，其正式定义如式（5.5）所示：

$$\text{F1 score@}K = \frac{2\text{precision@}K \times \text{recall@}K}{\text{precision@}K + \text{recall@}K} \tag{5.5}$$

（4）归一化折损累计增益@K（NDCG@K）：对推荐系统为用户u推荐的排在前K个位置的物品计算折损累计增益（DCG），再做归一化处理，就可得到NDCG@K，其正式定义如式（5.6）所示：

$$\begin{cases} \text{NDCG@}K = \dfrac{1}{|\mathcal{U}|} \sum_u \dfrac{\text{DCG@}K}{\text{IDCG@}K} \\ \text{DCG@}K = \sum_{i:\text{rank}(\hat{y}_{ui}) < K} \dfrac{y_{ui}}{\log(\text{rank}(\hat{y}_{ui}))} \\ \text{IDCG@}K = \sum_{i:\text{rank}(\hat{y}_{ui}) < K} \dfrac{1}{\log(\text{rank}(\hat{y}_{ui}))} \end{cases} \tag{5.6}$$

函数$\text{rank}(\hat{y}_{ui})$表示对用户$u$而言，推荐系统预测的物品$i$的排序。而物品集合

$\mathcal{I}_u = \{i | y_{ui} = 1\}$ 在基于隐式反馈的问题中，也是被定义为与用户 u 有过交互的物品的集合。IDCG@K 是 DCG@K 能取到的最大值，即每个被推荐系统为用户 u 排在前 K 个位置的物品都是与用户 u 有交互的情况下 DCG@K 的取值。

（5）命中率@K（Hit Ratio@K、Hit Rate@K 或 HR@K）：它是召回率在留一交叉验证（leave-one-out cross validation）设定下的值。

（6）mAP@K（mean average precision@K，全类平均准确率@K）：它是对前 K 个位置的平均准确率（average precision，AP）取均值。而平均准确率可以被理解为带有位置权重的准确率，其定义如式（5.7）所示：

$$\text{AP}@K = \frac{1}{|\mathcal{I}_u|} \sum_{i \in \mathcal{I}_u} \frac{1(i \in \hat{\mathcal{I}}_u)}{\text{rank}(\hat{y}_{ui})} \tag{5.7}$$

我们可以发现，与准确率相比，平均准确率对每个真阳性的物品的贡献进行了一个折损。每个真阳性的物品的贡献为它在推荐系统预测的排序中位置的倒数。也就是说，把一个跟用户有交互的物品排在越往后的位置，收益就越小。这更符合真实世界中用户的注意力会随着位置而下降的事实。而 mAP 则是对前 K 个位置的平均准确率求平均得到的。

2. 典型的推荐系统算法

下面介绍两种最具代表性的推荐系统算法，分别是基于显式反馈的协同过滤（collaborative filtering）和基于隐式反馈的贝叶斯个性化排序（bayesian personalized ranking，BPR）[210]。熟悉传统的推荐系统算法的读者可以直接跳到后面部分，阅读推荐系统中的偏差和基于因果推断的推荐系统算法等内容。

（1）协同过滤。

协同过滤可以被称为最经典的基于显式反馈的推荐系统算法[211-212]。协同过滤的基本假设如下：如果用户 u_1 和用户 u_2 在很多物品上都有相似的评分，那么他们在其他物品上也会有相似的评分。这样，如果 u_1 对物品 i_1 的评分是 5.0，那么 u_2 对物品 i_1 的评分也应当与 5.0 相近。也就是说，相似的用户对同一件物品的评分应当相似。协同过滤之所以被叫作协同过滤，是因为我们可以把推荐系统看作一个筛选信息的算法。

在信息爆炸时代，一个平台的物品数量往往远大于人类可以掌控的数量级。因此，人们需要推荐系统来帮助过滤掉那些不太可能感兴趣的物品，从而让每个用户可以在消耗很少的时间和精力的前提下完成购物、观影、安排旅行计划、预订酒店、购买理财产品等任务。而协同则意味着最终模型对某一个用户做出的个性化预测会基于其他用户的信息。

协同过滤一般分为两类：基于用户的协同过滤和基于物品的协同过滤。这里以基于用户的协同过滤算法为例进行介绍。如果想要更深入地了解推荐系统，可以参考推荐系统相关的文献和图书，如文献[213-214]。基于用户（物品）的意思是对用户（物品）间的相似度进行建模，然后利用这种相似度去预测一个用户对一个物品的评分。

基于用户的协同过滤算法即最近邻居（nearest neighbor）的协同过滤算法。在基于用户的最近邻居算法中，可以用式（5.8）基于最近邻居来预测用户u对物品i的评分：

$$\hat{r}_{ui} = \text{aggr}_{w \in \mathcal{N}(u)}(r_{w'i}) \tag{5.8}$$

其中，**aggr**是聚合函数（aggregation function），例如，最常见的聚合函数是求最近邻居对物品i评分的平均值，如式（5.9）所示：

$$\text{aggr}_{w \in \mathcal{N}(u)}(r_{w'i}) = \frac{1}{|\mathcal{N}(u)|} \sum_{w \in \mathcal{N}(u)} r_{w'i} \tag{5.9}$$

其中，$\mathcal{N}(u)$代表用户u的最近邻居的集合。又如，当前最常用的形式如式（5.10）所示：

$$\hat{r}_{ui} = \bar{r}_u + k \sum_{w \in \mathcal{N}(u)} \text{sim}(u, u')(r_{w'i} - \bar{r}_{w'}) \tag{5.10}$$

其中，$\bar{r}_u$是用户u对所有物品i的平均评分。而$\text{sim}(u, u')$是这一对用户之间的相似度。式（5.10）中的第二项可以理解为用户u的最近邻居对物品i的评分与他们每一个人对所有有交互的物品的平均评分的差。在第一项中，用户u对所有有交互的物品的平均评分考虑了该用户自己的一个打分标准，即考虑了以下情况：一个更严格的用户和一个更随和的用户对同样喜爱的物品评分可能有偏差。式（5.10）中第二项的计算依赖于每个用户u的最近邻居$\mathcal{N}(u)$对物品的打分。寻找最近邻居就要依赖于用户之间相似度的计算。这里就要回答这个问题：用户之间的相似性如何计算？

最常见的相似度计算方法包括两种：皮尔森相关系数（Pearson correlation）相似性和余弦相似度。皮尔森相关系数相似性可以由式（5.11）计算得到：

$$\text{sim}(u, u') = \frac{\sum_{i \in \mathcal{I}_{uu'}} (r_{ui} - \bar{r_u})(r_{u'i} - \bar{r_{u'}})}{\sqrt{\sum_{i \in \mathcal{I}_{uu'}} (r_{ui} - \bar{r_u})^2} \sqrt{\sum_{i \in \mathcal{I}_{uu'}} (r_{ui} - \bar{r_u})^2}} \tag{5.11}$$

其中，$\mathcal{I}_{uu'}$是那些与用户u和u'都有交互的物品的集合。

余弦相似度可以由式（5.12）计算得到：

$$\cos(u, u') = \frac{\sum_{i \in \mathcal{I}_{uu'}} r_{ui} r_{u'i}}{\sqrt{\sum_{i \in \mathcal{I}_u} r_{ui}^2} \sqrt{\sum_{i \in \mathcal{I}_{u'}} r_{u'i}^2}} \tag{5.12}$$

这两种方法都是直接利用观察到的评分矩阵$\boldsymbol{R}$完成相似度的计算，从而预测与用户没有交互的物品的评分，并没有学习任何参数。在更加先进的推荐系统中，常常会为每个用户和物品学习一个嵌入矢量，也称为潜特征，然后利用这些向量来计算相似度，从而完成对评分的预测。在这类模型中，最经典的方法莫过于基于矩阵分解的方法[215]。在最近的文献中，更先进的参数模型如神经网络，也被广泛应用于基于协同过滤的显式反馈的推荐系统中。这里就不再详细介绍这些模型了，有兴趣的读者可以自行参考相关文献，如文献[216-217]。

（2）贝叶斯个性化排序。

相比显式反馈（如评分数据），隐式反馈数据在互联网中更常见。在用户使用互联网产品时，除了正负评分（在一些工作中，4到5分的评分被认为是正的隐式反馈，而1到3分被认为等价于负的隐式反馈），任何形式的正面反馈，如点击、收藏、加入愿望列表等行为都可以为基于隐式反馈的推荐系统模型提供标签。这种标签常常是二值的。对基于隐式反馈的推荐系统模型来说，主要的任务是利用隐式反馈的数据训练一个排序模型[1]。这样的排序模型要能够对每个用户生成一个个性化的物品排序。有了这个排序，就可以把排名靠前的物品推荐给用户。在实际应用中，互联网公司往往通过网页或者在 App 上预留的推荐栏位把排名靠前的物品展示给用户以完成推荐。图 5.1 展示了一个真实世界中基于推荐系统预测的个性化排序来展示商品的例子。

图 5.1　真实世界中的推荐系统案例。这是在一家电商网站的商品细节页面中推荐系统所展示的用户可能感兴趣的来自同一家商店的商品栏位

这里介绍经典的基于隐式反馈的推荐系统模型，即由 Steffen Rendle 等人提出的贝叶斯个性化排序[210]。Rendle 还是点击率预测领域的经典模型——分解机（factorization machine，FM）[218]的第一作者，他的工作在推荐系统领域产生了深远的影响，激发了许多后续研究。为了利用隐式反馈的数据，我们可以基于这样的数据来产生每一对用户-物品的正负标签$y_{ui} \in \{0,1\}$。图 5.2 展示了基于隐式反馈的推荐系统的数据转化过程。

图 5.2　推荐系统的隐式反馈数据。将左图中的正反馈（+）和没有反馈（？）转化成右图中$y_{ui} = 1$或$y_{ui} = 0$的二值标签

---

[1] 基于显式反馈的推荐系统也能够利用预测的评分完成对每个用户生成个性化的物品排序。因此，前文介绍的基于排序的推荐系统评价指标也可以用于基于显式反馈的推荐系统模型。

贝叶斯个性化排序则是利用两个用户-物品对的标签值来得到它们之间应有的排序关系，从而训练一个能为每个用户预测个性化的物品排序的推荐模型。在文献[210]中，Rendle等人定义了一种新的符号$>_u \subset \mathcal{I}^2$来表示对一个用户$u$定义的个性化总排序，其中$\mathcal{I}$表示物品的集合。我们可以发现，$>_u$的下标$u$表示它是随用户$u$改变的，因此是个性化的。接下来介绍Rendle等人提出的个性化总排序符号$>_u$的三个性质。

- 完全性（Totality）：即给定任意一对物品$i_1 \neq i_2$，个性化总排序符号为$>_u$，$i_1 >_u i_2$或$i_2 >_u i_1$，其中有且仅有一个关系必然成立。完全性可以被表示为式（5.13）的形式：

$$\forall i_1, i_2 \in \mathcal{I}, i_1 \neq i_2 \to i_1 >_u i_2 或 i_2 >_u i_1 \tag{5.13}$$

- 不对称性（Asymmetry）：即给定任意一对物品i_1和i_2，个性化总排序符号为$>_u$，若$i_1 >_u i_2$和$i_2 >_u i_1$同时成立，则i_1和i_2必然相等。我们可以用式（5.14）表示不对称性：

$$\forall i_1, i_2 \in \mathcal{I}, i_1 >_u i_2 且 i_2 >_u i_1 \to i_1 = i_2 \tag{5.14}$$

- 传递性（Transitivity）：即给定任意三个物品i_1、i_2和i_3，个性化总排序符号为$>_u$，若$i_1 >_u i_2$和$i_2 >_u i_3$同时成立，则$i_1 >_u i_3$必然成立。我们可以将传递性表示为式（5.15）的形式：

$$\forall i_1, i_2, i_3 \in \mathcal{I}, i_1 >_u i_2 且 i_2 >_u i_3 \to i_1 >_u i_3 \tag{5.15}$$

基于个性化总排序符号和观测到的隐式反馈数据，可以获得对每个用户u的一系列成对的物品排序关系，从而用它们来训练基于隐式反馈的推荐系统模型。贝叶斯个性化排序基于一个非常简单的假设，即如果观测到一个用户u和物品i_1有交互，而与i_2没有交互，则认为用户u喜欢i_1多过i_2，即存在个性化排序关系$i_1 >_u i_2$。根据这样的个性化排序关系，可以创建如式（5.16）所示的数据集：

$$D_s = \{(u, i_1, i_2) | i_1 \in \mathcal{I}_u 且 i_2 \in \mathcal{I} \setminus \mathcal{I}_u\} \tag{5.16}$$

其中，$\mathcal{I}_u$代表与用户u有交互的物品集合。我们可以把数据集D_s中的每一个样本(u, i_1, i_2)理解为用户u喜欢i_1多过i_2。这就为我们训练基于隐式反馈的推荐系统模型（个性化排序模型）提供了个性化的物品排序关系数据。

那么，如何利用这样的数据训练个性化排序模型呢？接下来回答这个问题。在文献[210]中，Rendle等人首先提出了一个模型无偏（model agnostic）的广义优化原则——贝叶斯个性化排序优化（BPR-OPT）。它被用来指导最终的贝叶斯个性化排序的损失函数的设计。根据贝叶斯定理，给定个性化总排序$>_u$，可以把一个基于隐式反馈的推荐系统的模型参数$\boldsymbol{\theta}$的后验概率$P(\boldsymbol{\theta}|>_u)$写为式（5.17）的形式：

$$P(\boldsymbol{\theta}|>_u) \propto P(>_u|\boldsymbol{\theta})p(\boldsymbol{\theta}) \tag{5.17}$$

这里可以把$>_u$理解成一个理想的推荐系统模型预测的个性化的物品排序。那么可以采用最大化后验概率的方法来学习模型参数$\boldsymbol{\theta}$。这里潜在的假设是用户之间互相独立。另一个假设是，对任何一个用户而言，一对物品的排序不受其他物品排序的影响。那么可以把似然函数$P(>_u|\boldsymbol{\theta})$分解成式（5.18）所示的形式：

$$\prod_{u \in \mathcal{U}} P\left(>_u \Big| \boldsymbol{\theta}\right) = \\ \prod_{(u,i_1,i_2) \in \mathcal{U} \times \mathcal{I} \times \mathcal{I}} P\left(i_1 >_u i_2 | \boldsymbol{\theta}\right)^{\mathbb{1}((u,i_1,i_2) \in D_s)} \left(1 - P\left(i_2 >_u i_1 | \boldsymbol{\theta}\right)\right)^{\mathbb{1}((u,i_1,i_2) \notin D_s)} \tag{5.18}$$

其中，$\mathbb{1}$是指示函数：

$$\mathbb{1}(x) = \begin{cases} 1 & x \text{ 为真} \\ 0 & \text{其他} \end{cases}$$

根据$>_u$的完全性和不对称性，可以把式（5.18）简化成式（5.19）所示的形式：

$$\prod_{u \in \mathcal{U}} P(>_u|\boldsymbol{\theta}) = \prod_{(u,i_1,i_2) \in D_s} P(i_1 >_u i_2|\boldsymbol{\theta}) \tag{5.19}$$

其中，$P(i_1 >_u i_2|\boldsymbol{\theta})$代表参数$\boldsymbol{\theta}$的推荐系统模型把物品$i_1$排在物品$i_2$前的概率。

那么如何计算这一概率呢？Rendle 等人引入了如式（5.20）所示的参数化的似然函数模型：

$$P(i_1 >_u i_2 | \boldsymbol{\theta}) = \sigma\left(\hat{s}_{(u,i_1,i_2)}(\boldsymbol{\theta})\right) \tag{5.20}$$

其中，$\sigma(x) = \frac{1}{1+e^{-x}}$ 是 S 型函数，$\hat{s}_{(u,i,j)}(\boldsymbol{\theta}) \mathbb{R}$ 是模型预测的对用户 u 而言 i_1 排在 i_2 之前的分数。分数可以是任意实数，越高的分数，意味着对用户 u 而言 i_1 排在 i_2 之前的概率越大。注意式（5.20）仍然是模型无偏的，即可以用任意一个推荐系统模型如矩阵分解模型或者最近邻居模型去预测一个三元组 (u, i_1, i_2) 的分数。然后还需要参数化模型参数的先验分布 $P(\boldsymbol{\theta})$ 来实现后验概率最大化，见式（5.17）。在文献[210]中，Rendle 等人假设模型参数的先验分布服从式（5.21）中的多变量高斯分布：

$$P(\boldsymbol{\theta}) = \mathcal{N}(0, \lambda_{\boldsymbol{\theta}} \boldsymbol{I}) \tag{5.21}$$

其中，$\boldsymbol{I}$ 代表单位矩阵。有了以上的基础，贝叶斯个性化排序的广义优化原则 BPR-OPT 可以被式（5.22）定义：

$$\begin{aligned}
&\arg\max_{\boldsymbol{\theta}} \ln P(\boldsymbol{\theta} | >_u) \\
&= \ln P(>_u | \boldsymbol{\theta}) P(\boldsymbol{\theta}) \\
&= \prod_{(u,i_1,i_2) \in D_s} \sigma\left(\hat{s}_{ui_1i_2}(\boldsymbol{\theta})\right) P(\boldsymbol{\theta}) \\
&= \sum_{(u,i_1,i_2) \in D_s} \ln\left(\sigma(\hat{s}_{ui_1i_2})\right) + \ln P(\boldsymbol{\theta}) \\
&= \sum_{(u,i_1,i_2) \in D_s} \ln\left(\sigma(\hat{s}_{ui_1i_2})\right) + \lambda_{\boldsymbol{\theta}} \parallel \boldsymbol{\theta} \parallel^2
\end{aligned} \tag{5.22}$$

其中，$\hat{s}_{ui_1i_2}$ 是 $\hat{s}_{ui_1i_2}(\boldsymbol{\theta})$ 的简写。第四个等式可以由多变量高斯分布的概率密度函数的定义得到。它也反映了最小化模型参数的 L2 范数的平方的意义：使模型参数的分布更接近多变量高斯分布 $\mathcal{N}(0, \lambda_{\boldsymbol{\theta}})$。式（5.22）鼓励我们最大化 D_s 中每个样本 (u, i_1, i_2) 的分数，同时对模型的参数进行基于 L2 范数的正则化处理，防止模型过拟合。这样就可以基于梯度的优化算法（如梯度上升法）利用 BPR-OPT

对模型参数 θ 来优化常见的基于隐式反馈的推荐系统模型（如矩阵分解模型）。Rendle 等人还指出 BPR-OPT 本质上是在近似地优化推荐系统模型预测的个性化排序的 AUC（area under curve）值，对此有兴趣的读者可以参考文献[210]。

5.1.2 用因果推断修正推荐系统中的偏差

本节将介绍推荐系统中常见的偏差，这些偏差的存在给了我们用因果推断的思想来设计推荐系统的理由。文献[219]对推荐系统中存在的偏差进行了比较全面的总结。我们可以发现一个真实世界的推荐系统由用户、数据和推荐系统模型三方面构成。而一个推荐系统的运作可以理解为这三方面的互动：模型推荐物品给用户，用户通过评分、点击等方式给模型推荐的物品一个反馈，然后这些反馈又被当作数据去训练推荐系统模型。由于这些互动的存在，如果不对推荐系统中的偏差做修正，那么推荐系统的偏差也会因为这个反馈回路而长期存在，甚至经过这个反馈回路积累、放大。推荐系统中的偏差又有哪些呢？在文献[219]中，Chen 等人对其进行了总结。从模型推荐物品到用户给出反馈这个过程中，推荐系统会遭遇流行性偏差（popularity bias）和不公平（unfairness）。而在用户给出反馈到产生数据这个过程中，推荐系统会产生选择性偏差（selection bias）、从众性偏差（conformity bias）、曝光偏差（exposure bias）和位置偏差（position bias）。接下来着重介绍选择性偏差和曝光偏差。

1. 基于显式反馈的推荐系统中的选择性偏差

推荐系统里的选择性偏差是因果推断里常提到的选择性偏差的一种特殊情况[220]。传统的基于显式反馈的推荐系统会有一个潜在的假设，即所有看见的显式反馈都是同等重要的。也就是说，我们会用模型在训练集中观察到每一个反馈标签上误差的平均值作为推荐系统模型的损失函数。但选择性偏差的存在令这样的假设不再成立。在早期的基于显式反馈的推荐系统研究中，Marlin 等人就提到了选择性偏差的问题[221-222]。一般意义上讲，选择性偏差意味着数据中被观测到的样本不能代表总体。非正式地说，在基于显式反馈的推荐系统中可以把选择性偏差描述为用户会更喜欢与自己偏好的物品互动[223]。推荐系统中选择性偏差的定义可以被写成如下形式[219]。

> **定义 5.1　选择性偏差。**
>
> 因为在观测的推荐系统数据中，用户是根据自己的喜欢对物品进行交互的，因此我们观察到的用户对物品的评分是非随机缺失（missing not at random，MNAR）的。也就是说，观测到的评分对总体而言并不是一个具有代表性的样本。

（1）选择性偏差带来的问题。

在 Marlin 等人的研究中，他们让用户对随机选择的物品打分。他们发现，传统的推荐系统中，用户自己选择的物品与随机选择的物品相比，从平均值来看，用户自己选择的物品会获得更高的评分[221]。

用公式来表现选择性偏差的问题，首先可以用式（5.23）来描述传统的基于显式反馈的推荐系统的评价指标或损失函数，即在总体上模型预测的评分的误差[219,223]：

$$\mathcal{L}_{\text{true}} = \frac{1}{UI} \sum_{(u,i)} \delta(r_{ui}, \hat{r}_{ui}) \tag{5.23}$$

其中，δ 代表计算误差的函数，如均方差 $\delta(r_{ui}, \hat{r}_{ui}) = (\hat{r}_{ui} - \hat{r}_{ui})^2$。$U$ 和 I 分别代表用户和物品的总数量。而在传统的推荐系统文献中，最常见的用来估算误差的方法便是直接在观测到的评分中求平均误差，我们称之为朴素估计器，如式（5.24）所示：

$$\mathcal{L}_{\text{naive}} = \frac{1}{|\{(u,i)|e_{ui}=1\}|} \sum_{(u,i):e_{ui}=1} \delta(r_{ui}, \hat{r}_{ui}) \tag{5.24}$$

其中，$e_{ui}=1$ 代表我们观测到了用户 u 对物品 i 的评分。式（5.24）便是基于之前提到的随机缺失假设：每个被观测到的评分都被赋予了相同的权重。如果这个假设成立，那么式（5.24）便是对模型在总体上的误差〔见式（5.23）〕的无偏估计。但由于选择性偏差，观测到的评分不是总体的代表性样本，这就会导致由式（5.24）计算的误差是有偏差的。这里偏差的意思是，用式（5.24）计算出的平均误差与假想能观测到所有的评分所计算出的平均误差是不同的。在文献[223]

中，Schnabel 等人提出了利用基于倾向性评分的方法来修正基于显式反馈的推荐系统中的选择性偏差。要定义倾向性评分，就要知道处理变量和结果变量。在显式反馈的推荐系统场景下，处理变量常被认为是用户和物品间是否有交互（有时也被称为曝光[224-225]），而结果变量在显式反馈的设定下就是用户对物品的评分。

我们可以用如图 5.3 中简单的因果图来描述基于显式反馈的推荐系统中每一个评分数据的生成过程。其中C代表混淆变量。文献[224]假设混淆变量是由用户和物品的隐特征u和i决定的。Wang 等人用用户和物品的隐特征来预测用户和物品之间交互的概率，并将这些隐特征作为一个替代混淆变量（substitute confounder）来控制混淆偏差。这是基于混淆变量能够预测处理变量的原则。该原则在基于倾向性评分的因果推断方法中被广为接受[226]。注意，这里评分的随机变量R并非指用户给物品打的评分，而是观测到的分数。是否有交互对观测到的评分是一定有因果效应的，这是因为没有交互的情况下被观测到的分数一定是0。在有交互的情况下评分是 1 到 5 之间的一个正整数。而是否有交互对有交互的情况下的评分则不一定有因果效应，即有没有交互可能并不影响有交互的情况下用户对物品的评分。

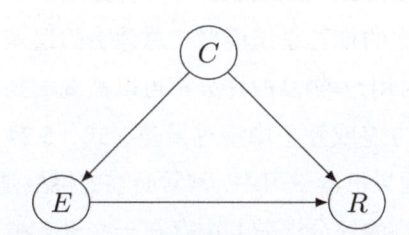

图 5.3　一个描述基于显式反馈的推荐系统的选择性偏差的因果图

在其他工作中也有用其他变量作为混淆变量的。如在文献[223]中，假设用户与用户之间的社交网络作为混淆变量的一部分。这是因为在社交网络中存在同质性（homophily）和社交影响（social influence）[228-229]。同质性是指在社交网络上相似的用户之间更容易形成连接。社交影响是指一个用户可能会从众，即受到邻居的影响，从而与邻居做出相似或同样的行为。例如，在豆瓣网上，与张三关系很好的李四给一部电影打了 5 分，张三也会下意识地提高对这部电影的评价。这些社交网络的特性导致一个用户与物品交互的行为会受到其他用户（如她或者他的邻居与物品交互的行为）的影响。同时，社交网络也能通过同质性和社交影响这样的机制去影响用户对物品的评分。因此，社交网络可以被认为是一个（近似的）混淆变量。

（2）利用 IPS 评价器修正选择性偏差。

回到如何修正基于显式反馈的推荐系统中的选择性偏差这个问题，我们可以利用基于倾向性评分给每个观测到的评分计算一个权重（例如 IPS），从而使观测到的评分样本能够代表总体。文献[223]中提出对用户-物品交互的概率建立一个倾向性评分模型，然后用预测到倾向性评分的倒数$\frac{1}{p_{ui}}$作为每一个观测到的评分的权重。这很自然地利用了传统因果推断中 IPS（IPTW）的思想[230-231]。在传统的因果推断中，IPS 的主要想法是通过给观测到的样本分配一个权重，从而得到一个新的分布。在这个 IPS 创造的分布里，每种协变量（特征）的值对应的样本在对照组和实验组中出现的概率一样大，从而可以实现对一个随机试验的模拟。在认为用户和物品的交互是处理变量的前提下，也可以利用 IPS 的思想，重新为观测到的每个用户对物品的评分分配一个权重，从而用观测性的基于显式反馈的推荐系统数据去模拟一个随机实验的数据分布，得到对模型误差的无偏估计。给定一个推荐系统预测的评分矩阵$\widehat{R}$，Schnabel 等人首先提出了一个评价器，利用观测到的评分去估计一个给定的推荐系统模型在总体上的误差。注意，这里总体上的误差是指在假想中，每对用户-物品的评分都可以被观测到时给定的推荐系统模型对所有评分的预测的均方差或者平均绝对误差。式（5.24）揭示了因果机器学习中一种重要的思想。在因果机器学习中，常常面临的挑战是想要估测的统计量（如这里的推荐系统模型预测的评分误差）中存在一些没有被观测到的数据，例如，在这个场景下那些没有被观测到的评分。这便要求科研人员们提出新的方法，利用观测到的有某种偏差的数据和因果模型，通过设计无偏的评价器去估测这些统计量。

Schnabel 等人[223]证明了式（5.25）中的评价器是无偏的。

$$\mathcal{L}_{\text{IPS}}(\widehat{R}|P) = \frac{1}{UI} \sum_{(u,i):e_{ui}=1} \frac{\delta(r_{ui}, \hat{r}_{ui})}{p_{ui}} \tag{5.25}$$

其中，U 和 I 分别是用户和物品的数量，P 是倾向性评分矩阵的基准真相，它的每一个元素p_{ui}是用户u对i进行交互的真实概率。我们可以用$p_{ui} = P(e_{ui} = 1)$来描述倾向性评分和交互之间的关系。式（5.25）中评价器用真实的倾向性评分的倒数作为每个观测到的评分的权重。值得注意的一点是，这个 IPS 评价器的非偏性是不受观测到的交互影响的。理论上，只要用户和物品有足够的交互，无论具体是哪些用户和物品实际上发生了交互，都可以用式（5.25）来估测一个模型在总体上的平均误差。下面给出 IPS 评价器的无偏性的证明，如式（5.26）所示：

$$\begin{aligned}&\mathbb{E}_{(u,i):e_{ui}=1}[\mathcal{L}_{\text{IPS}}(\widehat{R}|P)]\\&=\frac{1}{UI}\sum_u\sum_i\mathbb{E}_{(u,i):e_{ui}=1}\left[\frac{\delta(r_{ui},\hat{r}_{ui})}{p_{ui}}e_{ui}\right]\\&=\frac{1}{UI}\sum_u\sum_i\delta(r_{ui},\hat{r}_{ui})=\mathcal{L}_{\text{true}}\end{aligned} \quad (5.26)$$

其中，第一个等式直接带入了 IPS 评价器的定义，见式（5.25）。第二个等式利用期望的定义，如式（5.27）所示：

$$\begin{aligned}&\mathbb{E}_{(u,i):e_{ui}=1}\left[\frac{\delta(r_{ui},\hat{r}_{ui})}{p_{ui}}e_{ui}\right]\\&=\frac{\delta(r_{ui},\hat{r}_{ui})}{p_{ui}}P(e_{ui}=1)\times 1+\frac{\delta(r_{ui},\hat{r}_{ui})}{p_{ui}}P(e_{ui}=0)\times 0\\&=\delta(r_{ui},\hat{r}_{ui})\end{aligned} \quad (5.27)$$

这里利用了 $P(e_{ui}=1)=p_{ui}$ 这一定义。那么就由式（5.26）证明了 IPS 评价器〔见式（5.25）〕对估计基于显式反馈的推荐系统在总体上的误差的无偏性。即 IPS 评价器在有交互的物品上的误差的期望与基于显式反馈的推荐系统在总体上的误差的期望相等。但一个无偏的评价器可能在实际应用中会有方差过大的问题，尤其是当倾向性评分 p_{ui} 取值接近于 0 的时候。因此，Schnabel 等人利用了自归一化（self normalized）的 IPS 评价器，即 SNIPS 评价器[232]。SNIPS 评价器的定义如式（5.28）所示：

$$\mathcal{L}_{\text{SNIPS}}(\widehat{R}|P)=\frac{\sum_{(u,i):e_{ui}=1}\frac{\delta(r_{ui},\hat{r}_{ui})}{p_{ui}}}{\sum_{(u,i):e_{ui}=1}\frac{1}{p_{ui}}} \quad (5.28)$$

我们可以发现，SNIPS 评价器就是对 IPS 评价器〔见式（5.28）〕中的每一个样本（用户-物品对）重新分配了权重之后的误差进行归一化处理，即除以所有的 IPS 权重之和。之前的工作表明，在实际应用中，SNIPS 评价器与 IPS 相比，它会有更大的偏差，以及更小的方差[233]。需要指出的是，虽然 SNIPS 和 IPS 都是无偏的评价器，但是它们在实际应用中很可能会有偏差。这是因为无偏性的证明是基于拥有倾向性评分 p_{ui} 的基准真相的。而在实际应用中，我们需要利用机器学习模型对条件分布 $P(e_{ui}=1|u,i)$ 建模来预测倾向性评分。这一步骤中的误差会导致在实际应用中 IPS 评价器和 SNIPS 评价器的偏差。

（3）验证 IPS 评价器有效性的实验。

在文献[223]中，为了验证 IPS 和 SNIPS 评价器的有效性进行了一个实验，用于估测几种不同的基于显式反馈的推荐系统模型在总体上的误差的实验。该实验利用了推荐系统领域著名的 MovieLens100K 数据集[234]。注意，这个实验的目的集中在验证 IPS 和 SNIPS 评价器本身的性质（偏差和方差）上，而与估测倾向性评分无关。

因此，Schnabel 等人基于 MovieLens100K 数据集创造一个半合成数据集，以便得到倾向性评分矩阵 P 的基准真相和一个完整的评分矩阵 R。为了得到完整的评分矩阵，Schnabel 等人用了文献[221]中的方法。即利用一个矩阵分解模型补全那些没有被观测到的评分。但由于选择性偏差，这样预测出的评分会偏高。因此，为了让这些预测出的评分更接近数据中评分的真实分布，首先，可以估测一个评分的边缘分布 $P(r_{ui}=r), r \in \{1,2,3,4,5\}$。然后，将预测的用户-物品对按分数由低到高的顺序排序，把预测的分数中最低的百分之 $P(r_{ui}=1)$ 的分数修正为1分，把接下来的百分之 $P(r_{ui}=2)$ 的分数修正为2分。依次类推，就可以对矩阵分解模型预测的偏高的评分进行修正。有了完整的评分矩阵 R 的基准真相后，还需要设计倾向性评分矩阵 P 的基准真相，并基于 P 对完整的评分矩阵进行抽样，得到半合成的观测性显式反馈的推荐系统数据，即有缺失数据的评分矩阵。这样的数据才能让我们最终完成对 IPS 和 SNIPS 评价器的有效性评估。在文献[233]中，具体的倾向性评分矩阵由式（5.29）给出：

$$p_{ui} = \begin{cases} k & r_{ui} \geqslant 4 \\ k\alpha^{4-r_{ui}} & r_{ui} < 3 \end{cases} \tag{5.29}$$

其中，$\alpha \in (0,1]$ 和 k 是两个参数。在选定 α 后，设定 k 的值以使刚好 5%的评分被观测到。我们可以认为参数 α 控制了选择性偏差的强度。α 越小，用户与评分低的物品交互越少，选择性偏差越大。这模拟了真实的 MovieLens100K 数据中被观测到的评分的比例。当 $\alpha = 0.25$ 时，采样到的评分的边缘分布与真实的 MovieLens100K 数据中评分的边缘分布几乎一致。这验证了这个合成数据集的评分矩阵和倾向性分数矩阵的生成过程是真实数据的一个高质量的近似。在这个半合成数据集中的实验结果（见文献[233]中的表 1）表明，利用 IPS 和 SNIPS 评价器对五种不同的基于显式反馈推荐系统算法在总体上的两种误差，即平均绝对误差〔见式（5.2）〕和 DCG@50〔见式（5.6）〕进行估测，会得到比朴素评价器更小的偏差和方差。

（4）基于 IPS 评价器优化推荐系统。

有了这样的结果支撑，Schnabel 等人进一步提出了基于 IPS 和 SNIPS 评价器的经验风险最小化损失函数来训练非偏的推荐系统模型，如式（5.30）所示：

$$\arg\min_{\widehat{R}} \mathcal{L}(\widehat{R}|\widehat{P}) \tag{5.30}$$

注意，在一个真实世界的数据集中并不能观测到倾向性分数矩阵的基准真相，因此，首先需要训练一个模型来估测倾向性评分矩阵 $\widehat{P}$。然后才可以利用式（5.30）来训练无偏的基于显式反馈的推荐系统模型。由于式（5.30）是模型无偏的，所以用预测的评分矩阵 $\widehat{R}$ 来表示优化的对象。而式（5.30）中的损失函数 $\mathcal{L}$ 可以是 $\mathcal{L}_{IPS}$ 或者 $\mathcal{L}_{SNIPS}$。我们可以用最常用的矩阵分解模型来预测评分矩阵 $\widehat{R}$。矩阵分解模型用式（5.31）来预测一对用户-物品的评分：

$$\hat{r}_{ui} = \boldsymbol{u}^\mathrm{T} \boldsymbol{i} + a_u + b_i + c \tag{5.31}$$

其中，$\boldsymbol{u}$ 和 $\boldsymbol{i}$ 分别是用户 u 和物品 i 的隐特征（又称嵌入矢量）。a_u、b_i 和 c 分别是用户 u、物品 i 和所有样本对应的偏置项。这样可以得到基于 IPS 评价器的经验风险最小化损失函数，如式（5.32）所示：

$$\arg\min_{U,I} \left[\sum_{(u,i):e_{ui}=1} \frac{\delta(r_{ui}, \hat{r}_{ui})}{p_{ui}} + \lambda(\parallel U \parallel_{\mathrm{F}}^2 + \parallel I \parallel_{\mathrm{F}}^2) \right] \tag{5.32}$$

其中，正则项$\lambda(\parallel U \parallel_{\mathrm{F}}^2 + \parallel I \parallel_{\mathrm{F}}^2)$有防止过拟合的作用；$\lambda$是制衡基于 IPS 的风险最小化损失函数和正则项的权重；$\parallel X \parallel_{\mathrm{F}}^2$是矩阵$X$的弗罗贝尼乌斯范数（F 范数）的平方。

那么如何估测倾向性分数矩阵呢？值得注意的是，只要能得到比朴素评价器中假设的符合均匀分布的倾向性分数更接近基准真相，就能得到一个比朴素评价器更无偏的基于显式反馈的推荐系统模型误差的 IPS 或 SNIPS 评价器。

接下来介绍文献[223]中提出的用机器学习模型来估测倾向性分数矩阵P的两种方法。可以用朴素贝叶斯模型估测倾向性分数矩阵。利用贝叶斯定理可以把估测的目标$P(e_{ui}=1|r_{ui})$写成式（5.33）所示的形式：

$$P(e_{ui}=1|r_{ui}) = \frac{P(r_{ui}|e_{ui}=1)P(e_{ui}=1)}{P(r_{ui})} \tag{5.33}$$

其中，式（5.33）中左边的条件概率$P(e_{ui}=1|r_{ui})$是估测的目标，其右边的$P(r_{ui}|e_{ui}=1)$和$P(e_{ui}=1)$两项则可以直接从观测数据中估测。但我们需要一些随机实验的数据，即p_{ui}服从均匀分布的数据来估测分母$P(r_{ui})$，即总体上评分的边缘分布也可以用逻辑回归模型来估测倾向性分数矩阵。具体地讲，可以通过式（5.34）用逻辑回归模型对倾向性分数建模：

$$p_{ui} = \sigma(w^{\mathrm{T}} x_{ui} + \beta_i + \gamma_u) \tag{5.34}$$

其中，$\sigma(x) = \frac{1}{1+e^{-x}}$是 S 型函数，$x_{ui}$代表一对用户-物品的所有可以观测到的信息，$\beta_i$和$\gamma_u$分别是物品$i$和用户$u$的偏置项。有了预测倾向性评分的模型后，就可以预测倾向性分数矩阵$\hat{P}$，并利用基于 IPS 或者 SNIPS 的经验风险最小化〔见式（5.30）〕来训练无偏的推进系统模型。

（5）验证选择性偏差是否被修正的实验。

基于之前提到的半合成的 MovieLens100K 数据集和带有随机实验测试集的真实世界数据集 Coat Shopping（相关信息见"链接 14"）和 Yahoo!R3 数据集[221]（相关信息见"链接 15"），Schnabel 等人验证了基于 IPS 和 SNIPS 评价器的经验风险最小化的有效性。在半合成数据集中，由于有完整的评分矩阵 R 的基准真相，可以直接利用 $\mathcal{L}_{true}$〔见式（5.23）〕计算推荐系统模型在总体上的真实误差。而在真实世界的数据集中，由于没有完整的评分矩阵的基准真相，我们需要依赖于一个非偏的测试集来验证模型的效果。这是因为我们仍然需要对 $\mathcal{L}_{true}$ 进行无偏估测。而 Coat Shopping 和 Yahoo!R3 数据集恰好有随机实验得到的测试集。这里的随机实验指用户对随机选择的物品打分。这样搜集的测试集的倾向性分数的基准真相就是符合均匀分布的，因此可以直接用朴素估计器〔见式（5.24）〕在测试集中得到每个推荐系统模型的误差的无偏估计。注意，在这两个数据集中，训练集仍然是有偏的，即训练集中每一个用户对物品的评分都是由用户基于自己的偏好选择的，而不是随机的。

在实验结果中，Schnabel 等人展示了基于 IPS 和 SNIPS 评价器的经验风险最小化的推荐系统模型的有效性。与基于朴素估计器的经验风险最小化相比，基于 IPS 和 SNIPS 评价器训练出的推荐系统模型在测试集中表现更佳（均方差和平均绝对误差更小）。而在倾向性分数模型的对比中，朴素贝叶斯模型需要约100个随机实验得到的样本来达到与逻辑回归模型相似的效果。另外，在 SNIPS 和 IPS 评价器的对比中，结果表明两者并没有显著的差异。而一个比较令人吃惊的发现是，基于 IPS 评价器的经验风险最小化在使用由朴素贝叶斯和逻辑回归估测到的倾向性分数的时候，竟然能得到比使用基准真相的倾向性分数时表现更佳的结果。Schnabel 等人认为这是因为使用估测到的倾向性分数会有一种类似于分层抽样的效果[235]。

（6）总结与讨论。

总的来说，文献[223]中观察到了基于显式反馈的推荐系统中选择性偏差这个问题，并提出了基于因果推断中非常经典的 IPS 和 SNIPS 评价器的方法来估测一个基于显式反馈的推荐系统模型在观测数据上的误差。Schnabel 等人用半合成数据验证了基于 IPS 和 SNIPS 的评价器能够更准确地估测推荐系统模型在总体上的误差，并进一步验证了基于 IPS 和 SNIPS 评价器的经验风险最小化能够使在观测数据中训练的推荐系统模型在总体上达到更小的误差。

2. 基于隐式反馈的推荐系统中的曝光偏差

（1）曝光偏差简介。

在隐式反馈数据的生成过程中，对每个用户而言，她或他只能与曝光给自己的物品发生互动。如张三要在视频网站上点击一个视频，他首先需要这个视频曝光给他。这就产生了曝光偏差的问题。在文献[219]中，Chen 等人给出了曝光偏差的定义。

> **定义 5.2　曝光偏差。**
> 在观测性的基于隐式反馈的推荐系统数据中，总是只有一部分物品可以曝光给用户。因此，如果我们观察到一个用户没有与一个物品交互，它并不总是意味着该用户对该物品没有兴趣。

基于隐式反馈的推荐系统中的曝光偏差产生的原因大致可以分为以下几类。

- 前模型偏差（previous model bias）：指由之前的推荐系统模型产生的曝光偏差[236]。我们知道，一个用户在一个网站或者 App 上看见的物品列表其实是由一个之前存在的推荐系统模型决定的。因此，这个之前就存在的推荐系统模型是这种曝光偏差的根源。
- 用户背景导致的曝光偏差：用户的背景，如她或他的社交背景（如所属的社区、地理位置等）会影响哪些物品被曝光给用户[237]。这样的偏差在社交网络上的推荐系统里比较常见，比如，在微博上，如果把一条微博看成一个物品，那么微博的信息流推荐系统一般会将一个用户的好友点赞转发的微博推送给她或他，使该用户有更大的概率与这样的微博（物品）互动。
- 流行性偏差[238]：物品的流行性也会影响一个物品曝光给用户的概率。真实世界的推荐系统一般都会将物品的流行性当作用来预测物品个性化排序的有效特征。这会导致流行的物品更有机会曝光给用户。

我们可以发现，与显式推荐系统的选择性偏差相比，曝光偏差产生的原因更复杂。

（2）评价个性化排序的指标。

与文献[223]类似，文献[238]提出了基于倾向性分数的 IPS 方法来修正基于隐式反馈的推荐系统中的一种曝光偏差：流行性偏差。Yang 等人首先将传统的评价个性化排序的指标总结为式（5.35）：

$$\mathcal{L}(\hat{Z}) = \frac{1}{U} \sum_{u \in \mathcal{U}} \frac{1}{|\mathcal{I}_u^*|} \sum_{i \in \mathcal{I}_u^*} c(\hat{z}_{ui}) \tag{5.35}$$

其中，$\hat{z}_{ui} \in \{1, \cdots, I\}$ 是一个基于隐式反馈的推荐系统对用户 u 预测的个性化物品排序中物品 i 的排序，而 $\hat{Z}$ 是预测的个性化物品排序的集合。$c: \{1, \cdots, I\} \to \mathbb{R}$ 是评价指标函数。它将物品 i 对用户 u 的个性化排序映射到一个评价分数（实数）。函数 c 可以是 AUC 排序模型的评价指标，如式（5.36）所示：

$$\text{AUC}: c(\hat{z}_{ui}) = 1 - \frac{\hat{z}_{ui}}{|I|} \tag{5.36}$$

其他之前介绍的评价基于隐式反馈的推荐系统（个性化排序）的评价指标如 recall@K〔见式（5.3）〕、precision@K〔见式（5.4）〕和 NDCG@K〔见式（5.6）〕也可以作为这里的函数 $c(\hat{z}_{ui})$。式（5.35）揭示的挑战是，对于每个用户，它需要一个完整的 $\mathcal{I}_u^*$，即吸引用户 u 的所有物品的集合。要得到这样的集合，需要让每个物品曝光给用户 u，但实际上这是不现实的。因为一个真实世界的推荐系统中往往有几百万甚至上亿件物品。一个用户不可能浏览所有的物品后一一给出反馈。因此，我们只能在观测性的基于隐式反馈的推荐系统的数据中首先得到一个 $\mathcal{I}_u^*$ 的子集，即 $\mathcal{I}_u$，然后利用它来计算式（5.35），从而评价一个个性化的排序模型。

这里可以用图 5.4 中的因果图来描述基于隐式反馈的推荐系统的数据生成过程，以解释曝光偏差是如何出现的。我们可以假设每个用户对每个物品都有一个真实的隐式反馈 $y_{ui}^* \in \{0,1\}$，被观测到的隐式反馈 $y_{ui} = 1$，当且仅当用户 u 喜欢物品 i（即 $y_{ui}^* = 1$）且物品 i 被曝光给了用户 u（即 $o_{ui} = 1$）。可以令 $q_{ui} = P(o_{ui} = 1)$ 表示物品 i 被曝光给了用户 u 的概率。那么可以说 $o_{ui} \sim \text{Bern}(q_{ui})$。

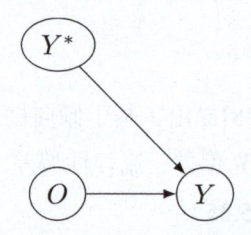

图 5.4　描述基于隐式反馈的推荐系统曝光偏差的因果图。若要在数据集中观察到一次交互 $y_{ui}=1$，当且仅当用户u喜欢物品i（$y_{ui}^*=1$）且物品i被曝光给了用户u（$o_{ui}=1$）

（3）曝光偏差造成的问题。

Yang 等人[238]首先分析了传统的计算基于隐式反馈的推荐系统评价指标的方法为何存在偏差。传统的基于隐式反馈的推荐系统的评价指标被叫作总平均评价器（average-over-all evaluator），简称 AOA 评价器，其定义由式（5.37）给出：

$$\begin{aligned}\mathcal{L}_{\text{AOA}}(\hat{Z}) &= \frac{1}{U}\sum_{u\in\mathcal{U}}\frac{1}{|\mathcal{I}_u|}\sum_{i\in\mathcal{I}_u}c(\hat{z}_{ui})\\&=\frac{1}{U}\sum_{u\in\mathcal{U}}\frac{1}{\sum_{i\in\mathcal{I}_u^*}o_{ui}}\sum_{i\in\mathcal{I}_u^*}c(\hat{z}_{ui})o_{ui}\end{aligned} \quad (5.37)$$

我们可以发现，式（5.37）中 AOA 评价器的值仅由被曝光给用户的物品决定。这显然让它在总体上计算出的基准真相〔见式（5.35）〕有偏差。这里用一个简化版本[238]的例子对这一偏差进行分析。

如图 5.5 所示，假设在一个推荐系统中有四个物品i_1、i_2、i_3和i_4，其中用方形表示的i_1和i_2是曝光概率较高的物品（如比较流行的物品），令它们的曝光概率$q_{ui}=0.9$。用圆形表示的i_3和i_4是曝光概率较低的物品（如不流行的物品），令它们的曝光概率$q_{ui}=0.1$。假设红色背景表示用户u喜欢的物品，黑色背景表示用户u不喜欢的物品。$\hat{Z}_1$和$\hat{Z}_2$是两个基于隐式反馈的推荐系统为用户u产生的个性化排序的物品列表。首先用式（5.35）可以计算两个个性化排序$\hat{Z}_1$和$\hat{Z}_2$的评价指标的基准真相。然后，根据假设的曝光概率q_{ui}可以用 AOA 评价器基于观测数据（只能观察到$\mathcal{I}_u$，而不是$\mathcal{I}_u^*$）来估测这两个个性化排序$\hat{Z}_1$和$\hat{Z}_2$的评价指标。这里以函数c为 DCG〔见式（5.6）〕的情况为例来展示评估基于隐式反馈的推荐系统时，曝光偏差带来的影响。

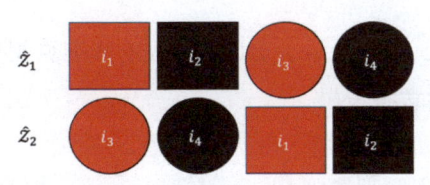

图 5.5　基于隐式反馈的推荐系统中曝光偏差的例子。曝光偏差导致 AOA 评价器无法对推荐系统模型的个性化排序的指标做出无偏的估计

表 5.1 展示了曝光偏差（不同物品具有不同的曝光概率 q_{ui}）对估测两个推荐系统产生的个性化排序的 DCG 分数的影响。用式（5.35）得到的 DCG 分数的基准真相表明预测出个性化排序 $\hat{z}_1$ 和 $\hat{z}_2$ 的两个推荐系统的 DCG 分数应该都一样。注意，这里用到了集合 $\mathcal{I}_u^*$ 的信息，这个集合在观测数据中并不可见。这意味着，如果没有曝光偏差，即对用户 u 来说，每个物品的曝光概率 q_{ui} 都一样，那么我们也能从观测数据中得到相同的结果，即认为 $\hat{z}_1$ 和 $\hat{z}_2$ 一样好。但在有曝光偏差的情况下，用 AOA 评价器由观测数据中计算的 $\hat{z}_1$ 和 $\hat{z}_2$ 的 DCG 分数却显著不同。

表 5.1　基于隐式反馈的推荐系统中曝光偏差对推荐系统模型评价指标估测的影响。具有相同的基准真相 DCG 分数的两个推荐系统模型产生的个性化排序 $\hat{z}_1$ 和 $\hat{z}_2$，用 AOA 评价器基于观测数据计算出的 DCG 分数则有显著差异

	$\hat{z}_1$	$\hat{z}_2$
基准真相 $\mathcal{L}(\hat{z})$	0.35	0.35
AOA 评价器 $\mathcal{L}_{\text{AOA}}(\hat{z})$	0.43	0.20

我们知道，在推荐系统的实际应用中，离线环境下常常会用一个有曝光偏差的验证集（往往是训练集的一个子集）去选择一系列推荐系统模型中表现最好的那个模型。例如，进行超参数调优会得到一系列的超参数不同的推荐系统模型，这时我们需要选择其中预期表现最好的模型进行部署上线[1]。这意味着，如果在实际应用中使用 AOA 评价器去估测不同推荐系统模型的表现，从而做模型选择，那么曝光偏差可能会导致我们做出错误的选择，即 AOA 评价器估测的评价指标最好的推荐系统模型可能并不是基准真相评价指标最高的那个。这将会使一个不是最优的模型被选中，并部署上线，进而可能影响用户体验并导致公司利润受损。

---

[1] 这里的离线指不部署模型，即不令该推荐系统模型预测的个性化物品排序展示在网页或者 App 的物品栏位里。上线则指将模型预测的个性化排序靠前的物品在网页或者 App 中物品栏位里展示给用户。

式（5.38）和式（5.39）展示了 DCG 分数的基准真相和 AOA 评价器估测的值的具体计算过程供读者参考。

$$\mathcal{L}(\hat{Z}_1) = \mathcal{L}(\hat{Z}_2) = \frac{1}{4}\left[\frac{1}{1+\log_2(1)} + \frac{1}{1+\log_2(3)}\right] \approx 0.35 \tag{5.38}$$

$$\begin{cases} \mathbb{E}[\mathcal{L}_{\text{AOA}}(\hat{Z}_1)] = \dfrac{1}{2.2}\left[0.9 \times \dfrac{1}{1+\log_2(1)} + 0.1 \times \dfrac{1}{1+\log_2(3)}\right] \approx 0.43 \\ \mathbb{E}[\mathcal{L}_{\text{AOA}}(\hat{Z}_2)] = \dfrac{1}{2.2}\left[0.1 \times \dfrac{1}{1+\log_2(1)} + 0.9 \times \dfrac{1}{1+\log_2(3)}\right] \approx 0.20 \end{cases} \tag{5.39}$$

（4）用 IPS 评价器修正曝光偏差。

为了修正曝光偏差对基于隐式反馈的推荐系统的评价指标的影响，就像在文献[223]中修正基于显式反馈的推荐系统的选择性偏差一样，Yang 等人[238]提出了基于倾向性分数的 IPS 评价器。与文献[223]不同的是，这里的倾向性评分指曝光概率，即 q_{ui}。那么可以用式（5.40）定义基于隐式反馈的推荐系统的评价指标的 IPS 评价器：

$$\begin{aligned} \mathcal{L}_{\text{IPS}}(\hat{Z}|Q) &= \frac{1}{U}\sum_{u\in\mathcal{U}}\frac{1}{|\mathcal{I}_u^*|}\sum_{i\in\mathcal{I}_u}\frac{c(\hat{z}_{ui})}{q_{ui}} \\ &= \frac{1}{U}\sum_{u\in\mathcal{U}}\frac{1}{|\mathcal{I}_u^*|}\sum_{i\in\mathcal{I}_u^*}\frac{c(\hat{z}_{ui})}{q_{ui}}o_{ui} \end{aligned} \tag{5.40}$$

假设有倾向性评分的基准真相 Q，IPS 评价器的非偏性可以由式（5.41）证明：

$$\begin{aligned} \mathbb{E}[\mathcal{L}_{\text{IPS}}(\hat{Z}|Q)] &= \frac{1}{U}\sum_{u\in\mathcal{U}}\frac{1}{|\mathcal{I}_u^*|}\sum_{i\in\mathcal{I}_u^*}\frac{c(\hat{z}_{ui})}{q_{ui}}\mathbb{E}[o_{ui}] \\ &= \frac{1}{U}\sum_{u\in\mathcal{U}}\frac{1}{|\mathcal{I}_u^*|}\sum_{i\in\mathcal{I}_u^*}c(\hat{z}_{ui}) = \mathcal{L}(\hat{Z}) \end{aligned} \tag{5.41}$$

其中，第二个等式利用了期望的定义，即 $\mathbb{E}[o_{ui}] = 1 \times P(o_{ui} = 1) + 0 \times P(o_{ui} = 0) = P(o_{ui} = 1) = q_{ui}$。与文献[223]中的情况类似，既然有了 IPS 评价器，那么也可以设计对应的 SNIPS 评价器来减小估测的评价指标的方差[232]。

基于隐式反馈的推荐系统评价指标的 SNIPS 评价器定义如式（5.42）所示：

$$\mathcal{L}_{\text{SNIPS}}(\hat{Z}|Q) = \frac{1}{U}\sum_{u\in\mathcal{U}} \frac{1}{|\mathcal{I}_u^*|} \frac{\mathbb{E}\left[\sum_{i\in\mathcal{I}_u} \frac{1}{q_{ui}}\right]}{\sum_{i\in\mathcal{I}_u} \frac{1}{q_{ui}}} \sum_{i\in\mathcal{I}_u} \frac{c(\hat{z}_{ui})}{q_{ui}}$$
$$= \frac{1}{U}\sum_{u\in\mathcal{U}} \frac{1}{\sum_{i\in\mathcal{I}_u} \frac{1}{q_{ui}}} \sum_{i\in\mathcal{I}_u} \frac{c(\hat{z}_{ui})}{q_{ui}}$$
(5.42)

注意，Yang 等人[238] 在这里并没有对每一对用户-物品做归一化处理，而是对每一个用户的评价指标的 IPS 估测进行归一化处理。式（5.42）中的第二个等式成立的依据是式（5.43）：

$$\mathbb{E}\left[\sum_{i\in\mathcal{I}_u} \frac{1}{q_{ui}}\right] = \sum_{i\in\mathcal{I}_u^*} \mathbb{E}\left[\frac{1}{q_{ui}} o_{ui}\right]$$
$$= \sum_{i\in\mathcal{I}_u^*} 1 = |\mathcal{I}_u^*|$$
(5.43)

由于倾向性分数 Q 在真实世界的基于隐式反馈的推荐系统的观测数据中并不可见，要基于 IPS 和 SNIPS 评价器估测一个基于隐式反馈的推荐系统的评价指标，还需要对倾向性分数进行建模。Yang 等人[238]首先假设曝光概率不随用户改变，即 $q_{ui} = q_i$。这是因为在很多场景下没有足够的用户信息对倾向性分数进行个性化建模。接下来需要对 q_i 进行参数化处理。Yang 等人[238]假设所有的隐式反馈都是由一个已经存在的推荐系统导致的。基于这个假设，可以将用户与物品互动的数据生成过程分为两步。

首先，一个已经存在的推荐系统通过预测个性化物品排序将物品展示给用户。

其次，用户浏览这些被展示的物品，并在其中选择自己喜欢的进行交互（点击、收藏等），这时可以把曝光概率做如下分解，如式（5.44）所示：

$$q_i = q_i^{\text{select}} q_i^{\text{interact}|\text{select}}$$
(5.44)

其中，q_i^{select} 是物品 i 被推荐的概率，$q_i^{\text{interact}|\text{select}}$ 是物品 i 被推荐的情况下，

用户与物品i交互的概率。Yang 等人[238]分别对q_i^{select}和$q_i^{\text{interact}|\text{select}}$进行了如式（5.45）所示的参数化操作，以使它们可以从观测性的隐式反馈数据中进行估测。

$$q_i^{\text{interact}|\text{select}} \propto n_i^* \tag{5.45}$$

其中，$n_i^* = \sum_u \mathbb{1}(i \in \mathcal{I}_u^*)$是物品$i$在总体上的真实流行度，即物品$i$在被曝光给所有的用户后获得隐式反馈的次数。这样设计是因为用户更倾向于与流行的物品进行交互。而q_i^{select}则被认为与物品i在观测数据中和用户的总交互次数有如式（5.46）所示的关系：

$$q_i^{\text{select}} = (n_i)^\gamma \tag{5.46}$$

这样设计的原因是物品的交互次数在观测数据中呈现出幂律分布（power-law distribution）。其中，$n_i = \sum_u \mathbb{1}(i \in \mathcal{I}_u)$是观测到的物品$i$与用户间的总交互次数。$n_i^*$是不可以由观测数据直接估测的，因为无法观察到集合$\mathcal{I}_u^*$，因此，Yang 等人[238]提出了如式（5.47）所示的公式，仅用n_i和超参数γ来对倾向性分数q_i进行参数化：

$$q_i \propto (n_i)^{\left(\frac{\gamma+1}{2}\right)} \tag{5.47}$$

至此便可以利用观测性的隐式反馈数据经由 IPS 或 SNIPS 评价器估测无偏的基于隐式反馈的推荐系统的评价指标。

为了验证倾向性分数模型的正确性，文献[238]分析了数据中的流行性偏差——一种重要的曝光偏差。实现结果证明，在三个不同的真实世界的隐式反馈数据集（citeulike[238]（相关信息见"链接 16"）、Tradesy[238]（相关信息见"链接 17"）和 Amazon book[238]）中，n_i的分布确实可以用幂律分布近似。而进一步的实验表明，这种流行性的偏差会导致基于隐式反馈的推荐系统更倾向于推荐更流行（n_i更大）的物品。在这三个数据集中，训练的四种不同的基于隐式反馈的推荐系统模型包括贝叶斯个性化排序和概率矩阵分解等，而在模型预测的个性化排序的前 50 名中，物品出现的次数与物品流行度n_i的关系也近似符合幂律，这表示有曝光偏差的观测数据训练出的基于隐式反馈的推荐系统模型会做出偏袒流行物品的推荐。另一组实验则回答了 IPS 和 SNIPS 评价器是否能够准确地对推荐系统模型的评价指标做出无偏估测。这组实验基于之前介绍过的 Yahoo!R3 数据集，因为它自带一个随机试验产生的测试集，可以为模型评价指标提供基准真相。实验表明，在对四种不同的推荐系统模型的两种评价指标（AUC 和召回率）进行估测的任务中，基于 IPS 和 SNIPS 的评价器比 AOA 评价器具有更低的误差。

除文献[238]中利用 IPS 评价器对基于隐式反馈的推荐系统的评价指标针对曝光误差进行修正外，还有一系列工作力图在训练阶段对基于隐式反馈的推荐系统的曝光偏差进行修正。如文献[241]中，Saito 等人提出的基于 IPS 的损失函数可以被用来训练无偏的隐式反馈推荐系统。感兴趣的读者可以参考文献[219]中相关的内容。

（5）总结与讨论。

总的来说，推荐系统是在真实世界应用中最常见的机器学习模型之一。它通过与人类用户互动而产生有标签的数据。其中，显式反馈数据（评分）更难获得，但含有更丰富的信息。隐式反馈（点击、收藏、购买等）数据则可以在用户与推荐系统预测的个性化物品列表的交互中自然地被搜集。无论是显式反馈还是隐式反馈的数据，都会存在一些偏差，而这种偏差由于推荐系统的用户-模型-数据之间的回馈环的存在，往往容易积累。这些偏差可能造成一系列不好的后果，如在基于隐式反馈的推荐系统的模型选择中，曝光偏差可能会导致离线指标最好的模型上线后的表现不佳，或是不流行的物品被模型推荐给用户的机会更少，从而变得更加不流行。这些现象可能造成更深远的问题，如用户体验不佳导致用户流失，平台上的卖家或内容创作者之间的不公平导致赢者通吃等，这些都不利于一个网站或者 App 的长期发展。因此，很有必要利用因果推断的工具对这些偏差进行分析，然后使用因果推断的方法（如基于倾向性评分的 IPS 或 SNIPS 评价器）对这些偏差进行修正。

5.2 基于因果推断的学习排序

学习排序（learning to rank）是除推荐系统外的另一种非常重要的在信息技术工业界应用非常广泛的机器学习模型。学习排序的第一批成功应用是在网页（文档）搜索网站如谷歌、百度、搜狗、必应（Bing）网中。而在互联网深入到生活的各行各业的今天，学习排序模型可以帮助用户在淘宝、京东等网上搜索商品，在爱彼迎（Airbnb）搜索房间和旅行体验，在领英网搜索工作机会，在链家或 Redfin 上搜索房源等。总之，搜索（学习排序）与推荐系统在当今的互联网应用中同样扮演着不可或缺的角色。本节首先介绍学习排序的基础知识，即什么是学习排序模型，训练学习排序模型的数据是什么样的。然后介绍搜索中的观测数据存在哪些偏差，它们会造成什么样的问题，以及如何用基于因果推断的方法改进学习排序模型，从而对它们进行修正。

5.2.1 学习排序简介

下面首先对经典的学习排序模型[242]进行介绍。与推荐系统不同，该模型在搜索中给定一个文档①的集合，学习排序的任务是针对用户在搜索栏输入的一条查询（query），返回针对该查询对文档进行排序的一个列表。图 5.6 展示了一个简化的学习排序模型的工作原理。

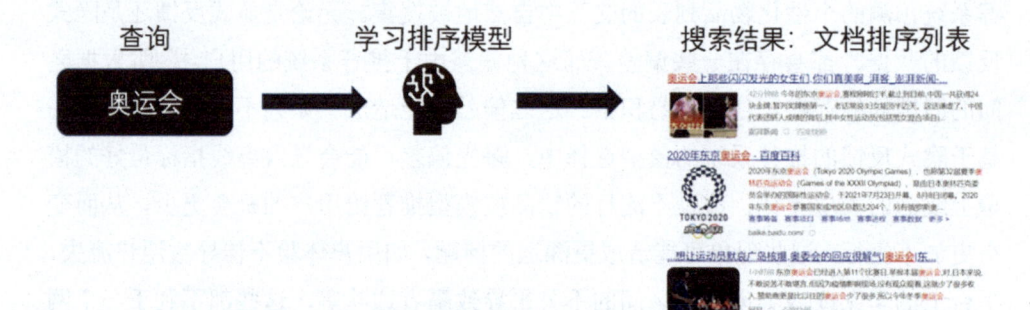

图 5.6　真实世界中简化的搜索（学习排序）案例。在中文搜索网站百度中查询"奥运会"后，学习排序模型根据查询的内容和其他特征，如用户的地理位置及搜索历史等信息，展示用户可能感兴趣的网页（文档）排序列表。被模型认为相关度更高的网页会被排在前面

这里用正式的符号来描述学习排序的数据，主要考虑隐式反馈的搜索数据。在搜索中，显式反馈指由领域专家标注的每个文档与对应的查询之间的关联性分数。而隐式反馈指用户与学习排序系统预测的排序文档列表中文档的交互，如点

---

① 这里用"文档"一词来代表搜索的对象。但它也可以代表商品、音乐、酒店房间、旅行体验、房源、工作机会等。

击、收藏等。这使它与推荐系统的隐式反馈数据相似。如图 5.6 中那样，对于一个查询q，已经存在的学习排序模型会返回一系列搜索结果页面。一个搜索结果页面其实是对文档进行排序的一个列表，可以用$\{(\boldsymbol{X}^q, \boldsymbol{c}^q, \bar{\boldsymbol{y}}^q)\}_{q=1}^n$代表一个隐式反馈的搜索数据集。其中，每一个元素$(\boldsymbol{X}^q, \boldsymbol{c}^q, \bar{\boldsymbol{y}}^q)$代表查询$q$对应的搜索结果页面中所有文档的信息，$\boldsymbol{X}^q \in \mathbb{R}^{n_q \times d}$是这些文档的特征矩阵，$n_q$是查询$q$的搜索结果页面中的文档数量，$d$是特征向量的维度；$\boldsymbol{c}^q \in \{0,1\}^{n_q}$是查询$q$的搜索结果页面中文档的隐式反馈向量；$\bar{\boldsymbol{y}}^q \in \{1,\cdots,n_q\}^{n_q}$是在观测性搜索（日志）数据中已存在的学习排序模型预测的查询q对应的文档在其搜索结果页面内的排序。令$\boldsymbol{x}_i^q$和c_i^q分别表示查询q的搜索结果页面中第i个文档的特征和隐式反馈。$\boldsymbol{x}_i^q$特征向量一般包括查询q的文本特征、第i个文档的文本特征，以及一些历史统计数据，如电商中查询q的搜索结果页面被点击商品的历史均价等。因为$\boldsymbol{x}_i^q$既包含查询的特征，也包含文档的特征，我们也可以把$\boldsymbol{x}_i^q$称为查询-文档的特征。$c_i^q = 1$和$c_i^q = 0$分别表示第i个文档有和没有获得用户的正面反馈（如点击）。因为本书中只讨论一个查询的搜索结果页面中文档的重排序，而不考虑查询之间的关系，所以在接下来的内容中会简化以上符号，不再使用上标q。

这里先简单介绍一下学习排序常用的评价指标。以下评价指标的对象皆为一个查询q对应的排序的文档列表，其中包括所有搜索结果页面里的文档。一般仅考虑排在前K个位置的文档，因为用户浏览搜索结果页面时，点击文档的概率会随位置衰减[243]。

- 归一化折损累计增益@K（NDCG@K）[244]：每一个标签为正的文档排在文档列表的前K个位置都会提高 NDCG@K 的值，标签值越大，排名越靠前，收益越大，其定义如式（5.48）所示：

$$\begin{cases} \text{NDCG@}K = \dfrac{\text{DCG@}K}{\text{IDCG@}K} \\ \text{DCG@}K = \sum_{i:y_i \leqslant K} \dfrac{2^{l_i} - 1}{\log(1 + \hat{y}_i)} \end{cases} \tag{5.48}$$

其中，$\hat{y}_i$是模型预测的文档i的排序，l_i是文档的标签。给定一组文档，其中 IDCG@K 是 NDCG@K 在这组文档任意排序所能取到的最大值。与基于隐式反馈的推荐系统中的 NDCG@K〔见式（5.6）〕略有区别的是，搜索的 NDCG@K 中，每一项标签为正的文档带来的增益与标签的值是有关的。它既可以被用于显式反馈（即标签代表关联性评分的情况），也可以被用于隐式反馈（标签代表二值的隐式反馈时）。

- 平均倒数排名（mean reciprocal rank，MRR）是一个对隐式反馈搜索的评价指标。它鼓励将标签为正的文档排在前面，对于一个查询q，其定义如式（5.49）所示：

$$\text{MRR} = \frac{1}{n_q} \sum_{i=1}^{n_q} \frac{1}{\hat{y}_i} \tag{5.49}$$

学习排序模型一般分为三类：单文档（pointwise）方法、文档对（pairwise）方法和文档列表（listwise）方法。下面对它们进行简单介绍。一般来说，一个学习排序模型可以被函数$f: \mathbb{R}^d \to \mathbb{R}$描述，它将查询-文档的特征向量映射到一个实数，也就是模型对该查询-文档预测的分数。有了一组文档的分数，就可以对它们进行排序。三种方法的主要区别是损失函数的设计。

在单文档方法中，一个潜在的假设就是每个查询-文档是独立同分布的样本。单文档方法令学习排序模型准确地预测每个查询-文档样本的标签（如关联性分数或点击）。这可以被当成一个分类或者回归问题，取决于标签是离散的还是连续的[245-246]。如果关联性分数是连续的，对于每一个查询-文档样本，可以利用平方差损失函数来训练学习排序模型f，如式（5.50）所示：

$$\mathcal{L}_{\text{point}} = \left(\hat{l}_i - l_i\right)^2 \tag{5.50}$$

其中，$\hat{l}_i = f(\boldsymbol{x}_i)$是学习排序模型预测的一个查询-文档样本的标签，而$l_i$是标签的基准真相。但事实上，在搜索结果页面中，每个文档的排序并不是独立的。因此，单文档方法不能利用一个搜索结果页面中文档之间的位置关系。而在搜索中，重要的恰恰是排序，即文档之间的位置关系，这限制了单文档方法的学习排序模型的表现。

文档对方法[247]与推荐系统中的贝叶斯个性化排序十分类似，它的目标是对同一个查询对应的一对文档进行正确排序。对于一对文档(i,j)，可以把文档对的学习排序模型看作一个二分类机器学习模型$f_{\text{pair}}:(\mathbb{R}^d \times \mathbb{R}^d) \to [0,1]$，它将一对文档的特征$(x_i, x_j)$映射到条件概率$P(l_{ij} = 1|x_i, x_j)$，其中，式（5.51）可以用二值交叉熵损失函数来训练这个二分类模型，如式（5.52）所示：

$$l_{ij} = \begin{cases} 1 & l_i \geqslant l_j \\ 0 & \text{其他情况} \end{cases} \tag{5.51}$$

$$\mathcal{L}_{\text{pair}}(\hat{l}_{ij}) = -l_{ij}\log\hat{l}_{ij} - (1-l_{ij})\log(1-\hat{l}_{ij}) \tag{5.52}$$

为了简化模型，可以把文档对的学习排序模型参数化为式（5.53）所示的形式：

$$\hat{l}_{ij} = f_{\text{pair}}(x_i, x_j) = \sigma(\hat{l}_i - \hat{l}_j) = \sigma\big(f(x_i) - f(x_j)\big) \tag{5.53}$$

其中，$\sigma(x) = \frac{1}{1+e^{-x}}$代表S型函数。$\hat{l}_i$是学习排序模型$f$对第$i$个文档预测的排序分数。本质上，文档对模型也是在对每一个查询-文档样本预测一个排序分数。但损失函数是由两个文档的相对顺序来计算的，比起单文档模型，它是一个更适合学习排序的场景的优化目标。常见的文档对模型包括但不限于 RankSVM[248]、LambdaMART[249]和 RankBoost[250]等。文档对模型只优化了每一对文档之间的排序，而一个搜索结果页面中更丰富的位置信息不能被该类型的学习排序模型使用到。

文档列表方法则是对一个学习排序模型f预测的文档列表计算一个损失函数。一般来讲，文档列表模型会尝试直接优化学习排序的评价指标，但这些评价指标（如 NDCG@K，见式（5.48））往往不是连续函数。要克服这个困难，基于文档列表的学习排序模型往往利用一个连续可导的代理损失函数（surrogate loss function）来作为优化的目标。例如，式（5.54）所示的文件列表的 softmax 的交叉熵损失函数[251]：

$$\mathcal{L}_{\text{list}} = -\sum_{i:l_i>1} \log \frac{\exp(f(\boldsymbol{x}_i))}{\sum_j \exp(f(\boldsymbol{x}_j))} \tag{5.54}$$

它本质上是用 softmax 函数对 f 预测的查询 q 对应的所有文档的排序分数进行了归一化处理，从而使其能够对条件概率 $P(l_i > 0|\boldsymbol{X})$ 进行建模。也就是说，经过优化，标签为正的文档会得到更高的排序分数 $f(\boldsymbol{x}_i)$，标签为负的文档的排序分数则会下降。分母中对查询 q 对应的排序列表中所有的文档求和来做归一化处理体现了它是一种文档列表学习排序方法。

5.2.2　用因果推断修正学习排序中的偏差

与推荐系统相似，隐式反馈的学习排序作为一种依赖用户打标签的互动性机器学习模型，也会在各阶段出现不同的偏差。在用户给排序的文档列表打标签时，位置偏差会使被学习排序模型排在靠前位置的文档更有机会得到正的反馈[252-256]。文献[257]认为在观测性的搜索日志数据中，标签为正的文档并不能代表那些曝光给用户就会得到正标签的文档。于是出现了另一种偏差——选择性偏差，这种选择性偏差出现的原因有两种：第一，因为用户的注意力随位置衰减，导致排序过低的文档无法曝光给用户；第二，由于搜索结果页面只展示排序在前 K 个位置的文档，这意味着选择性偏差可能会因位置偏差而发生，但它强调的是有部分文档被曝光给用户的概率为 0，因此不可能得到正的隐式反馈。

1. 隐式反馈学习排序中的位置偏差

考虑基于隐式反馈搜索日志数据的学习排序时，可以用图 5.7 中的例子来说明位置偏差产生的原因和影响。如图 5.7 所示，首先假设一个已存在的模型对用户输入的查询返回展示了六个文档的排序的一个搜索结果页面，然后假设该用户与展示出的文档互动，并得到它们的隐式反馈。由于只能观察到隐式反馈标签，我们需要推测出每个文档的关联性来训练学习排序模型。因为隐式反馈的标签由文档是否被曝光给用户和文档是否与用户输入的查询两者有关联性来决定，要推测关联性，就要求同时推测曝光的信息。在该例中，第二行第一个位置的文档被点击了，假设用户总是从上到下、从左至右地浏览网页，那么可以推测排在第一行的两个文档被曝光给了用户，但用户认为它们与输入的查询没有关联性。同时第二行第一列的文档也被曝光给了用户，且用户认为它与查询有关联性。对于这几个位置上的文档，我们可以有把握地推测出曝光和关联性的信息。但是对于搜索结果页面中排在更靠后的位置的文档，则不确定这个文档没有被点击的原因是它没有被曝光给用户，还是用户认为它与查询没有关联性。这便是我们所说的位置偏差问题。

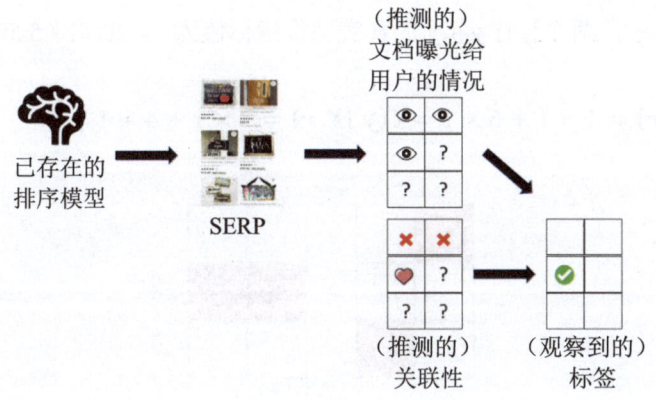

图 5.7 隐式反馈搜索日志数据的生成过程。已存在的排序模型首先为一个查询返回一个搜索结果页面，之后用户与该页面中各位置的文档或商品互动，产生隐式反馈（如点击）。注意，图中只能看见隐式反馈标签，而我们的目的是推测每个文档的关联性，并用它们优化学习排序模型

参考文献[219]，其中给出了搜索隐式反馈日志数据中位置偏差的定义。

定义 5.3　搜索隐式反馈日志数据中的位置偏差。

位置偏差代表在一个搜索结果页面中，位置更靠前的文档有更大的概率被曝光给用户。这仅与文档的位置（排序）有关，与文档本身和查询的关联性无关。

这里用类似于文献[252,258]中的一个例子展示隐式反馈的搜索数据中的位置误差。假设每个文档的关联性是二值的 $r \in \{0,1\}$，对于一个查询对应的所有文档的排序 y，假设这里的评价指标是所有关联性 $r = 1$ 的文档的排序之和，如式（5.55）所示：

$$\mathcal{L}(\mathbf{y}|\mathbf{X},\mathbf{r}) = \sum_{i}^{n_q} y_i \times r_i \tag{5.55}$$

对于同样的一组文档，评价指标$\mathcal{L}$越小，说明学习排序模型预测的排序列表$\mathbf{y}$效果越好。假设搜索结果页面有6个位置，文档曝光给用户的概率仅与文档的位置有关，并满足$P(o_i = 1|y_i) = 0.5^{(y_i-1)}$。

在图 5.8 中，两个排序$\mathbf{y}$和$\mathbf{y}'$的真实评价指标值为7，如式（5.56）所示：

$$\mathcal{L}(\mathbf{y}|\mathbf{X},\mathbf{r}) = 1 \times 1 + 6 \times 1 = \mathcal{L}(\mathbf{y}'|\mathbf{X},\mathbf{r}) = 3 \times 1 + 4 \times 1 = 7 \tag{5.56}$$

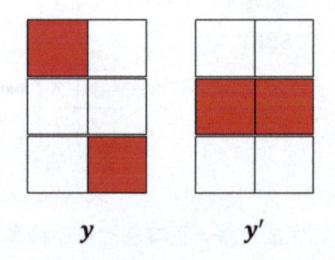

图 5.8　展示隐式反馈搜索日志数据的位置偏差的例子。红色方块代表该位置是关联性为1的文档。两种排序$\mathbf{y}$和$\mathbf{y}'$应当拥有相同的评价指标〔见式（5.56）〕的值，但由于位置偏差，我们用观测到的隐式反馈标签计算该评价指标时会对左边的排序得到更高的值〔见式（5.59）〕

在考虑位置偏差的时候，有可能遇到一个文档的关联性为1但没有曝光给用户，进而导致用户没有点击该文档的情况。这里引入一个在非偏学习排序（unbiased learning to rank）中被广泛应用的假设，如式（5.57）所示：

$$c_i = o_i \times r_i \tag{5.57}$$

该假设意味着每一个正面的隐式反馈（如点击）的发生取决于两件事：第一，文档的关联性为正，即$r_i = 1$；第二，该文档被曝光给了该用户，即$o_i = 1$[252,254-256]。相应地，在传统的隐式反馈的学习排序中，式（5.58）常被用来借助隐式反馈的搜索日志数据估测这两个排序文档列表的评价指标：

$$\hat{\mathcal{L}}_{\text{naive}}(\boldsymbol{y}|\boldsymbol{X},\boldsymbol{c}) = \mathbb{E}_{o_i \sim P(o_i)}\left[\sum_i^{n_q} y_i \times c_i\right] = \sum_i^{n_q} y_i \times P(o_i = 1) \times r_i \tag{5.58}$$

根据前面假设的$P(o_i = 1)$的值，可以计算$\mathcal{L}(\boldsymbol{y}|\boldsymbol{X},\boldsymbol{c})$和$\mathcal{L}(\boldsymbol{y}|\boldsymbol{X},\boldsymbol{c})$的期望，如式（5.59）所示：

$$\begin{aligned}\hat{\mathcal{L}}_{\text{naive}}(\boldsymbol{y}|\boldsymbol{X},\boldsymbol{c}) &= \mathbb{E}[\mathcal{L}(\boldsymbol{y}|\boldsymbol{X},\boldsymbol{c})] = 1 \times 1 + 0.5^5 \times 6 = 0.69 \\ \hat{\mathcal{L}}_{\text{naive}}(\boldsymbol{y}'|\boldsymbol{X},\boldsymbol{c}) &= \mathbb{E}[\mathcal{L}(\boldsymbol{y}'|\boldsymbol{X},\boldsymbol{c})] = 0.5^2 \times 3 + 0.5^3 \times 4 = 1.25\end{aligned} \tag{5.59}$$

可以发现，位置偏差的存在使我们错误地认为排序列表$\boldsymbol{y}$比$\boldsymbol{y}'$更好，尽管它们的真实评价指标的值应当一样。

2. 用 IPS 评价器修正位置偏差

基于倾向性分数的 IPS 评价器可以被用来修正位置偏差[252,253]。在上面的例子中，利用$P(o_i = 1)$的基准真相，可以准确地修正位置偏差。为了估测式（5.55）中的评价指标，可以根据得到正反馈的文档的位置信息对它们分配权重，即对每一个有正反馈的文档，用它的位置的倾向性分数的倒数作为它的权重。这样就能得到 IPS 评价器，如式（5.60）所示：

$$\hat{\mathcal{L}}_{\text{IPS}} = \mathbb{E}[\mathcal{L}(\boldsymbol{y}|\boldsymbol{X},\boldsymbol{c})] = \sum_i y_i \times \frac{\mathbb{E}[c_i]}{P(o_i = 1)} \tag{5.60}$$

利用式（5.60）中的倾向性评分的倒数（IPS），可以对上述例子中的位置偏差进行修正，得到对排序的文档列表$\boldsymbol{y}$和$\boldsymbol{y}'$的评价指标的正确估测。感兴趣的读者可以自行计算验证。

更广义地讲，对于一系列学习排序的评价指标，都可以利用 IPS 评价器修正隐式反馈标签带来的位置偏差，并用它或者近似它的损失函数来在有偏的搜索日志数据上优化学习排序模型。令$\mathcal{L}(\boldsymbol{y}|\boldsymbol{X},\boldsymbol{r})$表示一个排序列表的评价指标（如 NDCG@$K$、MRR 等），那么它的 IPS 评价器可以用式（5.61）表示：

$$\hat{\mathcal{L}}_{\text{IPS}}(\boldsymbol{y}|\boldsymbol{X},\boldsymbol{r}) = \sum_i \frac{l(y_i|\boldsymbol{x}_i, r_i)}{\hat{P}(o_i = 1|y_i, \boldsymbol{x}_i, r_i)} \tag{5.61}$$

其中，$l(y_i|\boldsymbol{x}_i, r_i)$是单个文档$i$的评价指标。例如，在 NDCG 中，$l(y_i|\boldsymbol{x}_i, r_i)$被定义为式（5.62）所示的形式：

$$l(y_i|\boldsymbol{x}_i, r_i) = \frac{2^{r_i} - 1}{\log(1 + y_i)} \tag{5.62}$$

但还需要倾向性分数的基准真相$P(o_i = 1|y_i, \boldsymbol{x}_i, r_i)$，才可以计算 IPS 评价器的值。

不幸的是，与推荐系统类似，在隐式反馈的搜索日志数据中，如果不做额外处理，则无法观察到倾向性分数的基准真相。例如，一个电商网站无从得知一个用户在浏览搜索结果页面的时候，有多大概率会在某个位置停下，或是有多大概率跳过某些位置不看。不仅如此，我们也无从得知用户到底根据什么标准来决定要看搜索结果页面的某一个位置。例如，这是与查询本身的内容有关吗？与展示在搜索结果页面中商品的图片、评分或价格有关吗？或者与页面展示什么样的广告有关吗？在非偏学习排序的文献中，有一系列方法被提出用来估测倾向性分数，这里介绍几种比较经典的方法供读者参考。

在文献[252]中，康奈尔大学的计算机教授 Thorsten Joachims 等人提出了一种通过设计随机实验来准确估测倾向性分数的方法。朴素的随机实验[258]，即完全随机地对一个查询的搜索结果页面中的所有文档进行排序，再展示给用户搜集隐式反馈标签的方法，这样有一个很大的问题，那就是完全随机排序的文档列表会严重影响用户的体验，从而使用户黏性下降，影响提供搜索服务的公司的盈利。那么如何在最小化对用户体验的负面影响的条件下进行排序的随机实验呢？Joachims 等人首先简化了这个任务。因为在搜索中，一个排序的文档列表$\boldsymbol{y}$的评价指标是各位置上文档的评价指标的加权和〔见式（5.61）〕。因此，比起精确地估测倾向性分数$P(o_i|y_i, \boldsymbol{x}_i, r_i)$的值，其实只需要估测同一个搜索结果页面中文档之间的倾向性分数的比例。因此，在 Joachims 等人设计的随机实验方法中，我们在将一个学习排序模型预测的搜索结果页面展示给用户之前，可以随机对选择的两

个文档进行调换。假设交换了位置为y_i和y_j的文档i和文档j，并且倾向性分数仅受到排序位置的影响，即$P(o_i|y_i, \boldsymbol{x}_i, r_i) = P(o_i|y_i)$，那么就会有式（5.63）所示的关系：

$$\begin{cases} P(c_i = 1|\text{no-swap}) = \alpha P(c_i = 1|o_i = 1) \\ P(c_i = 1|\text{swap-i-and-j}) = \beta P(c_i = 1|o_i = 1) \end{cases} \tag{5.63}$$

其中，$\alpha = \gamma P(o_i = 1|y_i)$，$\beta = \gamma P(o_i = 1|y_j)$，$\gamma > 0$。而条件概率$P(c_i = 1|o_i = 1)$代表原本排在$y_i$的文档$i$被曝光给用户的条件下被点击的概率。这里假设它不随该文档的位置而改变，仅与文档和查询的关联性有关，如式（5.64）所示：

$$\begin{aligned} P(c_i = 1|o_i = 1) = {} & P(c_i = 1|r_i = 1, o_i = 1)P(r_i = 1) + \\ & P(c_i = 1|r_i = 0, o_i = 1)P(r_i = 0) \end{aligned} \tag{5.64}$$

这样，式（5.63）其实提供了估测α和β的比例的理论基础。即我们对同一搜索结果页面中不同位置和不同的查询对应的搜索结果页面做这种文档位置调换，就能对每一对位置i和j求出$\dfrac{\alpha}{\beta} = \dfrac{P(o_i = 1|y_i)}{P(o_i = 1|y_j)}$。对同一个搜索结果页面，事实上可以把$i$固定为某一个位置，而不停地改变$j$来估测，如式（5.65）所示：

$$\frac{P(o_i = 1|y_i)}{P(o_i = 1|y_1)}, \cdots, \frac{P(o_i = 1|y_i)}{P\left(o_i = 1|y_{n_q}\right)} \tag{5.65}$$

这一系列的不同位置的倾向性分数之间的比例，甚至可以只考虑几种特别的j的取值，然后利用一个回归模型如插值法（interpolation）来推测该比例对于不同的j时的取值。在实践中，因为很多查询都会被不同的用户输入不止一次，所以可以把这一系列经过位置调换的搜索结果页面展示给用户来搜集他们的隐式反馈标签（点击）。然后可以通过对不同的查询对应的搜索结果页面中估测到的这一组比例求平均，最终达到用 IPS 评价器对模型评价指标（或损失函数）进行估测的目的。这种方法曾经被多家美国互联网公司部署在他们的学习排序模型预测的搜索结果页面中。在文献[252]中，Joachims 等人还讨论了利用倾向性分数模型如何修

正其他种类的搜索日志数据中的偏差。比如修正在学习排序中的信任误差（trust bias）[259]。信任误差指位置会影响到最终观察到的（隐式反馈）标签的取值。在这种情况下，除了倾向性分数，还需要对条件分布$P(c_i|x_i, y_i, r_i)$建模。

3. 其他修正位置偏差的方法

在另外一系列非偏的学习排序算法的研究工作中[254-256]，几种不同的参数化模型被用来对位置偏差中的倾向性分数建模。在文献[254]中，Ai 等人考虑了一个基于 softmax 的文档列表模型，并直接利用最大似然估计（maximum likelihood estimation，MLE）去优化每个位置的倾向性分数。他们令每个位置的倾向性分数为一个可学习的参数ϕ_{y_i}，用 softmax 函数对ϕ_{y_i}进行归一化处理，就可以得到$P(o_i = 1)$，如式（5.66）所示：

$$P(o_i) = \frac{\exp(\phi_{y_i})}{\sum_{i'=1}^{n_q} \exp(\phi_{y_{i'}})} \tag{5.66}$$

同时，Ai 等人用一个基于神经网络的排序模型来对一个文档的关联性为1的概率（即$P(r_i = 1|x_i)$）进行建模，如式（5.67）所示：

$$\hat{P}(r_i = 1) = \frac{\exp(f(x_i))}{\sum_{i'=1}^{n_q} \exp(f(x_{i'}))} \tag{5.67}$$

其中，$f: \mathcal{X} \to \mathbb{R}$是一个输入为特征向量$x$、输出为实数的神经网络模型。然后用以下带权重的负对数似然函数作为一个查询q对应的搜索结果页面中所有文档对应的损失函数，如式（5.68）所示：

$$\mathcal{L}_\phi = -\sum_{i:c_i=1} \frac{\hat{P}(r_j = 1|x_j)}{\hat{P}(r_i = 1|x_i)} \log \frac{\exp(\phi_{y_i})}{\sum_{i'=1}^{n_q} \exp(\phi_{y_{i'}})} \tag{5.68}$$

其中，文档j是排在第一个位置的文档，即$y_j = 1$。权重$\frac{\hat{P}(r_j=1|x_j)}{\hat{P}(r_i=1|x_i)}$是学习排序模型对文档$j$与文档$i$关联性为1的概率之比。

在文献[255]中，Hu 等人提出非偏的 LambdaMART，这个工作主要考虑的是对文档对的学习排序模型进行非偏化处理。比起文献[252,254,258]中采用的非偏学习排序模型,我们可以观察到,文档对的学习排序模型的损失函数需要输入一对隐式反馈标签分别为正和负的文档〔见式(5.52)〕。所以对于基于 IPS 评价器的非偏文档对的学习排序模型的最大挑战是,文档对的学习排序模型的输入是一对文档,而不是一个。这就要求我们对每一对文档计算一个 IPS 权重,从而得到非偏的文档对模型。因为这一对文档一定是一正一负的,正的指得到隐式反馈(如点击)的,因此关联性也为正的文档,负的则没有隐式反馈。注意,如果一个文档没有正的隐式反馈,它的关联性就是未知的。在其他工作中[252,254,258],只有隐式反馈为正的文档会影响到损失函数和评价指标的计算。而还没有太多的研究谈及如何对没有正反馈标签的文档的倾向性评分进行建模。因此,在文献[255]中,针对常用的文档对的学习排序模型 LambdaMART,Hu 等人提出了一种计算倾向性评分的方法。因为 LambdaMART 这个模型没有损失函数的解析表达式,只有其梯度的解析表达式,因此用式(5.69)代表 LambdaMART 的经验风险最小化的损失函数:

$$\mathcal{L}_{\text{naive}} = \sum_{i,j} \Delta\left(f(\boldsymbol{x}_i), c_i, f(\boldsymbol{x}_j), c_j\right) \tag{5.69}$$

其中,$\Delta(f(\boldsymbol{x}_i), c_i, f(\boldsymbol{x}_j), c_j)$代表一对文档$i$和$j$对应的 LambdaMART 的损失函数,它在$c_i = c_j$时取值为0。而$\mathcal{L}_{\text{naive}}$是对一个查询对应的所有文档对求和。但理想的损失函数则应当是基于文档与查询间的关联性的,如式(5.70)所示:

$$\mathcal{L}_{\text{ideal}} = \sum_{i,j} \Delta^r\left(f(\boldsymbol{x}_i), r_i, f(\boldsymbol{x}_j), r_j\right) \tag{5.70}$$

与基于隐式反馈的损失函数类似,基于关联性的损失函数$\Delta^r(f(\boldsymbol{x}_i), r_i, f(\boldsymbol{x}_j), r_j)$也在$r_i = r_j$时应当取值为0。接下来,Hu 等人引入了两个假设来解释隐式反馈-关联性-曝光之间的关系,如式(5.71)所示:

$$\begin{cases} P(c_i = 1 | \boldsymbol{x}_i) = t_{y_i}^+ P(r_i = 1 | \boldsymbol{x}_i) \\ P(c_i = 0 | \boldsymbol{x}_i) = t_{y_i}^- P(r_i = 0 | \boldsymbol{x}_i) \end{cases} \tag{5.71}$$

其中，$t_{y_i}^+$ 和 $t_{y_i}^-$ 分别是位置 y_i 对应的正隐式反馈和负隐式反馈的倾向性分数。Hu 等人把它们简化为隐式反馈为正（负）和关联性为正（负）之间的比例。式（5.71）的第一个式子与其他工作中的假设一致，即隐式反馈为正的概率是该文档的位置对应的倾向性分数与关联性为正的概率之积。第二个式子则假设另外一组倾向性分数 $t_{y_i}^-$，它描述了文档的隐式反馈为负的概率与文档和查询关联性为负的概率的比例。这里其实潜在地假设了倾向性分数会受到文档隐式反馈和文档与查询间关联性的值的影响，也就是潜在地有考虑到信任偏差等除位置偏差外的搜索日志数据中的偏差问题。这一点与之前工作中的倾向性分数模型有所不同。有了这两种不同的倾向性分数，便可以定义非偏的基于隐式反馈的 LambdaMART 的损失函数来估测 $\mathcal{L}_{\text{ideal}}$，如式（5.72）所示：

$$\mathcal{L}_{\text{IPS}} = \sum_{(i,j):c_i=1,c_j=0} \frac{1}{t_{y_i}^+ \times t_{y_j}^-} \Delta\big(f(\boldsymbol{x}_i), c_i, f(\boldsymbol{x}_j), c_j\big) \tag{5.72}$$

$\mathcal{L}_{\text{IPS}}$ 的非偏性证明如式（5.73）所示：

$$\begin{aligned}
&\iint \frac{\Delta\big(f(\boldsymbol{x}_i), c_i, f(\boldsymbol{x}_j), c_j\big)}{t_{y_i}^+ \times t_{y_j}^-} \mathrm{d}P(\boldsymbol{x}_i, c_i=1) \mathrm{d}P(\boldsymbol{x}_j, c_j=0) \\
&= \iint \frac{\Delta\big(f(\boldsymbol{x}_i), c_i, f(\boldsymbol{x}_j), c_j\big)}{\dfrac{P(c_i=1|\boldsymbol{x}_i)P(c_j=0|\boldsymbol{x}_j)}{P(r_i=1|\boldsymbol{x}_i)P(r_j=0|\boldsymbol{x}_j)}} \mathrm{d}P(\boldsymbol{x}_i, c_i=1) \mathrm{d}P(\boldsymbol{x}_j, c_j=0) \\
&= \iint \Delta\big(f(\boldsymbol{x}_i), c_i, f(\boldsymbol{x}_j), c_j\big) \mathrm{d}P(\boldsymbol{x}_i, r_i=1) \mathrm{d}P(\boldsymbol{x}_j, r_j=0)
\end{aligned} \tag{5.73}$$

其中，第二个等式用到了如式（5.74）所示的关系：

$$\begin{cases} P(\boldsymbol{x}_i, c_i=1) &= P(c_i=1|\boldsymbol{x}_i)P(\boldsymbol{x}_i) = t_i^+ P(r_i=1|\boldsymbol{x}_i)P(\boldsymbol{x}_i) = t_i^+ P(r_i=1, \boldsymbol{x}_i) \\ P(\boldsymbol{x}_i, c_i=0) &= P(c_i=0|\boldsymbol{x}_i)P(\boldsymbol{x}_i) = t_i^- P(r_i=0|\boldsymbol{x}_i)P(\boldsymbol{x}_i) = t_i^- P(r_i=0, \boldsymbol{x}_i) \end{cases} \tag{5.74}$$

这些等式都可以由式（5.71）直接得到。

4. 用实验验证修正位置偏差的算法

接下来介绍用实验验证修正位置偏差的学习排序算法。理想情况下，希望拥有一个学习排序数据集，其中既有显式反馈（即关联性），也有隐式反馈（点击、购买等)。这样就可以用隐式反馈作为有位置偏差的训练集和验证集中的标签,同时,用显式反馈作为测试集中计算评价指标基准真相的标签。不幸的是,这样的数据集非常难得。因此,在一系列工作中,一种比较常见的方法是利用有显示标签的学习排序数据集,如 Yahoo! learning-to-rank challenge dataset[260](相关信息见"链接 18")。而对于训练集和验证集中需要的隐式反馈标签,则可以使用在搜索领域常见的点击模型来产生仿真的点击数据。在文献[254-255]中,以下点击模型被用来生成仿真的点击数据。首先,用随机采样的1%的原训练集的子集训练一个 RankSVM 模型,来扮演那个已存在的学习排序模型的角色。这个 RankSVM 负责将训练集和验证集中的每个搜索结果页面进行排序,从而模拟搜索日志数据。但还需要得到这些搜索日志数据中每个搜索结果页面的排序的隐式反馈。这将由一个点击模型来完成。在文献[254-255]中,基于位置的点击模型(position-based model,PBM)被用于完成这项任务。PBM 也是基于式(5.71)中的第一个假设,即点击的概率等于倾向性分数(曝光概率)乘以关联性为正的概率。之后,需要参数化曝光概率。这里还是基于曝光概率仅受到位置影响,与文档的特征、点击和关联性都无关这一点。式(5.75)描述了这里的曝光概率,即倾向性分数的参数化:

$$P(o_i = 1|y_i) = \rho_{y_i}^{\theta} \tag{5.75}$$

其中,$\theta \in [0, +\infty]$是一个可调节的参数,它控制了位置偏差的程度,在实验中被设为$\theta = 1$。基础的位置偏差概率ρ_{y_i}的值来自于一个著名的眼动追踪实验(eye tracking experiment)的结果[261]。而一个文档的二值的关联性的基准真相$P(r_i = 1)$则由式(5.76)给出:

$$P(r_i = 1) = \epsilon + (1 - \epsilon)\frac{2^{\tilde{r}} - 1}{2^4 - 1} \tag{5.76}$$

其中,$\tilde{r} \in [0,1,2,3,4]$是原数据集中,专家给每个文档标注的取值为0到4的关联性分数。分母则是一个对该概率进行归一化的项。$\epsilon \in [0,1]$代表标签中噪声的权重。因为有时用户会误认为一个关联性为负的文档是与查询有关联性的,并做出点击。在文献[255]中,它被设定为$\epsilon = 0.1$。

除了用测试集中基于关联性 r 计算的学习排序模型的评价指标 NDCG 和 mAP 等来验证一个非偏学习排序模型的有效性，在文献[255]中，Hu 等人还对非偏学习排序模型的其他性质进行了测试。在其中的一个实验中，Hu 等人观察了新训练的非偏学习排序模型和产生日志数据的已存在模型 RankSVM 之间的差别。他们发现新训练的非偏的 LambdaMART 模型与其他非偏学习排序模型相比，预测的文档排序列表中各文档的排序与已存在的 RankSVM 预测排序的相关度最低。也就是说，非偏的 LambdaMART 最能减小位置偏差对其预测造成的影响。在另一个实验中，Hu 等人还尝试去观察非偏的 LambdaMART 所学到的正负隐式反馈对应的两种倾向性评分。可惜的是，他们对此没有展示与这两种倾向性评分的基准真相的值的对比。

另外，他们还考察了非偏学习排序模型在不同的点击模型生成的半合成搜索日志数据上的表现，以及对不同程度的位置偏差的反应（由式（5.75）中的 θ 值决定）。他们发现，基于文档对模型对位置偏差进行修正的 IPS 评价器（以非偏的 LambdaMART 为例）与针对单个文档的位置偏差进行修正的 IPS 评价器相比，前者对更高程度的位置偏差也表现得更鲁棒，即逐渐增大的 θ 值对非偏的 LambdaMART 的表现的影响小于它对其他非偏学习排序模型（如 EM-Regression[253]）的影响。最后，Hu 等人还将他们提出的非偏的 LambdaMART 模型上线进行 A/B 测试，比较没有修正位置偏差的 LambdaMART 和非偏的 LambdaMART 在今日头条新闻推荐 App 的两个用到学习排序的产品上的表现。他们发现非偏的 LambdaMART 可以显著地提高点击率，并且在人类评估中被认为预测的搜索结果页面中的文档排序列表比没有修正位置偏差的 LambdaMART 更好的概率要大于更差的概率。

5.2.1 节对学习排序模型进行了简单介绍。学习排序模型从 2000 年起[252]就在信息检索和机器学习社区中被大量地讨论，它也是除推荐系统外，在现实应用中最为成功的另一类机器学习模型。微软亚洲研究院和 Yahoo!Research 也曾经是学习排序浪潮中的中流砥柱。5.2.2 节以 Joachims 等人在非偏学习排序领域的早期工作[252]介绍了非偏的学习排序。文献[252]为例获得了数据挖掘、信息检索社区的 ACM WSDM'17 大会的最佳论文，同谷歌的 Wang 等人[258]一起借由因果机器学习的新浪潮，重新让人们认识到多年前在学习排序领域中发现的各种误差其实都是可以用因果推断模型来分析和解释的。而基于这些因果推断模型的分析，IPS 评价器这个简单而有效的因果推断方法再次在学习排序这个机器学习问题中发光发热。对于非偏的学习排序，我们集中介绍了位置偏差和如何用 IPS 评价器来修正这种偏差。具体而言，可以将一个文档有关联性和一个文档有正的隐式反馈的概率的比称为倾向性分数，因为它代表一个位置上的任意文档被曝光给输入查询的用户的概率。这种思路可以被用在各类学习排序模型上，如 RankSVM[252]和 LambdaMART[255]。

未来可以展望的研究方向包括但不限于以下两类：第一，搜索中其他类型的偏差理论上也可以被基于因果推断的模型所修正；第二，基于因果推断的偏差修正技术在更复杂的信息检索任务（如在知识图谱、图像、音乐等类型的数据中进行搜索）中的应用。

第 6 章

总结与展望

6.1 总结

本书主要介绍了关于尝试回答"如何更好地结合因果推断和机器学习?"这个问题的内容。从以下两个角度回答这个问题:

第一,我们知道,机器学习模型具有强大的利用多种数据和拟合复杂的数据分布的能力。因此,第一个角度就是,如何利用这些机器学习模型更好地解决因果推断问题。

第二,如何通过对因果模型(数据生成过程)的先验知识进行建模,使机器学习模型预测的时候更公平,更具有可解释性,从而达到更好的泛化性能。

1. 第 1 章

第 1 章从传统的因果推断出发,讲解了两个著名的定义因果关系的理论框架,即潜在结果框架和结构因果模型。

潜在结果框架主要用于解决因果效应估测中的因果识别问题。因果识别指将因果量（带有潜在结果，尤其是反事实结果的量）转换为统计量的过程。它适用于对因果模型的先验知识有限，但符合某种已知模型的场景。例如，在隐藏混淆变量存在的情况下，可以通过几种特殊的变量（如工具变量或配置变量）来完成对因果效应的识别。

潜在结果框架比较直接、简单，可以用它解决复杂的因果效应估测问题。比如，在很多实际的场景中，SUTVA（个体处理稳定性假设）并不成立。例如，在一个社交网络的用户个人主页上打广告，会影响所有访问这个页面的人对广告介绍的商品的购买决定。我们很容易发现在这个问题中，一个用户个体的潜在结果不仅会受到该个体的处理变量的影响，还会受到数据集中其他个体的状态变量取值的影响。同时，我们也会发现，尽管经济学家和统计学家已经基于潜在结果框架发现了很多种因果识别的方法，但是直到今天，基于潜在结果框架仍然不能用一致的数学语言来描述各个因果识别方法所基于的假设。反映到实际情况中，一个普通人难以领悟到我们同时需要 SUTVA、非混淆假设和一致性假设这三个假设来完成对 CATE 的因果识别，并且弄明白它们之间的联系也非常费劲。潜在结果框架也难以系统性地给出发现一种新的因果识别方法的规律。比如，很难发现断点回归设计和工具变量这两种基于潜在结果框架提出的因果识别方法之间到底有什么关系。每个因果识别方法的发现更像是某个经济学家或是统计学家基于"寻找观测数据中自然存在的随机实验"的灵光一现。

与潜在结果框架相比，结构因果模型的一大特点是它能够对所有变量之间的因果关系进行一个完整的描述。具体地讲，每个结构方程都描述了一个变量是如何由其父变量和噪声生成的。因果图也继承了概率图模型/贝叶斯网络模型的一些性质。例如，我们可以利用由概率图模型演化而来的 D-分离来判断一对因果图中的变量是否条件独立，要使它们条件独立，应该以哪些变量为条件。结构因果模型的一个最大优势是它的通用性——可利用该通用性来解决不同的问题。最明显的一个例子是结构因果模型可以被用于解决因果发现问题。因果发现的目的是从数据样本中学习因果图或者整个结构因果模型。可以想象，没有结构因果模型而仅仅基于潜在结果框架，因果发现这个问题本身就很难被定义。而在利用结构因果模型进行因果识别时，可以将后门准则和前门准则这样的规则编写成程序，对任意给定的一对状态变量-结果变量，它可以在一个很大的因果图上来回答如下问题："是否能够找到一个变量集合，以其为条件时能够识别给定的状态变量-结果变量的因果效应。"这一点也是潜在结果框架欠缺的。潜在结果框架更适用于已经知道哪一对状态变量-结果变量是研究对象的场景。例如，已经决定要研究推荐系统对用户行为的影响，则可以放心大胆地使用潜在结果框架。而当你不确定观测到的变量间是否存在因果关系的时候，或者只有一个值得关注的结果变量，却不知道哪些其他变量对其有显著的因果效应的时候，可能从结构因果模型出发是一个更好的选择。但是结构因果模型要求更多的先验知识。如果想使用前门准则或后门准则这样的工具，必须先得到因果图。而从观测数据中发现因果图也是非常有挑战性的。

在实践中往往会面临一种尴尬情况，就是运行了好几种因果发现算法，得到的因果图却不完全一致。这时，需要根据数据来猜测哪些因果发现的假设是更加可能成立的。我们会面临隐藏混淆变量的干扰吗？Faithfulness 假设（从观测数据中通过条件独立检验得到的变量之间的条件独立关系，应当与基准真相中因果图所对应的变量间的条件独立关系相同）[13,262]成立吗？这些假设与潜在结果框架解决因果识别时需要的可忽略性假设一样，都难以用数据驱动的方法来检验，因而更需要相关领域的专家利用其先验知识对得到的因果图进行验证。

总之，潜在结果框架和结构因果模型各有利弊。一般而言，当要解决的问题是因果效应估测，并且数据集的特点可以对应到潜在结果框架中的一种或多种因果识别方法时，可以首先考虑潜在结果框架，否则可以从结构因果模型入手。

对于因果效应估测，第 1 章中讲解了几种常见的当数据中存在隐藏混淆变量时的因果识别的方法：工具变量、断点回归设计、前门准则、双重差分模型和合成控制。这些方法都基于一系列其他的假设来回避隐藏混淆变量带来的麻烦。它们被广泛地运用于因果效应估测。

2. 第 2 章

第 2 章介绍了一系列利用机器学习模型来完成对因果效应估测任务中协变量、状态变量和结果变量之间的关系进行建模的任务。贝叶斯加性回归树（BART）简单易用，没有机器学习背景的实践者也可以利用它来估测 CATE，同时也能得到估测的 CATE 的置信区间。有了置信区间，我们就可以结合相关领域专家的意见，做出正确的决策。但回归数的局限性是它只能对特征空间进行平行于各特征轴的划分，与神经网络相比，它对非线性关系的建模能力还有一定差距。

基于神经网络的因果效应估测模型，本章介绍了反事实回归网络（CFRNet）、因果效应变分自编码器（CEVAE）。它们利用了机器学习领域，特别是深度学习近年来的一些进展，如 CFRNet 中表征平衡的理论，即在反事实数据中误差的上界是事实数据中误差与两个分部之间的距离的和，非常类似于域适应中测试域数据中误差和训练集数据中误差之间的关系。而表征平衡中可微分的通过样本测量两个分布之间距离的方法则基于生成对抗网络多年来的发展。本章详细介绍了 MMD 和 W-距离这两种测量分布之间距离的方法，它们都是 IPM 的特殊形式。从实践上讲，它们都是可以用样本来估测的函数，这使得它们的计算不再是一个挑战。而它们连续可微分的特性则方便我们利用反向传播训练神经网络模型。

因果效应变分自编码器则基于变分自编码器，利用预先假设的结构因果模型（因果图）对数据分布进行分解，然后对分解后的每一个结构方程单独进行建模。变分自编码器原本是拟合数据联合分布的利器，因此它被用于解决因果推断问题也是非常自然的。深度生成模型和结构因果模型的差别其实主要在于该模型是否能够对反事实进行建模；或者说，该模型是否能够接受将对变量的干预作为其输入。CEVAE 在解码器端允许对状态变量进行干预，从而能够完成通过对反事实结果的预测来达到对 CATE 的估测。类似地，Ma 等人[263]利用相似的思想提出了一种生成反事实图数据的变分自编码器来解决反事实公平性的问题。另一个类似想法的实现在文献[264]中被提及，Zhang 等人利用 Conditional GAN 生成不同域中的数据，从而对不同的数据分布做数据增强，每一个 Conditional GAN 都起到对一个结构方程组进行建模的作用。这些 Conditional GAN 模型结合在一起，能够以对任何一个变量的干预作为输入来生成其对应的反事实数据分布。

除此之外，我们还介绍了几个比较有特点的利用机器学习解决因果推断问题的工作，这些工作可以作为读者做这一类研究时参考的例子。首先介绍了将 CEVAE 延伸到解决存在隐藏混淆变量的情况下如何解决因果中介效应分析的问题。然后介绍了如何利用多模态数据解决有多个状态变量存在的情况下的因果效应估测问题。最后简单介绍了一种利用网络数据弱化可忽略性假设的方法。

3. 第3章

第3～5章着重介绍了利用因果模型来解决机器学习问题的几个热门研究方向。

第3章介绍了一个重要的因果机器学习问题：域外泛化。它想要回答的问题是："如何利用对生成数据集的因果模型的理解来使机器学习模型，尤其是深度学习模型泛化到不同的数据分布（域）？"，这个问题又常被称为域外泛化。在这个研究方向上，本章介绍了几种不同类型的方法。

（1）第一类方法：数据增强。

第一类方法是通过数据增强来提高模型的域外泛化能力。也就是说，如果我们能向训练集中添加来自不同数据分布的数据，那么可以想象模型的泛化能力将会增强。利用因果模型可以解释为什么不同域的数据分布是不同的。这是因为我们可以认为不同域的数据是由同一个结构因果模型在不同的干预状态下产生的。主要面临的挑战就是如何训练出一个可以生成不同域的数据的模型。本章介绍了三种方法。

第一种方法就是回避这个挑战，直接利用人类的智慧来标注反事实数据。由于众包平台的出现，使得获取人工数据标注服务变得非常方便。具体的事情中可以用一些规则指导众包平台的工作人员，使其更好地将人类对因果关系的理解标注到数据中。

第二种方法则是利用一些先验知识中的规则来获得反事实数据，如在句子分类中对关键的形容词取其反义词，就可以得到一个标签变化的反事实样本。

第三种方法则是借助对能很好地拟合现实数据分布的生成模型来实现生成反事实样本，从而做到反事实数据增强。

（2）第二类方法：设计新的归纳偏置。

第二类方法则是通过设计新的归纳偏置来使机器学习模型在训练过程中自动将变量间的因果关系考虑进去，近年来，在因果机器学习的文献中有一系列这样的工作。本书介绍了这些尝试从观测数据的因果模型出发，去找到那些与预测目标有着不随数据分布变化的因果关系的方法。我们介绍了该领域的奠基之作——基于不变机制的模型及其近期发展，包括不变风险最小化等模型。它们在本质上是先利用因果模型推导来解释为何每个域的数据分布不同，再根据这些因果模型来设计归纳偏置，使机器学习模型可以通过最小化某种损失函数来学习这些跨域不变的关系，或者说是学到那些可以泛化到不同域的变量（即目标变量的因）。这些方法不通过数据增强来向模型展示不同域的数据分布应该如何改变，而是直接通过建模（如设计损失函数）来抓住那些能够泛化到不同数据分布的关系。

4. 第 4 章

第 4 章介绍了另一个热门的研究方向：利用因果模型提高机器学习模型的可解释性和公平性。有时候也可以将其相关的概念统一起来称为有社会责任的人工智能（socially responsible AI）[137]。与普通的基于相关性的可解释性方法相比，基于因果的可解释性方法的优势主要体现为：它通过对数据生成过程建立因果模型，从而能够合理地预测对观测到的数据样本进行干预造成的结果。这有助于找出某个机器学习模型做出某个预测的原因，而不仅仅是与预测目标有很强的相关性的变量。知道预测的原因往往有助于我们在现实场景中对样本的某些特征进行改进，从而获得更好的预测结果。例如，因果可解释性模型建议申请信用卡失败的人可以通过提高收入或降低债务来提高信用分数。在公平性这个问题中，因果关系也起着至关重要的作用。基于相关性的公平性模型可以帮助我们在一定程度上使模型对于不同的观察群体做出公平的预测。例如，可以使机器学习模型对不同种族中有相同的事实结果的部分样本做出相似的预测。而基于因果的反事实公平性则要求机器学习模型对每个样本和它们对应的反事实的预测要相似或者相同。这使我们能够把加到机器学习算法中的公平性条件细化到个人级别（individual-level），而不仅仅是群体级别（group-level）。在自然语言处理中，公平性则关注神经语言模型从带有人类偏见的数据中学到的伪相关性。例如，Vig 等人发现的大规模预训练模型会利用性别和职业之间的伪相关性对句子中下一个应该出现的代词的性别做预测[153]。

5. 第 5 章

第 5 章特别关注了因果模型在推荐系统和学习排序（搜索）这两个非常重要的工业界应用中可以扮演的角色。推荐和搜索有一个共同的特点，那就是它们都需要利用用户反馈来训练模型。而用户反馈数据会有选择偏差的问题，这是因为搜集用户反馈时，推荐的物品列表并不是随机的，而是由之前已经存在的模型预测得到的。例如，在显式反馈的推荐系统中，用户更倾向于给自己喜欢的电影打分，这是因为他们更有可能看自己喜欢的电影，而不会花几个小时时间去看他们不感兴趣的电影。我们可以通过分析各变量之间的因果关系，来理解产生选择偏差的原因，这有利于我们对选择偏差建模，从而更合理地利用观测到的用户反馈数据。例如，在显式反馈的推荐系统中，我们可以将推荐系统问题转化为一个多状态变量的因果推断问题[70]。而核心挑战就变成了如何对混淆偏差进行调整或者说如何从观测数据中学到隐藏混淆变量[224]。在学习排序中，可以合理地假设"用户是否点击"和"文档是否关联"之间的因果关系，从而使模型能够考虑到每个物品在页面不同位置被点击/购买时面临的选择偏差的不同。

6.2 展望

在本书中，尽管我们覆盖了一系列连接因果推断与机器学习的研究，但这些研究方向只能算是冰山一角。在已知的和尚未展开的研究中，因果推断与机器学习还有更多、更有趣、更实用的结合等待研究人员去发掘。这里抛砖引玉，对因果推断与机器学习未来的研究方向进行一个展望。

在真实的场景中，很多时候因果推断问题不仅仅是一个静态的过程，而多臂老虎机或者是强化学习中的马尔可夫决策过程可能更接近于很多因果推断问题的现实场景。在现有的文献中，多臂老虎机用于因果推断的研究还不多，可以简略地总结为以下两个方向。

第一个方向是利用离线的观测数据作为多臂老虎机模型的初始化数据[265]。这里涉及一个从观测性模型中得到的因果关系是否可以被之后在线训练的多臂老虎机模型利用的问题[266]。而多臂老虎机模型的任务其实就是对不同臂的因果效应进行估测。这在经济学中被称为适应性实验（adaptive experiment），这种随机实验与普通的 RCT 不同的点在于它会随着实验的进行来调节不同臂的概率。这样做的目的是在适应性实验中，在通过随机实验估测因果效应的同时，最优化实验样本的结果。而因果推断中直接利用适应性实验数据的工作还不多[267]。

第二个方向是因果强化学习。虽然强化学习可以看成某种机器学习问题，但也可以把它看作在一个状态下，每个可以选择的动作的长期因果效应估测的问题。在因果强化学习中，很多工作都在考虑马尔可夫决策过程的一些对数据生成过程的假设是否成立，以及如果不成立应该怎么办的问题。有几个研究可以作为参考。Zhang 等人考虑了数据在多个不同的环境生存的情况下，如何学到一个能够泛化到不同环境的策略的方法[268]。Huang 等人则考虑了当数据分布发生变化时，如何利用因果模型来针对分布的变化进行深度强化学习模型的更新，从而使我们能更加有效地更新强化学习策略[269]。当然，在一些数据比较复杂的情况下，比如图像、文字、网络数据作为混淆变量、状态变量或者结果变量，很多问题仍待回答。例如，我们应该做出哪些对于结构因果模型的假设？应该应用哪些因果识别的方法？如何设计估测因果效应的模型等[270]？

在解决机器学习问题的方向中，因果推断能做的事情可能更依赖于机器学习本身的发展。例如，近年来预训练语言模型的火热使我们想要对其的可解释性、公平性和域外泛化性能进行研究[153]。而提出更多的问题，尤其是那些因果模型能够帮助机器学习模型解决的问题也至关重要。

除了以上提到的动态数据中的因果推断、因果强化学习和用因果推断解决机器学习这些问题，关于如何找到具有挑战性且能够发挥因果模型独一无二的作用，同时兼具影响力的问题也将成为未来几年因果机器学习的重点。例如，在自动驾驶中，能否通过对世界建模来使自动驾驶策略避免出现非常少见且会导致人类生命财产安全受到威胁的错误。其中涉及的问题非常多，例如，如何对新的环境中可能发生的事故场景进行反事实生成，是一个很有挑战性的问题。随着机器学习技术的突飞猛进，因果机器学习研究也应该与时俱进，使那些真正被大规模上线，并且将对人类产生深刻影响的机器学习模型拥有像人一样的因果推理能力，从而更好地为人类服务。

术语表

中文	英文
数据生成过程	data generating process，缩写为 DGP
统计关联	statistical association
相关性	correlation
共同原因	common cause
训练集	training set
测试集	test set
观测数据	observational data
随机控制实验	randomized controlled trial，缩写为 RCT
生成对抗网络	generative adversarial network，缩写为 GAN
处理变量	treatment variable
结果变量	outcome variable
结构因果模型	structural causal model，缩写为 SCM
因果图	causal graph/causal diagram
结构方程组	structural equations
贝叶斯网络	Bayesian network
有向边	directed edge
D-分离	D-separation
条件独立	conditional independence
有向通路	directed path
有向无环图	directed acyclic graph，缩写为 DAG

续表

中　文	英　文
中介变量	mediator
因果中介效应分析	causal mediation analysis，缩写为 CMA
混淆变量/混淆因子	confounder
对撞因子	collider
阻塞	block
后裔	descendent
因果马尔可夫条件	causal Markovian condition
父变量	parent variable
噪声项	noise term
结构方程模型	structural equation model，缩写为 SEM
外生变量	exogenous variable
内生变量	endogenous variable
干预	intervention
do 算子	do calculus
干预分布	interventional distribution/post-intervention distribution
实验组	treatment group
对照组	control group
平均因果效应	average treatment effect，缩写为 ATE
实验组的平均因果效应	average treatment effect on the treated，缩写为 ATT
对照组的平均因果效应	average treatment effect on the controlled，缩写为 ATC
条件平均因果效应	conditional average treatment effect，缩写为 CATE
个人因果效应	individual treatment effect，缩写为 ITE
混淆偏差	confounding bias
因果识别	causal identification
后门准则	back-door criterion
后门通路	back-door path
单位/个体/样本/实例	unit/individual/sample/example/instance
亚群	subpopulation
调控	adjustment for
容许集	admissible set
边缘化	marginalization
特征/协变量	feature/covariate
选择偏差	selection bias
独立同分布	independent and identically distributed，缩写为 i.i.d.
反事实	counterfactual

续表

中 文	英 文
整体	population
干扰	interference/spillover effect
潜在结果框架	potential outcome framework
缺失数据问题	missing data problem
事实结果	factual outcome
反事实结果	counterfactual outcome
有限样本	finite sample
一致性假设	consistency assumption
个体处理稳定性假设	stable unit treatment value assumption，缩写为 SUTVA
二分实验	bipartite experiment
强可忽略性	strong ignorability
重叠	overlapping
单一世界干预图	single world intervention graphs，缩写为 SWIG
因果发现	causal discovery
工具变量	instrumental variable，缩写为 IV
断点回归设计	regression discontinuity design，缩写为 RDD
监督学习	supervised learning
排除约束	exclusion restriction
同质性因果效应	homogeneous treatment effect
异质性因果效应	heterogeneous treatment effect
比例估计量	ratio estimator
单调性	monotonicity
局部平均因果效应	local average treatment effect，缩写为 LATE
两阶段最小二乘法	two stage least square，缩写为 2SLS
配置变量	running variable
精确断点回归设计	sharp regression discontinuity design，缩写为 Sharp RDD
模糊断点回归设计	fuzzy regression discontinuity design，缩写为 Fuzzy RDD
倾向性评分	propensity score
准实验设计	quasi-experiment
干预前结果/负结果控制	pre-treatment outcome/negative outcome control
加性混淆效应	additive confounding effect
加性伪混淆	additive quasi-confounding
潜在对照组	donor Pool
外推	extrapolation
欧几里得范数	euclidean Norm

续表

中文	英文
凸包	convex Hull
差异	discrepancy
总因果效应	total effect
直接因果效应	direct causal effect
间接因果效应	indirect causal effect
干预前协变量	pre-treatment covariate
干预后变量	post-treatment variable
因果中介效应	causal mediation effect
自然间接效应	natural indirect effect，缩写为 NIE
平均因果中介效应	average causal mediation effect，缩写为 ACME
自然直接效应	natural direct effect，缩写为 NDE
控制直接效应	controlled direct effect
序列可忽略	sequential ignorability
部分识别	partial identification
点估计	point estimate
观测—反事实分解	observational-counterfactual decomposition
非负单调状态反馈假设	nonnegative monotonic treatment response
单调状态选择假设	monotonic treatment selection
最优状态选择假设	optimal treatment selection
否定证明	contrapositive
卷积神经网络	convolutional neural network，缩写为 CNN
长短期记忆	long short term memory，缩写为 LSTM
图神经网络	graph neural network，缩写为 GNN
集成学习	ensemble learning
贝叶斯加性回归树	Bayesian additive regression tree，缩写为 BART
加性误差均值回归	additive error mean regression
分段常数二值回归树	piecewise constant binary regression tree
正则化引入的混淆偏差	regularization-induced confounding，缩写为 RIC
反事实回归网络	counterfactual regression network，缩写为 CFRNet
平衡神经网络	balancing neural network，缩写为 BNN
积分概率度量	integral probability metric，缩写为 IPM
散度	divergence
最大均值差异	maximum mean discrepancy，缩写为 MMD
特征核函数	characteristic kernel

续表

中　　文	英　　文
再生核希尔伯特空间	reproducing kernel Hilbert space，缩写为 RKHS
W 距离	wasserstein distance
最优传输	optimal transport
证据下界	evidence lower bound，缩写为 ELBO
似然	likelihood
杨森不等式	Jensen's inequility
代理变量	proxy variable
因果中介效应分析变分自编码器	causal mediation analysis with variational auto-encoder，缩写为 CMAVAE
线上口碑	electronic word of mouth
情绪得分	sentiment
细粒度的多方面情感分析	multi-aspect sentiment analysis，缩写为 MAS
多因	multiple causes
替代混淆因子	substitute confounder
单一忽略性	single ignorability
单因	single-cause
代理编码网络	proxies encoding network
因果调整网络	causal adjustment network
均方误差	mean squared error，缩写为 MSE
用户-物品二分图	user-item bipartite graph
近端变量	proximal variable
同质偏好	homophily
度数矩阵	degree matrix
半合成数据	semi-synthetic data
表征学习	representation learning
归纳偏置	inductive bias
泛化能力	generalizability
数据不符合独立同分布假设	non-i.i.d. data
数据增强	data augmentation
自监督学习	self supervised learning
不变风险最小化	invariant risk minimization，缩写为 IRM
人和物体互动	human object interaction，缩写为 HOI
自然语言推断	natural language inference
前提句	premise
假设句	hypothesis

续表

中　　文	英　　文
蕴涵	entailment
矛盾	contradiction
人机共生	humanin-the-loop
高斯加性噪声的线性结构因果模型	linear Gaussian model
决策边界	decision boundary
假阳性	false positive
恶意文本分类	toxicity classification
族群	ethnic group
真实相关	genuine correlation
很可能是目标变量的因的特征	likely causal feature
模板	prompt
语义合理	semantically sound
神经网络机器翻译	neural machine translation
从序列到序列	sequence to sequence，缩写为 seq2seq
平行语料库	parallel copora
稀缺资源语言	low resource language
对齐	alignment
无监督短语对齐	unsupervised phrasal alignment
词替换	word replacement
还原翻译	back translation
不变因果预测	invariant causal prediction
因果特征	causal feature
空假设	null hypothesis
可能的因果预测量	plausible causal predictors
可识别的因果预测量	identifiable causal predictors
独立因果机制	principle of independent mechanisms
协变量偏移	covariate shift
半监督学习	semi-supervised learning
聚类假设	cluster assumption
低密度分离假设	low density separation assumption
域外泛化	out-of-distribution generalization，缩写为 OOD Generalization
域适应	domain adaptation
有色的手写数字识别数据集	colored MNIST
预测器	predictor
不变风险最小化 v1	IRMv1

续表

中　文	英　文
最终的一个全连接层的输出	logits
零空间	null space
最大化互信息	maximizing mutual information
细粒度情感分析	aspect based sentiment analysis
理由生成器	rationale generator
域无偏	domain-agnostic
对域敏感	domain-aware
表示力	representation power
拉格朗日形式	Lagrange form
对抗学习	adversarial learning
最大最小博弈	minimax game
多方面啤酒评论数据集	multi-aspect beer review
美国食品和药物管理局	U.S. food and drug administration，缩写为 FDA
可解释性	interpretability/explainability
人口统计学信息	demographic information
表达力	expressive power
透明性	translucency
可移植性	portability
算法复杂度	algorithmic complexity
保真度	fidelity
可理解性	comprehensibility
代表性	representativeness
内置	intrinsic
事后	post-hoc
决策树	decision Tree
穷举的	exhaustive
模型无关的局部可解释模型	local Interpretable model-agnostic explanations，缩写为 LIME
显著图	saliency map
影响函数	influence function，缩写为 IF
鲁棒统计学	robust statistics
基于干预的可解释性	causal interventional interpretability
基于反现实的可解释性	counterfactual interpretability
归因问题	attribution
参照基准	reference baseline
维度灾难	curse of dimensionality

续表

中文	英文
前馈神经网络	feedforward neural network
刻板印象	stereotype
反刻板印象	anti-stereotype
对抗训练	adversarial training
稀疏性	sparsity
中值绝对偏差	median absolute deviation
公差	tolerance
非支配排序遗传算法	non-dominated sorting genetic algorithm,缩写为 NSGA
罗生门效应	Rashomon effect
二元强迫选择	binary forced choice
基准真相	ground truth
弹性网络	elastic network,缩写为 EN
数据流形	data manifold
自编码器	autoencoder,缩写为 AE
偏见	prejudice
偏向	favoritism
替代性制裁犯罪矫正管理剖析软件	correctional offender management profiling for alternative sanctions,缩写为 COMPAS
消费者金融保护局	consumer financial protection bureau
形式化	formalization
有偏的	skewed
机构偏见/系统偏见	institutional bias/systematic bias
交叉性偏差	intersectional bias
有意识公平性	fairness through awareness
无意识公平性	fairness through unawareness
个体公平性	individual fairness
群体公平性	group fairness
统计均等	statistical/demographic parity
统计均等的惰性	laziness of statistical parity
概率均等	equalized odds/positive rate parity
机会均等	equal opportunity/true positive rate parity
待遇均等	treatment equality
准确性均等	accuracy parity
真阳率	true positive rate,缩写为 TPR
测试均等	test fairness/predictive rate parity

续表

中　文	英　文
辛普森悖论	Simpson's Paradox
反事实公平	counterfactual fairness
基于特定路径的反事实公平	path-specific counterfactual fairness，缩写为 PSCF
间接性别歧视	indirect gender discrimination
直接性别歧视	direct gender discrimination
敏感属性/红线属性	redlining attribute
基于特定路径的效应	path-specific effect，缩写为 PSE
尚未解决的歧视	unresolved discrimination
代理歧视	proxy discrimination
基于平均因果效应的公平性	fairness on average causal effect，缩写为 FACE
基于实验组平均因果效应的公平性	fairness on average causal effect on the treated，缩写为 FACT
预处理	pre-processing
处理中	in-processing
后处理	post-processing
公平表征任务	fair representation task
特征变换	feature transformation
判别器	critic
公平建模任务	fair modeling task
经验损失函数	empirical loss function
马尔可夫链蒙特卡洛	Markov chain Monte Carlo，缩写为 MCMC
公平决策任务	fair decision-making task
不可辨识性	unidentification
校准公平性	calibration
一致性问题	the alignment problem
显式的	explicit
隐式的	implicit
离线数据/日志数据	offline data/log data
离线策略评估	off-policy evaluation
在线数据	online data
平均绝对误差	mean absolute error，缩写为 MAE
排序评分	ranking score
召回率@K	recall@K
准确率@K	precision@K
F1 值@K	F1 score@K
归一化折损累计增益@K	NDCG@K

续表

中　　文	英　　文
命中率@K	hit ratio@K，缩写为 HR@K
全类平均准确率@K	mean average precision@K，缩写为 mAP@K
平均准确率	average precision，缩写为 AP
协同过滤	collaborative filtering，缩写为 CF
贝叶斯个性化排序	Bayesian personalized ranking，缩写为 BPR
最近邻居	nearest neighbor
聚合函数	aggregation function
皮尔森相关系数	Pearson correlation
嵌入矢量	embedding vector
潜特征	latent features
分解机	factorization machine
完全性	totality
不对称性	asymmetry
传递性	transitivity
贝叶斯个性化排序优化	BPR-OPT
指示函数	indicator function
正则化	regularization
流行性偏差	popularity bias
从众性偏差	conformity bias
曝光偏差	exposure bias
位置偏差	position bias
非随机缺失	missing not at random，缩写为 MNAR
朴素估计器	naive estimator
社交影响	social influence
自归一化	self normalized
模型无偏	model agnostic
前模型偏差	previous model bias
总平均评价器	average-over-all evaluator
学习排序	learning to rank
平均倒数排名	mean reciprocal rank，缩写为 MRR
非偏学习排序	unbiased learning to rank
用户黏性	customer stickiness
插值法	interpolation
信任误差	trust bias
最大似然估计	maximum likelihood estimation，缩写为 MLE

续表

中　文	英　文
基于位置的点击模型	position-based model，缩写为 PBM
眼动追踪实验	eye tracking experiment
有社会责任的人工智能	socially responsible AI
适应性实验	adaptive experiment

参考文献

[1] KAHNEMAN D. Thinking, fast and slow[M]. [S.l.]: Macmillan, 2011.

[2] GOODFELLOW I, POUGET-ABADIE J, MIRZA M, et al. Generative adversarial nets[C]//Advances in neural information processing systems. [S.l. : s.n.], 2014: 2672-2680.

[3] DOSOVITSKIY A, BEYER L, KOLESNIKOV A, et al. An image is worth 16x16 words: Transformers for image recognition at scale[J]. ArXiv preprint arXiv:2010.11929, 2020.

[4] ANDERSON M, MAGRUDER J. Learning from the crowd: Regression discontinuity estimates of the effects of an online review database[J]. The Economic Journal, 2012, 122(563): 957-989.

[5] PEARL J. Causality[M]. [S.l.]: Cambridge university press, 2009.

[6] PEARL J. Probabilistic reasoning in intelligent systems: networks of plausible inference[M]. [S.l.]: Elsevier, 2014.

[7] PAUL M. Feature selection as causal inference: Experiments with text classification[C]// Proceedings of the 21st Conference on Computational Natural Language Learning (CoNLL 2017). [S.l. : s.n.], 2017: 163-172.

[8] PEARL J. Theoretical impediments to machine learning with seven sparks from the causal revolution[J].ArXiv preprint arXiv:1801.04016, 2018.

[9] SHPITSER I, TCHETGEN E T, ANDREWS R. Modeling interference via symmetric treatment de- composition[J]. ArXiv preprint arXiv:1709.01050, 2017.

[10] RUBIN D B. Estimating causal effects of treatments in randomized and nonrandomized studies.[J].Journal of educational Psychology, 1974, 66(5): 688.

[11] RUBIN D B. Causal inference using potential outcomes: Design, modeling, decisions[J]. Journal of the American Statistical Association, 2005, 100(469): 322-331.

[12] DOUDCHENKO N, ZHANG M, DRYNKIN E, et al. Causal inference with bipartite designs[J]. ArXiv preprint arXiv:2010.02108, 2020.

[13] PEARL J, et al. Causal inference in statistics: An overview[J]. Statistics surveys, 2009, 3: 96-146.

[14] RICHARDSON T S, ROBINS J M. Single world intervention graphs: a primer[C]// Second UAI workshop on causal structure learning, Bellevue, Washington. [S.l. : s.n.], 2013.

[15] ARAL S, NICOLAIDES C. Exercise contagion in a global social network[J]. Nature communications, 2017, 8(1): 1-8.

[16] ANGRIST J D, IMBENS G W, RUBIN D B. Identification of causal effects using instrumental variables[J]. Journal of the American statistical Association, 1996, 91(434): 444-455.

[17] SHALIZI C. Advanced data analysis from an elementary point of view[Z]. 2013.

[18] HARTFORD J, LEWIS G, LEYTON-BROWN K, et al. Deep IV: A flexible approach for counterfactual prediction[C]//International Conference on Machine Learning. [S.l. : s.n.], 2017: 1414-1423.

[19] ANGRIST J D, IMBENS G W. Two-stage least squares estimation of average causal effects in models with variable treatment intensity[J]. Journal of the American statistical Association, 1995, 90(430): 431-442.

[20] CAMPBELL D T. Reforms as experiments.[J]. American psychologist, 1969, 24(4): 409.

[21] GELMAN A, IMBENS G. Why high-order polynomials should not be used in regression discontinuity designs[J]. Journal of Business & Economic Statistics, 2019, 37(3): 447-456.

[22] ANGRIST J D, LAVY V. Using Maimonides' rule to estimate the effect of class size on scholastic achievement[J]. The Quarterly journal of economics, 1999, 114(2): 533-575.

[23] CATTANEO M D, IDROBO N, TITIUNIK R. A practical introduction to regression discontinuity designs: Foundations[M]. [S.l.]: Cambridge University Press, 2019.

[24] CARD D, KATZ L F, KRUEGER A B. Comment on David Neumark and William Wascher, "Employment effects of minimum and subminimum wages: Panel data on state minimum

wage laws"[J]. ILR Review, 1994, 47(3): 487-497.

[25] HERNÁN M A, ROBINS J M. Causal inference: what if[Z]. 2020.

[26] ABADIE A. Semiparametric difference-in-differences estimators[J]. The Review of Economic Studies, 2005, 72(1): 1-19.

[27] ABADIE A, DIAMOND A, HAINMUELLER J. Synthetic control methods for comparative case studies: Estimating the effect of California's tobacco control program[J]. Journal of the American statistical Association, 2010, 105(490): 493-505.

[28] ABADIE A, GARDEAZABAL J. The economic costs of conflict: A case study of the Basque Country[J]. American economic review, 2003, 93(1): 113-132.

[29] ROSENBAUM P R. Interference between units in randomized experiments[J]. Journal of the American Statistical Association, 2007, 102(477): 191-200.

[30] ABADIE A, DIAMOND A, HAINMUELLER J. Comparative politics and the synthetic control method[J]. American Journal of Political Science, 2015, 59(2): 495-510.

[31] ABADIE A, L'HOUR J. A penalized synthetic control estimator for disaggregated data[J]. Journal of the American Statistical Association, 2021: 1-18.

[32] COCHRAN W G. Analysis of covariance: its nature and uses[J]. Biometrics, 1957, 13(3): 261-281.

[33] IMAI K, KEELE L, YAMAMOTO T. Identification, inference and sensitivity analysis for causal mediation effects[J]. Statistical science, 2010: 51-71.

[34] PEARL J. Direct and indirect effects[C]//Proceedings of the Seventeenth Conference on Uncertainty and Artificial Intelligence, 2001. [S.l. : s.n.], 2001: 411-420.

[35] ROBINS J M. Semantics of causal DAG models and the identification of direct and indirect effects[J]. Oxford Statistical Science Series, 2003: 70-82.

[36] ROBINS J M. Marginal structural models versus structural nested models as tools for causal infer- ence[G]//Statistical models in epidemiology, the environment, and clinical trials. [S.l.]: Springer, 2000: 95-133.

[37] MANSKI C F. Partial identification of probability distributions[M]. [S.l.]: Springer Science & Business Media, 2003.

[38] NEAL B. Introduction to causal inference from a machine learning perspective[J]. Course Lecture Notes(draft), 2020.

[39] KALLUS N, ZHOU A. Assessing disparate impact of personalized interventions: identifiability and bounds[J]. Advances in neural information processing systems, 2019, 32.

[40] CINELLI C, HAZLETT C. Making sense of sensitivity: Extending omitted variable bias[J]. Journal of the Royal Statistical Society: Series B (Statistical Methodology), 2020, 82(1): 39-67.

[41] LECUN Y, BENGIO Y, et al. Convolutional networks for images, speech, and time series[J]. The handbook of brain theory and neural networks, 1995, 3361(10): 1995.

[42] HOCHREITER S, SCHMIDHUBER J. Long short-term memory[J]. Neural computation, 1997, 9(8): 1735-1780.

[43] KIPF T, WELLING M. Semi-Supervised Classification with Graph Convolutional Networks[J]. ArXiv, 2017, abs/1609.02907.

[44] VASWANI A, SHAZEER N, PARMAR N, et al. Attention is all you need[C]//Advances in neural information processing systems. [S.l. : s.n.], 2017: 5998-6008.

[45] CHEN T, GUESTRIN C. Xgboost: A scalable tree boosting system[C]//Proceedings of the 22nd acm sigkdd international conference on knowledge discovery and data mining. [S.l. : s.n.], 2016: 785-794.

[46] KE G, MENG Q, FINLEY T, et al. Lightgbm: A highly efficient gradient boosting decision tree[J]. Advances in neural information processing systems, 2017, 30: 3146-3154.

[47] BREIMAN L. Random forests[J]. Machine learning, 2001, 45(1): 5-32.

[48] LOUIZOS C, SHALIT U, MOOIJ J M, et al. Causal Effect Inference with Deep Latent-Variable Models[C]//NIPS. [S.l. : s.n.], 2017.

[49] VELIKOVI P, CUCURULL G, CASANOVA A, et al. Graph Attention Networks[C]// International Conference on Learning Representations. [S.l. : s.n.], 2018.

[50] YU Y, CHEN J, GAO T, et al. Dag-gnn: Dag structure learning with graph neural networks[C]// International Conference on Machine Learning. [S.l. : s.n.], 2019: 7154-7163.

[51] CHIPMAN H A, GEORGE E I, MCCULLOCH R E. BART: Bayesian additive regression trees[J]. The Annals of Applied Statistics, 2010, 4(1): 266-298.

[52] HILL J L. Bayesian nonparametric modeling for causal inference[J]. Journal of Computational and Graphical Statistics, 2011, 20(1): 217-240.

[53] HAHN P R, MURRAY J S, CARVALHO C M. Bayesian regression tree models for causal inference: Regularization, confounding, and heterogeneous effects (with discussion)[J]. Bayesian Analysis, 2020, 15(3): 965-1056.

[54] HAHN P R, CARVALHO C M, PUELZ D, et al. Regularization and confounding in linear regression for treatment effect estimation[J]. Bayesian Analysis, 2018, 13(1): 163-182.

[55] HE J, YALOV S, HAHN P R. XBART: Accelerated Bayesian additive regression trees[C]// The 22nd International Conference on Artificial Intelligence and Statistics. [S.l. : s.n.], 2019: 1130-1138.

[56] SHALIT U, JOHANSSON F D, SONTAG D. Estimating individual treatment effect: generalization bounds and algorithms[C]//International Conference on Machine Learning. [S.l. : s.n.], 2017: 3076- 3085.

[57] JOHANSSON F, SHALIT U, SONTAG D. Learning representations for counterfactual inference[C]// International conference on machine learning. [S.l. : s.n.], 2016: 3020-3029.

[58] GANIN Y, LEMPITSKY V. Unsupervised domain adaptation by backpropagation[C]// International conference on machine learning. [S.l. : s.n.], 2015: 1180-1189.

[59] GRETTON A, BORGWARDT K M, RASCH M J, et al. A kernel two-sample test[J]. The Journal of Machine Learning Research, 2012, 13(1): 723-773.

[60] ARJOVSKY M, CHINTALA S, BOTTOU L. Wasserstein gan[J]. ArXiv preprint arXiv:1701.07875, 2017.

[61] CUTURI M, DOUCET A. Fast computation of Wasserstein barycenters[J]., 2014.

[62] GUO R, LI J, LI Y, et al. IGNITE: A minimax game toward learning individual treatment effects from networked observational data[C]//29th International Joint Conference on Artificial Intelligence, IJCAI 2020. [S.l. : s.n.], 2020: 4534-4540.

[63] KINGMA D P, WELLING M. Auto-encoding variational bayes[J]. ArXiv preprint arXiv:1312.6114, 2013.

[64] WENG L. From Autoencoder to Beta-VAE[J/OL].

[65] MIAO W, GENG Z, TCHETGEN TCHETGEN E J. Identifying causal effects with proxy variables of an unmeasured confounder[J]. Biometrika, 2018, 105(4): 987-993.

[66] CHENG L, GUO R, LIU H. Causal Mediation Analysis with Hidden Confounders[C]// WSDM. [S.l. : s.n.], 2022.

[67] CHEVALIER J A, MAYZLIN D. The effect of word of mouth on sales: Online book reviews[J]. Journal of marketing research, 2006, 43(3): 345-354.

[68] CHENG L, GUO R, CANDAN K S, et al. Effects of Multi-Aspect Online Reviews with Unobserved Confounders: Estimation and Implication[C]//ICWSM. [S.l. : s.n.], 2022.

[69] RANGANATH R, PEROTTE A. Multiple causal inference with latent confounding[J].

ArXiv preprint arXiv:1805.08273, 2018.

[70] WANG Y, BLEI D M. The blessings of multiple causes[J]. Journal of the American Statistical Association, 2019, 114(528): 1574-1596.

[71] TIPPING M E, BISHOP C M. Probabilistic principal component analysis[J]. Journal of the Royal Statistical Society: Series B (Statistical Methodology), 1999, 61(3): 611-622.

[72] CHENG L, GUO R, LIU H. Estimating Causal Effects of Multi-Aspect Online Reviews with Multi-Modal Proxies[C]//WSDM. [S.l. : s.n.], 2022.

[73] D'AMOUR A, DING P, FELLER A, et al. Overlap in observational studies with high-dimensional covariates[J]. Journal of Econometrics, 2021, 221(2): 644-654.

[74] GUO R, LI J, LIU H. Learning individual causal effects from networked observational data[C]//Proceedings of the 13th International Conference on Web Search and Data Mining. [S.l. : s.n.], 2020: 232-240.

[75] HAMILTON W, YING Z, LESKOVEC J. Inductive representation learning on large graphs[C]//Advances in neural information processing systems. [S.l. : s.n.], 2017:1024-1034.

[76] KIPF T N, WELLING M. Semi-supervised classification with graph convolutional networks[C]//International Conference on Learning Representations. [S.l. : s.n.], 2017.

[77] TCHETGEN TCHETGEN E J, YING A, CUI Y, et al. An introduction to proximal causal learning[J]. ArXiv e-prints, 2020: arXiv-2009.

[78] PEROZZI B, AL-RFOU R, SKIENA S. Deepwalk: Online learning of social representations[C]//Proceedings of the 20th ACM SIGKDD international conference on Knowledge discovery and data mining. [S.l. : s.n.], 2014: 701-710.

[79] SHALIZI C R, THOMAS A C. Homophily and contagion are generically confounded in observational social network studies[J]. Sociological methods & research, 2011, 40(2): 211-239.

[80] KRIZHEVSKY A, SUTSKEVER I, HINTON G E. Imagenet classification with deep convolutional neural networks[J]. Advances in neural information processing systems, 2012, 25: 1097-1105.

[81] DEVLIN J, CHANG M W, LEE K, et al. BERT: Pre-training of Deep Bidirectional Transformers for Language Understanding[C]//Proceedings of the 2019 Conference of the North American Chapter of the Association for Computational Linguistics: Human Language Technologies, Volume 1 (Long and Short Papers). [S.l. : s.n.], 2019: 4171-4186.

[82] AMODEI D, ANANTHANARAYANAN S, ANUBHAI R, et al. Deep speech 2:

End-to-end speech recognition in english and mandarin[C]//International conference on machine learning. [S.l. : s.n.], 2016: 173-182.

[83] SCHÖLKOPF B, LOCATELLO F, BAUER S, et al. Toward causal representation learning[J]. Proceedings of the IEEE, 2021, 109(5): 612-634.

[84] BROWN T B, MANN B, RYDER N, et al. Language models are few-shot learners[J]. ArXiv preprint arXiv:2005.14165, 2020.

[85] ARJOVSKY M, BOTTOU L, GULRAJANI I, et al. Invariant risk minimization[J]. ArXiv preprint arXiv:1907.02893, 2019.

[86] BEERY S, VAN HORN G, PERONA P. Recognition in terra incognita[C]//Proceedings of the European Conference on Computer Vision (ECCV). [S.l. : s.n.], 2018: 456-473.

[87] GEIRHOS R, JACOBSEN J, MICHAELIS C, et al. Shortcut learning in deep neural networks[J]. Nature Machine Intelligence, 2020, 2(11): 665-673.

[88] SONG Y, LI W, ZHANG L, et al. Novel human-object interaction detection via adversarial domain generalization[J]. ArXiv preprint arXiv:2005.11406, 2020.

[89] KAUSHIK D, LIPTON Z C. How Much Reading Does Reading Comprehension Require? A Critical Investigation of Popular Benchmarks[C]//Proceedings of the 2018 Conference on Empirical Methods in Natural Language Processing. [S.l. : s.n.], 2018: 5010-5015.

[90] BOWMAN S, ANGELI G, POTTS C, et al. A large annotated corpus for learning natural language infer- ence[C]//Proceedings of the 2015 Conference on Empirical Methods in Natural Language Processing. [S.l. : s.n.], 2015: 632-642.

[91] GURURANGAN S, SWAYAMDIPTA S, LEVY O, et al. Annotation Artifacts in Natural Language Inference Data[C]//Proceedings of the 2018 Conference of the North American Chapter of the Association for Computational Linguistics: Human Language Technologies, Volume 2 (Short Papers). [S.l.: s.n.], 2018: 107-112.

[92] POLIAK A, NARADOWSKY J, HALDAR A, et al. Hypothesis Only Baselines in Natural Language Inference[C]//Proceedings of the Seventh Joint Conference on Lexical and Computational Semantics. [S.l. : s.n.], 2018: 180-191.

[93] KAUSHIK D, HOVY E, LIPTON Z. Learning The Difference That Makes A Difference With Counterfactually-Augmented Data[C]//International Conference on Learning Representations. [S.l. : s.n.], 2019.

[94] MAAS A, DALY R E, PHAM P T, et al. Learning word vectors for sentiment analysis[C]//Proceedings of the 49th annual meeting of the association for computational linguistics: Human language technolo- gies. [S.l. : s.n.], 2011: 142-150.

[95] KAUSHIK D, SETLUR A, HOVY E H, et al. Explaining the Efficacy of Counterfactually Augmented Data[C]//International Conference on Learning Representations. [S.l. : s.n.], 2020.

[96] DEYOUNG J, JAIN S, RAJANI N F, et al. ERASER: A Benchmark to Evaluate Rationalized NLP Models[C]//Proceedings of the 58th Annual Meeting of the Association for Computational Linguistics. [S.l. : s.n.], 2020: 4443-4458.

[97] WRIGHT S. The method of path coefficients[J]. The annals of mathematical statistics, 1934, 5(3): 161-215.

[98] TENEY D, ABBASNEDJAD E, van den HENGEL A. Learning what makes a difference from counter-factual examples and gradient supervision[C]//Computer Vision–ECCV 2020: 16th European Conference, Glasgow, UK, August 23–28, 2020, Proceedings, Part X 16. [S.l. : s.n.], 2020: 580-599.

[99] SRIVASTAVA M, HASHIMOTO T, LIANG P. Robustness to spurious correlations via human annota- tions[C]//International Conference on Machine Learning. [S.l. : s.n.], 2020: 9109-9119.

[100] WANG Z, CULOTTA A. Identifying spurious correlations for robust text classification[C]//Proceedings of the 2020 Conference on Empirical Methods in Natural Language Processing: Findings. [S.l. : s.n.], 2020: 3431-3440.

[101] WULCZYN E, THAIN N, DIXON L. Ex machina: Personal attacks seen at scale[C]//Proceedings of the 26th international conference on world wide web. [S.l. : s.n.], 2017: 1391-1399.

[102] RADFAR B, SHIVARAM K, CULOTTA A. Characterizing variation in toxic language by social context[C]//Proceedings of the International AAAI Conference on Web and Social Media: vol. 14. [S.l. : s.n.], 2020: 959-963.

[103] IMBENS G W. Nonparametric estimation of average treatment effects under exogeneity: A review[J]. Review of Economics and statistics, 2004, 86(1): 4-29.

[104] WANG Z, CULOTTA A. Robustness to Spurious Correlations in Text Classification via Automatically Generated Counterfactuals[C]//Proceedings of the AAAI Conference on Artificial Intelligence: vol. 35: 16. [S.l. : s.n.], 2021: 14024-14031.

[105] PANG B, LEE L. Seeing stars: exploiting class relationships for sentiment categorization with respect to rating scales[C]//Proceedings of the 43rd Annual Meeting on Association for Computational Linguistics. [S.l. : s.n.], 2005: 115-124.

[106] HE R, MCAULEY J. Ups and downs: Modeling the visual evolution of fashion trends with one-class collaborative filtering[C]//Proceedings of the 25th international conference

on world wide web. [S.l. : s.n.], 2016: 507-517.

[107] KARRAS T, LAINE S, AITTALA M, et al. Analyzing and improving the image quality of stylegan[C]// Proceedings of the IEEE/CVF Conference on Computer Vision and Pattern Recognition. [S.l. : s.n.], 2020: 8110-8119.

[108] LIU Q, KUSNER M, BLUNSOM P. Counterfactual Data Augmentation for Neural Machine Translation[C]//Proceedings of the 2021 Conference of the North American Chapter of the Association for Computational Linguistics: Human Language Technologies. [S.l. : s.n.], 2021: 187-197.

[109] ZOPH B, YURET D, MAY J, et al. Transfer Learning for Low-Resource Neural Machine Translation[C]//Proceedings of the 2016 Conference on Empirical Methods in Natural Language Processing. [S.l. : s.n.], 2016: 1568-1575.

[110] SAKAGUCHI K, DUH K, POST M, et al. Robsut wrod reocginiton via semi-character recurrent neural network[C]//Thirty-first AAAI conference on artificial intelligence. [S.l. : s.n.], 2017.

[111] MICHEL P, NEUBIG G. MTNT: A Testbed for Machine Translation of Noisy Text[C]// Proceedings of the 2018 Conference on Empirical Methods in Natural Language Processing. [S.l. : s.n.], 2018: 543-553.

[112] CHEN T, KORNBLITH S, NOROUZI M, et al. A simple framework for contrastive learning of visual representations[C]//International conference on machine learning. [S.l. : s.n.], 2020: 1597-1607.

[113] DYER C, CHAHUNEAU V, SMITH N A. A simple, fast, and effective reparameterization of ibm model 2[C]//Proceedings of the 2013 Conference of the North American Chapter of the Association for Computational Linguistics: Human Language Technologies. [S.l. : s.n.], 2013: 644-648.

[114] NEUBIG G, WATANABE T, SUMITA E, et al. An unsupervised model for joint phrase alignment and extraction[C]//Proceedings of the 49th Annual Meeting of the Association for Computational Linguistics: Human Language Technologies. [S.l. : s.n.], 2011: 632-641.

[115] RAFFEL C, SHAZEER N, ROBERTS A, et al. Exploring the Limits of Transfer Learning with a Unified Text-to-Text Transformer[J]. Journal of Machine Learning Research, 2020, 21: 1-67.

[116] CONNEAU A, LAMPLE G. Cross-lingual language model pretraining[J]. Advances in Neural Information Processing Systems, 2019, 32: 7059-7069.

[117] POST M. A Call for Clarity in Reporting BLEU Scores[C]//Proceedings of the Third

Conference on Machine Translation: Research Papers. [S.l. : s.n.], 2018: 186-191.

[118] PETERS J, BÜHLMANN P, MEINSHAUSEN N. Causal inference by using invariant prediction: identification and confidence intervals[J]. Journal of the Royal Statistical Society. Series B (Statistical Methodology), 2016: 947-1012.

[119] PETERS J, JANZING D, SCHÖLKOPF B. Elements of causal inference: foundations and learning algorithms[M]. [S.l.]: The MIT Press, 2017.

[120] SCHÖLKOPF B, JANZING D, PETERS J, et al. On causal and anticausal learning[J]. ArXiv preprint arXiv:1206.6471, 2012.

[121] SCHÖLKOPF B, HOGG D W, WANG D, et al. Modeling confounding by half-sibling regression[J]. Proceedings of the National Academy of Sciences, 2016, 113(27): 7391-7398.

[122] ZHANG K, SCHÖLKOPF B, MUANDET K, et al. Domain adaptation under target and conditional shift[C]//International Conference on Machine Learning. [S.l. : s.n.], 2013: 819-827.

[123] WALD Y, FEDER A, GREENFELD D, et al. On Calibration and Out-of-domain Generalization[J]. ArXiv preprint arXiv:2102.10395, 2021.

[124] AHUJA K, WANG J, DHURANDHAR A, et al. Empirical or Invariant Risk Minimization? A Sample Complexity Perspective[J]. ArXiv preprint arXiv:2010.16412, 2020.

[125] LECUN Y, BOTTOU L, BENGIO Y, et al. Gradient-based learning applied to document recognition[J]. Proceedings of the IEEE, 1998, 86(11): 2278-2324.

[126] LEI T, BARZILAY R, JAAKKOLA T. Rationalizing neural predictions[J]. ArXiv preprint arXiv:1606.04155, 2016.

[127] CHANG S, ZHANG Y, YU M, et al. Invariant rationalization[C]//International Conference on Machine Learning. [S.l. : s.n.], 2020: 1448-1458.

[128] HJELM R D, FEDOROV A, LAVOIE-MARCHILDON S, et al. Learning deep representations by mutual information estimation and maximization[C]//International Conference on Learning Representations. [S.l. : s.n.], 2018.

[129] PONTIKI M, GALANIS D, PAPAGEORGIOU H, et al. Semeval-2016 task 5: Aspect based sentiment analysis[C]//International workshop on semantic evaluation. [S.l. : s.n.], 2016: 19-30.

[130] SHANNON C E. A mathematical theory of communication[J]. The Bell system technical journal, 1948, 27(3): 379-423.

[131] MCAULEY J, LESKOVEC J, JURAFSKY D. Learning attitudes and attributes from

multi-aspect reviews[C]//2012 IEEE 12th International Conference on Data Mining. [S.l. : s.n.], 2012: 1020-1025.

[132] CHOE Y J, HAM J, PARK K. An empirical study of invariant risk minimization[J]. ArXiv preprint arXiv:2004.05007, 2020.

[133] GUO R, ZHANG P, LIU H, et al. Out-of-distribution prediction with invariant risk minimization: The limitation and an effective fix[J]. ArXiv preprint arXiv:2101.07732, 2021.

[134] YU M, CHANG S, ZHANG Y, et al. Rethinking Cooperative Rationalization: Introspective Extraction and Complement Control[C]//Proceedings of the 2019 Conference on Empirical Methods in Natural Language Processing and the 9th International Joint Conference on Natural Language Processing (EMNLP-IJCNLP). [S.l. : s.n.], 2019: 4094-4103.

[135] ALEMZADEH H, RAMAN J, LEVESON N, et al. Adverse events in robotic surgery: a retrospective study of 14 years of FDA data[J]. PloS one, 2016, 11(4): e0151470.

[136] ZHONG H, XIAO C, TU C, et al. How Does NLP Benefit Legal System: A Summary of Legal Artificial Intelligence[C]//Proceedings of the 58th Annual Meeting of the Association for Computational Linguistics. [S.l. : s.n.], 2020: 5218-5230.

[137] CHENG L, VARSHNEY K R, LIU H. Socially responsible AI algorithms: issues, purposes, and challenges[J]. Journal of Artificial Intelligence Research, 2021, 71: 1137-1181.

[138] CHENG L, MOSALLANEZHAD A, SHETH P, et al. Causal Learning for Socially Responsible AI[J]. ArXiv preprint arXiv:2104.12278, 2021.

[139] MEHRABI N, MORSTATTER F, SAXENA N, et al. A survey on bias and fairness in machine learning[J]. ArXiv preprint arXiv:1908.09635, 2019.

[140] CARUANA R, LOU Y, GEHRKE J, et al. Intelligible models for healthcare: Predicting pneumonia risk and hospital 30-day readmission[C]//Proceedings of the 21th ACM SIGKDD international conference on knowledge discovery and data mining. [S.l. : s.n.], 2015: 1721-1730.

[141] ROBNIK-IKONJA M, BOHANEC M. Perturbation-based explanations of prediction models[G]// Human and machine learning. [S.l.]: Springer, 2018: 159-175.

[142] MOLNAR C. Interpretable machine learning[M]. [S.l.]: Lulu. com, 2020.

[143] 纪守领, 李进锋, 杜天宇, 等. 机器学习模型可解释性方法, 应用与安全研究综述[J]. 计算机研究与发展, 2019, 56(10): 2071.

[144] RIBEIRO M T, SINGH S, GUESTRIN C. " Why should i trust you?" Explaining the

predictions of any classifier[C]//Proceedings of the 22nd ACM SIGKDD international conference on knowledge discovery and data mining. [S.l. : s.n.], 2016: 1135-1144.

[145] SIMONYAN K, VEDALDI A, ZISSERMAN A. Deep inside convolutional networks: Visualising image classification models and saliency maps[J]. ArXiv preprint arXiv:1312.6034, 2013.

[146] SU J, VARGAS D V, SAKURAI K. One pixel attack for fooling deep neural networks[J]. IEEE Transactions on Evolutionary Computation, 2019, 23(5): 828-841.

[147] ILYAS A, SANTURKAR S, TSIPRAS D, et al. Adversarial examples are not bugs, they are features[J]. ArXiv preprint arXiv:1905.02175, 2019.

[148] KIM B, KOYEJO O, KHANNA R, et al. Examples are not enough, learn to criticize! Criticism for Interpretability.[C]//NIPS. [S.l. : s.n.], 2016: 2280-2288.

[149] KOH P W, LIANG P. Understanding black-box predictions via influence functions[C]// International Conference on Machine Learning. [S.l. : s.n.], 2017: 1885-1894.

[150] DENG J, DONG W, SOCHER R, et al. Imagenet: A large-scale hierarchical image database[C]//2009 IEEE conference on computer vision and pattern recognition. [S.l. : s.n.], 2009: 248-255.

[151] PEARL J, MACKENZIE D. The book of why: the new science of cause and effect[M]. [S.l.]: Basic books, 2018.

[152] CHATTOPADHYAY A, MANUPRIYA P, SARKAR A, et al. Neural network attributions: A causal perspective[C]//International Conference on Machine Learning. [S.l. : s.n.], 2019: 981-990.

[153] VIG J, GEHRMANN S, BELINKOV Y, et al. Causal mediation analysis for interpreting neural nlp: The case of gender bias[J]. ArXiv preprint arXiv:2004.12265, 2020.

[154] SUNDARARAJAN M, TALY A, YAN Q. Axiomatic attribution for deep networks[C]// International Conference on Machine Learning. [S.l. : s.n.], 2017: 3319-3328.

[155] RADFORD A, WU J, CHILD R, et al. Language models are unsupervised multitask learners[J]. OpenAI blog, 2019, 1(8): 9.

[156] SANH V, DEBUT L, CHAUMOND J, et al. DistilBERT, a distilled version of BERT: smaller, faster, cheaper and lighter[J]. ArXiv preprint arXiv:1910.01108, 2019.

[157] YANG Z, DAI Z, YANG Y, et al. Xlnet: Generalized autoregressive pretraining for language understanding[J]. Advances in neural information processing systems, 2019, 32.

[158] DAI Z, YANG Z, YANG Y, et al. Transformer-XL: Attentive Language Models beyond a

Fixed-Length Context[C]//Proceedings of the 57th Annual Meeting of the Association for Computational Linguistics. [S.l. : s.n.], 2019: 2978-2988.

[159] LIU Y, OTT M, GOYAL N, et al. Roberta: A robustly optimized bert pretraining approach[J]. ArXiv preprint arXiv:1907.11692, 2019.

[160] LU K, MARDZIEL P, WU F, et al. Gender bias in neural natural language processing[G]//Logic, Language, and Security. [S.l.]: Springer, 2020: 189-202.

[161] ZHAO J, WANG T, YATSKAR M, et al. Gender Bias in Coreference Resolution: Evaluation and Debiasing Methods[C]//Proceedings of the 2018 Conference of the North American Chapter of the Association for Computational Linguistics: Human Language Technologies, Volume 2 (Short Papers). [S.l. : s.n.], 2018: 15-20.

[162] RUDINGER R, NARADOWSKY J, LEONARD B, et al. Gender Bias in Coreference Resolution[C]// Proceedings of the 2018 Conference of the North American Chapter of the Association for Computational Linguistics: Human Language Technologies, Volume 2 (Short Papers). [S.l. : s.n.], 2018: 8-14.

[163] FEDER A, OVED N, SHALIT U, et al. Causalm: Causal model explanation through counterfactual language models[J]. Computational Linguistics, 2021, 47(2): 333-386.

[164] HARRADON M, DRUCE J, RUTTENBERG B. Causal learning and explanation of deep neural net- works via autoencoded activations[J]. ArXiv preprint arXiv:1802.00541, 2018.

[165] ZHAO Q, HASTIE T. Causal interpretations of black-box models[J]. Journal of Business & Economic Statistics, 2021, 39(1): 272-281.

[166] BAU D, ZHU J Y, STROBELT H, et al. Gan dissection: Visualizing and understanding generative adversarial networks[J]. ArXiv preprint arXiv:1811.10597, 2018.

[167] WACHTER S, MITTELSTADT B, RUSSELL C. Counterfactual explanations without opening the black box: Automated decisions and the GDPR[J]. Harv. JL & Tech., 2017, 31: 841.

[168] DANDL S, MOLNAR C, BINDER M, et al. Multi-objective counterfactual explanations[C]//International Conference on Parallel Problem Solving from Nature. [S.l. : s.n.], 2020: 448-469.

[169] DEB K, PRATAP A, AGARWAL S, et al. A fast and elitist multiobjective genetic algorithm: NSGA-II[J].IEEE transactions on evolutionary computation, 2002, 6(2): 182-197.

[170] SELVARAJU R R, COGSWELL M, DAS A, et al. Grad-cam: Visual explanations from deep networks via gradient-based localization[C]//Proceedings of the IEEE international conference on computer vision. [S.l. : s.n.], 2017: 618-626.

[171] DOSHI-VELEZ F, KIM B. Towards a rigorous science of interpretable machine learning[J]. ArXiv preprint arXiv:1702.08608, 2017.

[172] MORAFFAH R, KARAMI M, GUO R, et al. Causal interpretability for machine learning-problems, methods and evaluation[J]. ACM SIGKDD Explorations Newsletter, 2020, 22(1): 18-33.

[173] VAN LOOVEREN A, KLAISE J. Interpretable counterfactual explanations guided by prototypes[J]. ArXiv preprint arXiv:1907.02584, 2019.

[174] GRATH R M, COSTABELLO L, VAN C L, et al. Interpretable credit application predictions with counterfactual explanations[J]. ArXiv preprint arXiv:1811.05245, 2018.

[175] MOTHILAL R K, SHARMA A, TAN C. Explaining machine learning classifiers through diverse counterfactual explanations[C]//Proceedings of the 2020 Conference on Fairness, Accountability, and Transparency. [S.l. : s.n.], 2020: 607-617.

[176] DATTA A, TSCHANTZ M C, DATTA A. Automated experiments on ad privacy settings: A tale of opacity, choice, and discrimination[J]. ArXiv preprint arXiv:1408.6491, 2014.

[177] KUSNER M J, LOFTUS J R, RUSSELL C, et al. Counterfactual fairness[J]. ArXiv preprint arXiv:1703.06856, 2017.

[178] BARTLETT R, MORSE A, STANTON R, et al. Consumer-lending discrimination in the FinTech era[J].Journal of Financial Economics, 2021.

[179] KIM S, RAZI A, STRINGHINI G, et al. You Don't Know How I Feel: Insider-Outsider Perspective Gaps in Cyberbullying Risk Detection[C]//Proceedings of the International AAAI Conference on Web and Social Media: vol. 15. [S.l. : s.n.], 2021: 290-302.

[180] BOLUKBASI T, CHANG K W, ZOU J, et al. Man is to computer programmer as woman is to homemaker? debiasing word embeddings[J]. ArXiv preprint arXiv: 1607. 06520, 2016.

[181] 刘文炎, 沈楚云, 王祥丰, 等. 可信机器学习的公平性综述[J]. 软件学报, 2021, 32(5): 1404-1426.

[182] DWORK C, HARDT M, PITASSI T, et al. Fairness through awareness[C]//Proceedings of the 3rdinnovations in theoretical computer science conference. [S.l. : s.n.], 2012: 214-226.

[183] FRIEDLER S A, SCHEIDEGGER C, VENKATASUBRAMANIAN S, et al. A comparative study of fairness-enhancing interventions in machine learning[C]//Proceedings of the conference on fairness, accountability, and transparency. [S.l. : s.n.], 2019: 329-338.

[184] HARDT M, PRICE E, SREBRO N. Equality of opportunity in supervised learning[J]. ArXiv preprint arXiv:1610.02413, 2016.

[185] CHOULDECHOVA A. Fair prediction with disparate impact: A study of bias in recidivism prediction instruments[J]. Big data, 2017, 5(2): 153-163.

[186] BICKEL P J, HAMMEL E A, O'CONNELL J W. Sex bias in graduate admissions: Data from Berkeley[J]. Science, 1975, 187(4175): 398-404.

[187] KILBERTUS N, ROJAS-CARULLA M, PARASCANDOLO G, et al. Avoiding discrimination through causal reasoning[J]. ArXiv preprint arXiv:1706.02744, 2017.

[188] KHADEMI A, LEE S, FOLEY D, et al. Fairness in algorithmic decision making: An excursion through the lens of causality[C]//The World Wide Web Conference. [S.l. : s.n.], 2019: 2907-2914.

[189] PEARL J. Direct and indirect effects[J]. ArXiv preprint arXiv:1301.2300, 2013.

[190] NABI R, SHPITSER I. Fair inference on outcomes[C]//Proceedings of the AAAI Conference on Artificial Intelligence: vol. 32: 1. [S.l. : s.n.], 2018.

[191] LOFTUS J R, RUSSELL C, KUSNER M J, et al. Causal reasoning for algorithmic fairness[J]. ArXiv preprint arXiv:1805.05859, 2018.

[192] CHIAPPA S. Path-specific counterfactual fairness[C]//Proceedings of the AAAI Conference on Arti- ficial Intelligence: vol. 33: 01. [S.l. : s.n.], 2019: 7801-7808.

[193] MAKHLOUF K, ZHIOUA S, PALAMIDESSI C. Survey on Causal-based Machine Learning Fairness Notions[J]. ArXiv preprint arXiv:2010.09553, 2020.

[194] XU D, WU Y, YUAN S, et al. Achieving causal fairness through generative adversarial networks[C]// Proceedings of the Twenty-Eighth International Joint Conference on Artificial Intelligence. [S.l. : s.n.], 2019.

[195] KOCAOGLU M, SNYDER C, DIMAKIS A G, et al. CausalGAN: Learning Causal Implicit Generative Models with Adversarial Training[C]//International Conference on Learning Representations. [S.l. : s.n.], 2018.

[196] JIANG R, PACCHIANO A, STEPLETON T, et al. Wasserstein fair classification[C]// Uncertainty in Artificial Intelligence. [S.l. : s.n.], 2020: 862-872.

[197] WU Y, ZHANG L, WU X, et al. Pc-fairness: A unified framework for measuring causality-based fairness[J]. ArXiv preprint arXiv:1910.12586, 2019.

[198] WU Y, ZHANG L, WU X. Counterfactual fairness: Unidentification, bound and algorithm[C]// Proceedings of the Twenty-Eighth International Joint Conference on

Artificial Intelligence. [S.l. : s.n.], 2019.

[199] SHPITSER I, PEARL J. Complete identification methods for the causal hierarchy[J]. Journal of Machine Learning Research, 2008, 9: 1941-1979.

[200] CHRISTIAN B. The Alignment Problem: Machine Learning and Human Values[M]. [S.l.]: WW Norton & Company, 2020.

[201] SHOKRI R, SHMATIKOV V. Privacy-preserving deep learning[C]//Proceedings of the 22nd ACM SIGSAC conference on computer and communications security. [S.l. : s.n.], 2015: 1310-1321.

[202] LIU L T, DEAN S, ROLF E, et al. Delayed impact of fair machine learning[C]// International Conference on Machine Learning. [S.l. : s.n.], 2018: 3150-3158.

[203] DE CHOUDHURY M, KICIMAN E. The language of social support in social media and its effect on suicidal ideation risk[C]//Proceedings of the International AAAI Conference on Web and Social Media: vol. 11: 1. [S.l. : s.n.], 2017.

[204] CHENG L, GUO R, SHU K, et al. Causal Understanding of Fake News Dissemination on Social Media[C]//KDD. [S.l. : s.n.], 2021.

[205] CHEN H, HARINEN T, LEE J Y, et al. CausalML: Python Package for Causal Machine Learning[Z]. 2020. arXiv: 2002.11631 [cs.CY].

[206] SHARMA A, KICIMAN E. DoWhy: An end-to-end library for causal inference[J]. ArXiv preprint arXiv:2011.04216, 2020.

[207] RAMSEY J D, ZHANG K, GLYMOUR M, et al. TETRAD—A toolbox for causal discovery[C]//8th International Workshop on Climate Informatics. [S.l. : s.n.], 2018.

[208] KOREN Y, BELL R. Advances in collaborative filtering[J]. Recommender systems handbook, 2015: 77-118.

[209] SU X, KHOSHGOFTAAR T M. A survey of collaborative filtering techniques[J]. Advances in artificial intelligence, 2009, 2009.

[210] RENDLE S, FREUDENTHALER C, GANTNER Z, et al. BPR: Bayesian personalized ranking from implicit feedback[C]//Proceedings of the Twenty-Fifth Conference on Uncertainty in Artificial Intelligence. [S.l. : s.n.], 2009: 452-461.

[211] RESNICK P, IACOVOU N, SUCHAK M, et al. Grouplens: An open architecture for collaborative filtering of netnews[C]//Proceedings of the 1994 ACM conference on Computer supported cooperative work. [S.l. : s.n.], 1994: 175-186.

[212] KONSTAN J A, MILLER B N, MALTZ D, et al. Grouplens: Applying collaborative

filtering to usenet news[J]. Communications of the ACM, 1997, 40(3): 77-87.

[213] JANNACH D, ZANKER M, FELFERNIG A, et al. Recommender systems: an introduction[M]. [S.l.]: Cambridge University Press, 2010.

[214] RICCI F, ROKACH L, SHAPIRA B. Introduction to recommender systems handbook[G]// Recommender systems handbook. [S.l.]: Springer, 2011: 1-35.

[215] KOREN Y, BELL R, VOLINSKY C. Matrix factorization techniques for recommender systems[J].Computer, 2009, 42(8): 30-37.

[216] HE X, LIAO L, ZHANG H, et al. Neural collaborative filtering[C]//Proceedings of the 26th international conference on world wide web. [S.l. : s.n.], 2017: 173-182.

[217] RENDLE S, KRICHENE W, ZHANG L, et al. Neural collaborative filtering vs. matrix factorization revisited[C]//Fourteenth ACM Conference on Recommender Systems. [S.l. : s.n.], 2020: 240-248.

[218] RENDLE S. Factorization machines[C]//2010 IEEE International conference on data mining. [S.l. : s.n.], 2010: 995-1000.

[219] CHEN J, DONG H, WANG X, et al. Bias and debias in recommender system: A survey and future directions[J]. ArXiv preprint arXiv:2010.03240, 2020.

[220] HECKMAN J. Varieties of selection bias[J]. The American Economic Review, 1990, 80(2): 313-318.

[221] MARLIN B M, ZEMEL R S, ROWEIS S, et al. Collaborative filtering and the missing at random assumption[C]//Proceedings of the Twenty-Third Conference on Uncertainty in Artificial Intelligence. [S.l. : s.n.], 2007: 267-275.

[222] BAREINBOIM E, TIAN J, PEARL J. Recovering from selection bias in causal and statistical inference[C]//Twenty-Eighth AAAI Conference on Artificial Intelligence. [S.l. : s.n.], 2014.

[223] SCHNABEL T, SWAMINATHAN A, SINGH A, et al. Recommendations as treatments: Debiasing learning and evaluation[C]//International conference on machine learning. [S.l. : s.n.], 2016: 1670- 1679.

[224] WANG Y, LIANG D, CHARLIN L, et al. Causal inference for recommender systems[C]// Fourteenth ACM Conference on Recommender Systems. [S.l. : s.n.], 2020: 426-431.

[225] LIANG D, CHARLIN L, BLEI D M. Causal inference for recommendation[C]//Causation: Foundation to Application, Workshop at UAI. AUAI. [S.l. : s.n.], 2016.

[226] ROSENBAUM P R, RUBIN D B. Reducing bias in observational studies using

subclassification on the propensity score[J]. Journal of the American statistical Association, 1984, 79(387): 516-524.

[227] LI Q, WANG X, XU G. Be Causal: De-biasing Social Network Confounding in Recommendation[J].ArXiv preprint arXiv:2105.07775, 2021.

[228] ZAFARANI R, ABBASI M A, LIU H. Social media mining: an introduction[M]. [S.l.]: Cambridge University Press, 2014.

[229] SHAKARIAN P, BHATNAGAR A, ALEALI A, et al. Diffusion in social networks[M]. [S.l.]: Springer.

[230] LITTLE R J, RUBIN D B. Statistical analysis with missing data[M]. [S.l.]: John Wiley & Sons, 2019.

[231] IMBENS G W, RUBIN D B. Causal inference in statistics, social, and biomedical sciences[M]. [S.l.]: Cambridge University Press, 2015.

[232] SWAMINATHAN A, JOACHIMS T. The self-normalized estimator for counterfactual learning[J].Advances in neural information processing systems, 2015, 28.

[233] HESTERBERG T. Weighted average importance sampling and defensive mixture distributions[J]. Technometrics, 1995, 37(2): 185-194.

[234] HARPER F M, KONSTAN J A. The movielens datasets: History and context[J]. Acm transactions on interactive intelligent systems (tiis), 2015, 5(4): 1-19.

[235] HIRANO K, IMBENS G W, RIDDER G. Efficient estimation of average treatment effects using the estimated propensity score[J]. Econometrica, 2003, 71(4): 1161-1189.

[236] LIU D, CHENG P, DONG Z, et al. A general knowledge distillation framework for counterfactual recommendation via uniform data[C]//Proceedings of the 43rd International ACM SIGIR Conference on Research and Development in Information Retrieval. [S.l. : s.n.], 2020: 831-840.

[237] TANG J, HU X, LIU H. Social recommendation: a review[J]. Social Network Analysis and Mining, 2013, 3(4): 1113-1133.

[238] YANG L, CUI Y, XUAN Y, et al. Unbiased offline recommender evaluation for missing-not-at-random implicit feedback[C]//Proceedings of the 12th ACM Conference on Recommender Systems. [S.l. : s.n.], 2018: 279-287.

[239] WANG H, WANG N, YEUNG D Y. Collaborative deep learning for recommender systems[C]// Proceedings of the 21th ACM SIGKDD international conference on knowledge discovery and data mining. [S.l. : s.n.], 2015: 1235-1244.

[240] HE R, MCAULEY J. VBPR: visual bayesian personalized ranking from implicit feedback[C]// Proceedings of the AAAI Conference on Artificial Intelligence: vol. 30: 1. [S.l. : s.n.], 2016.

[241] SAITO Y, YAGINUMA S, NISHINO Y, et al. Unbiased recommender learning from missing-not-at-random implicit feedback[C]//Proceedings of the 13th International Conference on Web Search and Data Mining. [S.l. : s.n.], 2020: 501-509.

[242] LIU T Y. Learning to rank for information retrieval[J]., 2011.

[243] CRASWELL N, ZOETER O, TAYLOR M, et al. An experimental comparison of click position-bias models[C]//WSDM. [S.l. : s.n.], 2008: 87-94.

[244] JÄRVELIN K, KEKÄLÄINEN J. IR evaluation methods for retrieving highly relevant documents[C]// ACM SIGIR Forum: vol. 51: 2. [S.l. : s.n.], 2017: 243-250.

[245] LI P, WU Q, BURGES C. Mcrank: Learning to rank using multiple classification and gradient boost-ing[J]. Advances in neural information processing systems, 2007, 20: 897-904.

[246] WU L, HU D, HONG L, et al. Turning clicks into purchases: Revenue optimization for product search in e-commerce[C]//The 41st International ACM SIGIR Conference on Research & Development in Information Retrieval. [S.l. : s.n.], 2018: 365-374.

[247] BURGES C, SHAKED T, RENSHAW E, et al. Learning to rank using gradient descent[C]//Proceedings of the 22nd international conference on Machine learning. [S.l. : s.n.], 2005: 89-96.

[248] JOACHIMS T. Optimizing search engines using clickthrough data[C]//Proceedings of the eighth ACM SIGKDD international conference on Knowledge discovery and data mining. [S.l.: s.n.], 2002: 133-142.

[249] WU Q, BURGES C J, SVORE K M, et al. Adapting boosting for information retrieval measures[J]. Information Retrieval, 2010, 13(3): 254-270.

[250] FREUND Y, IYER R, SCHAPIRE R E, et al. An efficient boosting algorithm for combining preferences[J]. Journal of machine learning research, 2003, 4(Nov): 933-969.

[251] AI Q, BI K, GUO J, et al. Learning a deep listwise context model for ranking refinement[C]//The 41st International ACM SIGIR Conference on Research & Development in Information Retrieval. [S.l.: s.n.], 2018: 135-144.

[252] JOACHIMS T, SWAMINATHAN A, SCHNABEL T. Unbiased learning-to-rank with biased feedback[C]//Proceedings of the Tenth ACM International Conference on Web Search and Data Mining. [S.l. : s.n.], 2017: 781-789.

[253] WANG X, GOLBANDI N, BENDERSKY M, et al. Position bias estimation for unbiased learning to rank in personal search[C]//WSDM. [S.l. : s.n.], 2018: 610-618.

[254] AI Q, BI K, LUO C, et al. Unbiased Learning to Rank with Unbiased Propensity Estimation[C]//The 41st International ACM SIGIR Conference on Research & Development in Information Retrieval. [S.l.: s.n.], 2018: 385-394.

[255] HU Z, WANG Y, PENG Q, et al. Unbiased LambdaMART: An Unbiased Pairwise Learning-to-Rank Algorithm[C]//The World Wide Web Conference. [S.l. : s.n.], 2019: 2830-2836.

[256] GUO R, ZHAO X, HENDERSON A, et al. Debiasing grid-based product search in e-commerce[C]// Proceedings of the 26th ACM SIGKDD International Conference on Knowledge Discovery & Data Mining. [S.l. : s.n.], 2020: 2852-2860.

[257] OVAISI Z, AHSAN R, ZHANG Y, et al. Correcting for selection bias in learning-to-rank systems[C]// Proceedings of The Web Conference 2020. [S.l. : s.n.], 2020: 1863-1873.

[258] WANG X, BENDERSKY M, METZLER D, et al. Learning to rank with selection bias in personal search[C]//Proceedings of the 39th International ACM SIGIR conference on Research and Development in Information Retrieval. [S.l. : s.n.], 2016: 115-124.

[259] JOACHIMS T, GRANKA L, PAN B, et al. Evaluating the accuracy of implicit feedback from clicks and query reformulations in web search[J]. ACM Transactions on Information Systems (TOIS), 2007, 25(2): 7-es.

[260] CHAPELLE O, CHANG Y. Yahoo! learning to rank challenge overview[C]//Proceedings of the learning to rank challenge. [S.l. : s.n.], 2011: 1-24.

[261] JOACHIMS T, GRANKA L, PAN B, et al. Accurately interpreting clickthrough data as implicit feed- back[C]//ACM SIGIR Forum: vol. 51: 1. [S.l. : s.n.], 2017: 4-11.

[262] SPIRTES P, GLYMOUR C N, SCHEINES R, et al. Causation, prediction, and search[M]. [S.l. : s.n.], 2000.

[263] MA J, GUO R, WAN M, et al. Learning Fair Node Representations with Graph Counterfactual Fairness[J]. ArXiv preprint arXiv:2201.03662, 2022.

[264] ZHANG K, GONG M, STOJANOV P, et al. Domain adaptation as a problem of inference on graphical models[J]. Advances in Neural Information Processing Systems, 2020, 33: 4965-4976.

[265] LI Y, XIE H, LIN Y, et al. Unifying offline causal inference and online bandit learning for data driven decision[C]//Proceedings of the Web Conference 2021. [S.l. : s.n.], 2021: 2291-2303.

[266] ZHANG J, BAREINBOIM E. Transfer learning in multi-armed bandit: a causal approach[C]//Proceedings of the 16th Conference on Autonomous Agents and MultiAgent Systems. [S.l. : s.n.], 2017: 1778-1780.

[267] ZHAN R, HADAD V, HIRSHBERG D A, et al. Off-policy evaluation via adaptive weighting with data from contextual bandits[C]//Proceedings of the 27th ACM SIGKDD Conference on Knowledge Discovery & Data Mining. [S.l. : s.n.], 2021: 2125-2135.

[268] ZHANG A, LYLE C, SODHANI S, et al. Invariant causal prediction for block mdps[C]// International Conference on Machine Learning. [S.l. : s.n.], 2020: 11214-11224.

[269] HUANG B, FENG F, LU C, et al. AdaRL: What, Where, and How to Adapt in Transfer Reinforcement Learning[J]. ArXiv preprint arXiv:2107.02729, 2021.

[270] FEDER A, KEITH K A, MANZOOR E, et al. Causal inference in natural language processing: Estimation, prediction, interpretation and beyond[J]. ArXiv preprint arXiv:2109.00725, 2021.